高等学校“十二五”规划教材

上海市精品课程配套教材
上海市教育高地建设项目

网络安全技术及应用

学习与实践指导

贾铁军　主　编
陈国秦　宋少婷　副主编

電子工業出版社
Publishing House of Electronics Industry
北京·BEIJING

内 容 简 介

本书是上海市精品课程“网络安全技术”的配套教材。全书结合最新网络安全技术及应用，介绍网络安全技术相关的基本知识、新技术、新应用方面的知识要点与实践指导，并附有练习题、复习题和模拟测试题等。全书共分三部分：第一篇，知识要点与学习指导，包括本章重点、难点、关键、教学目标，（各节）学习要求、知识要点及学习指导等；第二篇，实验与课程设计指导，包括同步实验指导（最新实验可选做任务）和课程设计综合应用指导；第三篇，习题与模拟测试，包括复习与练习题（含练习与实践应用题等多种题型及参考答案）、典型案例解析、模拟及自测题等。

本书提供实验课件，下载地址为 http://www.hxedu.com.cn。此外，上海市精品课程网站提供动画演练及教学视频、教学大纲、教案等资源，以及典型案例、应用程序、学习与交流样例、实验及课程设计指导、实践与练习题、复习及自测系统与试卷和答案等。

本书可作为高校计算机及信息类、电子商务类和管理类等专业本科生相关课程的教材，也可供高职院校选用，还可作为培训及其他参考用书。

图书在版编目 (CIP) 数据

网络安全技术及应用学习与实践指导/贾铁军主编. —北京：电子工业出版社，2015.4
高等学校“十二五”规划教材
ISBN 978-7-121-25647-9
Ⅰ. ①网… Ⅱ. ①贾… Ⅲ. ①计算机网络－安全技术－高等学校－教材 Ⅳ. ①TP393.08
中国版本图书馆 CIP 数据核字（2015）第 045358 号

策划编辑：王晓庆
责任编辑：谭海平
印　　刷：北京盛通商印快线网络科技有限公司
装　　订：北京盛通商印快线网络科技有限公司
出版发行：电子工业出版社
　　　　　北京市海淀区万寿路 173 信箱　　邮编：100036
开　　本：787×1 092　1/16　印张：18.5　　字数：473 千字
版　　次：2015 年 4 月第 1 版
印　　次：2023 年 8 月第11次印刷
定　　价：39.00 元

凡所购买电子工业出版社图书有缺损问题，请向购买书店调换。若书店售缺，请与本社发行部联系，联系及邮购电话：(010)88254888，88258888。

质量投诉请发邮件至 zlts@phei.com.cn，盗版侵权举报请发邮件至 dbqq@phei.com.cn。

本书咨询联系方式：(010) 88254113，wangxq@phei.com.cn。

前　言

网络安全已成为21世纪世界热门课题之一，引起了社会的广泛关注。网络安全是个系统工程，已成为网络建设和发展的首要任务。网络安全技术涉及法律法规、政策、策略、规范、标准、机制、措施和管理等方面，它们是网络安全的重要保障。

信息技术的快速发展给人类社会带来了深刻的变革。随着计算机网络技术的快速发展，我国在网络信息化建设方面取得了令人瞩目的成就，电子银行、电子商务和电子政务等方面的广泛应用，使计算机网络已深入国家政治、经济、文化和国防建设等各个领域，遍布现代信息化社会的工作和生活的每个层面，“数字化经济”和全球电子交易一体化逐步形成。计算机网络安全不仅关系到国计民生，还与国家安全密切相关，不仅涉及国家政治、军事和经济等各个方面，而且影响到国家的安全和稳定等方面。随着计算机网络的广泛应用，网络安全的重要性尤为突出，因此，网络技术中最关键也最容易被忽视的安全问题，正在危及网络的健康发展和应用，**网络安全技术及应用越来越受到世界的关注**。

在现代信息化社会，随着信息化建设和IT技术的快速发展，计算机网络技术的应用更加广泛深入，网络安全问题不断出现，致使网络安全技术的重要性更加突出，**网络安全已经成为世界各国关注的焦点**，不仅关系到用户的信息和资产风险，也关系到国家安全和社会稳定，已成为热门研究和人才需求的新领域。只有在相关的法律、管理、技术、道德各方面采取切实可行的有效措施，才能确保网络建设与应用“又好又快”地稳定发展。

我国非常重视网络安全工作。2014年2月，国家主席、中央网络安全和信息化领导小组组长习近平主持召开中央网络安全和信息化领导小组第一次会议并发表重要讲话。指出：**网络安全和信息化是事关国家安全和发展，事关广大人民群众工作生活的重大战略问题**，要从国际国内大势出发，总体布局，统筹各方，创新发展，努力把我国建设成为网络强国。会议审议通过了《中央网络安全和信息化领导小组工作规则》、《中央网络安全和信息化领导小组办公室工作细则》、《中央网络安全和信息化领导小组2014年重点工作》，并研究了近期工作。习近平强调，网络安全和信息化对一个国家很多领域都是牵一发而动全身的，要认清我们面临的形势和任务，充分认识做好工作的重要性和紧迫性，因势而谋，应势而动，顺势而为。网络安全和信息化是一体之两翼、驱动之双轮，必须统一谋划、统一部署、统一推进、统一实施。做好网络安全和信息化工作，要处理好安全和发展的关系，做到协调一致、齐头并进，以安全保发展、以发展促安全，努力建久安之势、成长治之业。

计算机网络安全是一门涉及计算机科学、网络技术、信息安全技术、通信技术、计算数学、密码技术和信息论等多学科的综合性交叉学科，是计算机与信息科学的重要组成部分，也是近20年发展起来的新兴学科，需要综合信息安全、网络技术与管理、分布式计算、人工智能等多个领域的知识和研究成果，其概念、理论和技术正在不断发展完善之中。

为满足高校计算机、信息、通信、电子商务、工程及管理类本科生、研究生等高级人才培养的需要，我们编著了这套规划教材。多年来，编著者一直从事计算机网络与安全等领域的教学、研发及学科专业建设和管理工作，特别是多次主持过计算机网络安全方面的“上海市精品课程”建设及教学科研项目研究，积累了大量且宝贵的实践经验。

本书主要内容分三部分。第一篇，知识要点与学习指导，从知识内容体系结构方面包括：本章重点、难点、关键、教学目标，（各节）学习要求、知识要点、典型案例等；从知识、技术、方法及实际应用方面包括：网络安全的“攻（攻击）、防（防范）、测（检测）、控（控制）、管（管理）、评（评估）”等基本理论和新实用技术学习与实践指导的知识要点构成的层次结构体系，主要结合新一代网络 IPv6、无线网安全、VPN 技术、Windows Server 2012、SQL Server 2012 和网络安全技术应用等知识要点进行指导帮助，包括：网络安全概述，网络安全技术基础，网络安全管理技术，密码与加密技术，黑客攻防、入侵检测与防御技术，身份认证与访问控制、电子证据与安全审计，操作系统与站点安全，网络安全与数据安全，计算机病毒防范技术，防火墙技术，网银及电子商务安全，网络安全新技术及解决方案等。第二篇，实验与课程设计指导，包括同步实验指导（最新实验任务 1-2 可选做）和课程设计综合应用指导。第三篇，习题与模拟测试，包括复习与练习题（含练习与实践应用题等多种题型及参考答案）、典型案例解析、模拟及自测题等。

书中内容包括经过多年实践总结的典型案例及成果，便于实际应用。书中带“*”部分为选学内容。重点介绍最新的网络安全技术、成果、方法和实际应用，其特点如下：

1．内容先进，结构新颖。本书吸收了国内外大量的新知识、新技术、新方法和国际通用准则，注重科学性、先进性、操作性，图文并茂、学以致用。

2．突出实用及素质能力培养，增加大量案例和同步实验，在内容安排上将理论知识与实际应用有机结合。

3．资源配套，便于教学。提供多媒体实验课件和上海市精品课程“立体化”教学网站资源，便于自主学习和使用。教学资源主要包括：动画模拟实验演练视频、教学大纲与教案、教学视频、习题集、试题库与自测练习、辅导答疑、学习与新技术交流、典型案例、知识拓展等。以上资源可自上海市精品课程资源网站http://jiatj.sdju.edu.cn/webanq/访问，多媒体实验课件免费下载地址为 http://www.hxedu.com.cn。

本书由贾铁军教授任主编并编写第 1～9 章、第 12～14 章和第 16～17 章，陈国秦（腾讯控股有限公司）编写第 10～11 章，宋少婷（大连信源网络有限公司）编写第 15 章并制作部分课件等，多位老师参加了本书编写大纲的讨论、编著审校等工作。邹佳芹女士多次对全书的文字、图表进行了校对、编排及查阅资料，并完成了部分课件制作。

感谢对本书编写给予大力支持和帮助的院校及各界同仁。编著过程中参阅的大量重要文献资料难以完全准确注明，在此深表谢意！

由于网络安全技术涉及的内容比较庞杂，而且发展快、知识更新迅速，加之编著时间比较仓促及编著者水平有限，书中难免存在不妥之处，敬请海涵！欢迎提出宝贵意见和建议以便于改进，主编邮箱 jiatj@163.com。

编著者

2015 年 2 月于上海

目　录

第一篇　知识要点与学习指导

第三篇 习题与模拟测试

第一篇

知识要点与学习指导

第1章　网络安全概述

为了更好地学习“网络安全技术”课程的基础知识、基本技术和基本方法，提高自主学习的能力和学习效率，并将所学到的网络安全知识、技术、方法和内容的体系结构系统化，同时便于更好地进行系统复习、总结和深化提高，有利于提高知识、素质和能力，对各章的知识要点与学习指导进行了系统概述。本章的网络安全及网络安全技术等相关概念和内容，对后续学习极为重要。

重点	信息安全、网络安全和网络安全技术等基本概念 网络安全的目标和内容，网络安全技术的种类和模型
难点	网络安全的目标和内容 网络安全技术的种类和模型
关键	网络安全和网络安全技术的基本概念 网络安全的目标和内容 网络安全技术的种类
教学目标	掌握网络安全的概念、目标和内容 理解网络安全面临的威胁及脆弱性 掌握网络安全技术的概念、种类和模型 理解网络安全研究现状与趋势 了解物理（实体安全）与隔离技术

1.1　网络安全概念及内容

1.1.1　学习要求

（1）熟悉信息安全和网络安全的概念。

（2）掌握网络安全的目标及特征。

（3）掌握网络安全涉及的内容及侧重点。

1.1.2　知识要点

1. 信息安全和网络安全的概念

国际标准化组织（ISO）对**信息安全**（Information Security）的定义是：为数据处理系统建立和采取的技术和管理的安全保护，保护计算机硬件、软件、数据不因偶然及恶意的原因而遭到破坏、更改和泄露。

我国《计算机信息系统安全保护条例》将**信息安全**定义为：计算机信息系统的安全保护，应当保障计算机及其相关的配套设备、设施（含网络）的安全，运行环境的安全，保障信息的安全，保障计算机功能的正常发挥，以维护计算机信息系统安全运行。主要防止信息被非授权泄露、更改、破坏或使信息被非法的系统辨识与控制，确保信息的完整性、保密性、可用性和可控性。主要涉及物理（实体）安全、运行（系统）安全与信息（数据）安全三个层面。

计算机网络安全（Computer Network Security）简称**网络安全**，是指利用计算机网络技术、管理、控制和措施，保证网络系统及数据（信息）的保密性、完整性、网络服务可用性、可控性和可审查性受到保护。即保证网络系统的硬件、软件及系统中的数据资源得到完整、准确、连续运行与服务不受干扰破坏和非授权使用。狭义上，网络安全是指计算机及其网络系统资源和数据（信息）资源不受有害因素的威胁和危害。广义上，凡是涉及计算机网络信息安全属性特征（保密性、完整性、可用性、可控性、可审查性）的相关知识、技术、管理、理论和方法等，都是网络安全的研究领域。

2. 网络安全的目标及特征

网络安全问题包括两方面的内容：一是网络的系统安全，二是网络的信息（数据）安全，而网络安全的最终目标和关键是保护网络的信息（数据）安全。

网络安全的目标是指计算机网络在信息的采集、存储、处理与传输的整个过程中，根据安全需求，达到相应的物理上及逻辑上的安全防护、监控、反应恢复和对抗的能力。网络安全的最终目标就是通过各种技术与管理手段，实现网络信息系统的保密性、完整性、可用性、可控性和可审查性。其中保密性、完整性、可用性是网络安全的基本要求。**网络信息安全的 5 大要素**，反映了网络安全的特征和目标要求。

（1）保密性。也称机密性，指将信息不泄露或提供给非授权用户、实体和过程。强调网络中信息只被授权用户使用的特征。

（2）完整性。指网络信息未经授权不可改变的特性，即信息在存储或传输过程中保持不被修改及破坏或丢失的特性。也是网络安全最基本的安全特征。

（3）可用性。也称有效性，指网络信息系统和信息资源可以被授权用户按照规定要求正常使用或在非正常情况下可恢复使用的特性。

（4）可控性。指对信息的传播及内容的管理控制能力，可以控制授权范围内的信息流向及行为方式。

（5）可审查性。可审查性又称不可否认性、抗抵赖性或拒绝否认性，指网络通信双方在信息传输交互过程中，确信发送方身份和所提供的信息真实同一性。

网络安全目标俗称要求达到“五不”：进不来、看不了、改不成、拿不走、跑不掉。

3. 网络安全涉及的内容及侧重点

（1）网络安全涉及的主要内容

网络安全涉及的内容包括：操作系统安全、数据库安全、网络站点安全、病毒与防护、访问控制、加密与鉴别等。

从层次结构上，也可以将**网络安全所涉及的内容**概括如下：

① 物理安全。也称实体安全，指保护硬件系统和软件系统，即计算机网络设备、设施及其他媒介，免遭破坏的措施及过程。包括环境安全、设备安全和媒体安全三个方面。

② 运行安全。主要指为了网络系统正常运行和服务，所采取的各种安全措施。包括计算机网络及系统运行安全和网络访问控制的安全。

③ 系统安全。主要指为了确保整个系统的安全，所采取的各种安全举措。主要包括操作系统安全、数据库系统安全和网络系统安全。

④ 应用安全。主要指确保各种用户实际应用和服务的安全的措施。由应用软件开发平台的安全和应用系统的数据安全两部分组成。

⑤ 管理安全。也称为安全管理，主要指对相关人员及网络系统进行安全管理的各种法律、法规、政策、策略、规范、标准、技术手段、机制和措施等内容。

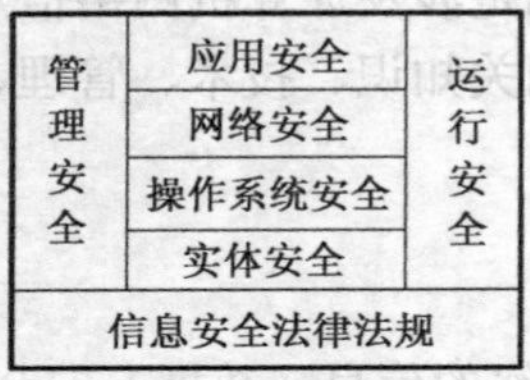

图 1-1 网络安全的层次结构

从层次结构上，**网络安全所涉及的主要内容及其关系**如图 1-1 所示。在网络信息安全法律法规的基础上，以安全管理和运行安全为保障，贯穿整个实体（物理）安全、操作系统安全、网络安全和应用安全的全过程，确保网络运行与服务安全平稳有序。

从体系结构方面，网络信息安全的主要内容及其相互关系，如图 1-2 所示。

从网络安全攻防体系方面，可以将网络安全研究的主要内容概括成两个体系：攻击技术和防御技术。该体系研究内容以后将陆续介绍，如图 1-3 所示。

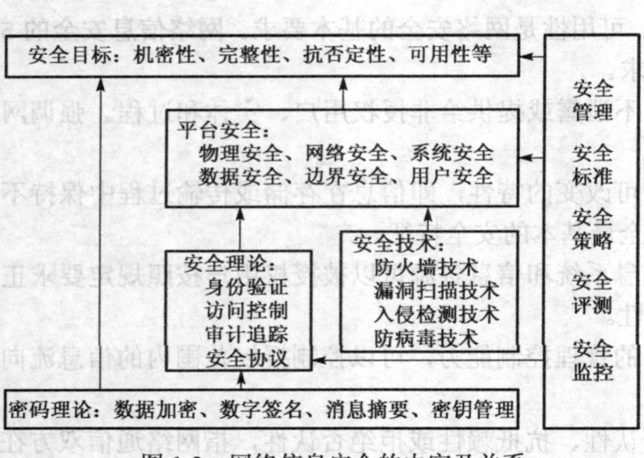

图 1-2 网络信息安全的内容及关系

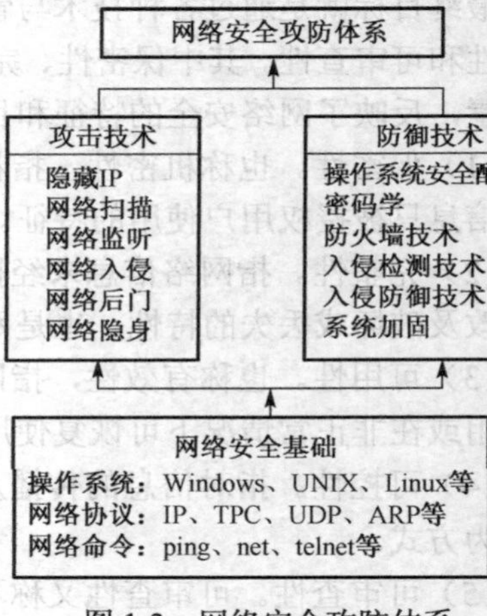

图 1-3 网络安全攻防体系

（2）网络安全保护范畴及重点

实际上，**网络安全涉及的内容**对不同人员或部门各有**侧重点**。

① 网络安全研究人员。关注从理论上采用数学等方法精确描述安全问题的属性特征，之后通过安全模型等进行具体解决。

② 网络安全工程师。主要侧重网络安全工程技术和方法，经常从实际应用角度出发，更注重成熟的网络安全解决方案和新型网络安全产品，注重网络安全工程建设开发与管理、安全防范工具、操作系统防护技术和安全应急处理措施等。

③ 网络安全评估人员。一般关注的是网络安全评价标准与准则、安全等级划分、网络安全风险评估、安全产品测评方法与工具、网络问题的评价、网络信息采集与分析等。

④ 网络安全管理员或主管。主要注重与网络安全管理有关的策略、机制、身份认证、访问控制、入侵检测、系统加固与防御措施、网络安全审计、网络安全应急响应和计算机病毒防治等安全管理技术与举措。

⑤ 安全保密监察人员。必须掌握网络信息泄露、窃听、检测和过滤等各种技术手段，确保涉及国家政治、军事、经济等重要机密信息的安全；检测和过滤威胁国家安全的不良信息传播，以免给国家安全和稳定带来不利的影响。

⑥ 军事国防相关人员。注重信息对抗、信息加密、安全通信协议、无线网络安全、入侵攻击与防范、应急处理和网络病毒传播等网络安全新技术、新方法，设法取得网络信息优势，扰乱敌方指挥系统，摧毁敌方网络基础设施，打赢未来信息战争。

1.2　网络安全的威胁及隐患

1.2.1　学习要求

（1）理解国内外网络安全的现状。

（2）掌握网络安全威胁类型及途径。

1.2.2　知识要点

1．国内外网络安全的现状

国内外**网络安全威胁的现状及主要**因由，主要涉及以下 5 个方面。

（1）法律法规和管理不完善。

（2）企业和政府的侧重点不一致。

（3）网络安全规范和标准不统一。

（4）网络安全技术和手段滞后。

（5）网络安全风险和隐患增强。

注意：计算机病毒防范技术、网络防火墙技术和入侵检测技术，常被称为网络安全技术的三大主流。

2．网络安全的主要威胁及途径

网络安全的主要威胁（见表 1-1）及途径如图 1-4 所示。

表 1-1　网络安全的主要威胁

威胁类型	主要威胁
非授权访问	通过口令、密码和系统漏洞等手段获取系统访问权
截获/窃听	数据在网络系统传输中被截获、窃听信息
伪造信息	将伪造的信息发送给他人
篡改/修改	对合法用户之间的通信信息篡改/替换/删除或破坏
窃取资源	盗取系统重要的软件或硬件、信息和资料
病毒木马	利用计算机木马病毒及恶意软件进行破坏或恶意控制他人系统
讹传信息	攻击者获得某些非正常信息后，发送给他人
行为否认	通信实体否认已经发生的行为
旁路控制	利用系统的缺陷或安全脆弱性的非正常控制
信息战	为国家或集团利益，通过信息战进行网络干扰破坏或恐怖袭击
人为疏忽	已授权人为了利益或由于疏忽将信息泄露给未授权人
信息泄露	信息被泄露或暴露给非授权用户

（续表）

威胁类型	主要威胁
物理破坏	通过计算机及其网络或部件进行破坏，或绕过物理控制非法访问
拒绝服务攻击	攻击者以某种方式使系统响应减慢甚至瘫痪，阻止用户获得服务
服务欺骗	欺骗合法用户或系统，骗取他人信任以便牟取私利
冒名顶替	假冒他人或系统用户进行活动
资源耗尽	故意超负荷使用某一资源，导致其他用户服务中断
重发信息	重发某次截获的备份合法数据，达到信任并非法侵权目的
设置陷阱	违反安全策略，设置陷阱“机关”系统或部件，骗取特定数据
媒体废弃物	利用媒体废弃物得到可利用信息，以便非法使用
其他威胁	上述之外的其他各种攻击或威胁

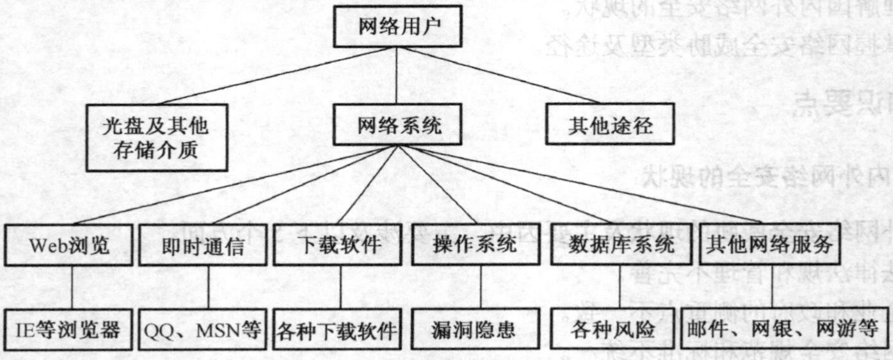

图 1-4　网络安全主要威胁及途径

3. 网络安全的隐患及风险

（1）网络系统安全隐患及风险。网络系统面临的安全隐患主要包括 7 个方面。

① 系统漏洞及复杂性。

② 网络协议及共享性。

③ 网络开放性。

④ 身份认证难。

⑤ 传输路径与节点不安全。

⑥ 信息聚集度高。

⑦ 边界难确定。

（2）操作系统的漏洞及隐患。包括体系结构的漏洞、创建进程的隐患、服务及设置风险、配置和初始化错误。

（3）网络数据库的安全风险。

（4）防火墙的局限性。

（5）网络安全管理及其他问题。

4. 网络安全威胁的发展态势

2015 年网络安全与管理趋势的十大预测，包括 10 个方面。

① 随着社交媒体和移动终端持续升温，大数据冲击时代即将到来。

② 随着混合云模式、大宗商品化软硬定义的数据中心（SDDC）等趋势日益深入，未来的数据中心将发生根本性的变革。
③"物联网"时代带来新挑战。
④"分布式数据"将对消费者带来困扰。
⑤ 针对企业的应用程序商店将得到普及。
⑥ 人们将过分依赖和相信网络应用程序。
⑦ 身份认证将成为主流。
⑧ 网络欺诈者、数据窃取者和网络罪犯将关注社交网络。
⑨ 3D 打印技术将为网络犯罪提供新可能。
⑩ 采取更积极的举措保护私人信息。

1.3 网络安全技术概述

1.3.1 学习要求

（1）熟练掌握网络安全技术相关概念及目标。
（2）掌握常用网络安全关键技术的种类。
（3）理解网络安全的常用模型。

1.3.2 知识要点

1. 网络安全技术概述

（1）网络安全技术相关概念

网络安全技术（Network Security Technology）是指计算机网络系统及其在数据采集、存储、处理和传输过程中，保障网络信息安全属性特征（保密性、完整性、可用性、可控性、可审查性）的各种相关技术和措施。狭义上是指为保障网络系统及数据在采集、存储、处理和传输过程中的安全（最终目标和关键是保护网络的数据安全），所采取的各种技术手段、机制、策略和措施等；广义上是指保护网络安全的各种技术手段、机制、策略和措施等。

（2）常用网络安全关键技术的种类

网络安全技术分类将网络安全技术分为预防保护类、检测跟踪类和响应恢复类三大类，如图 1-5 所示。

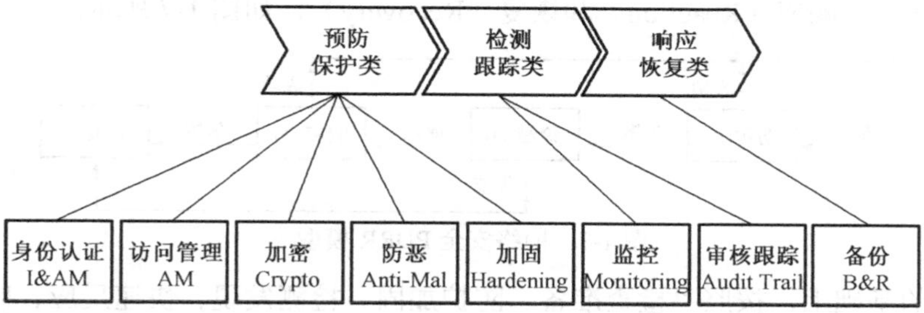

图 1-5 常用网络安全关键技术

常用的网络安全关键技术包括：

① 身份认证。确保网络用户身份的正确存储、同步、使用、管理和一致性确认，防止他人冒用或盗用的技术手段。

② 访问管理。用于确保授权用户在指定时间对授权的资源进行正当的访问，防止未经授权的访问的措施。

③ 加密。以加密技术，确保网络信息的保密性、完整性和可审查性。加密技术包括加密算法、密钥长度的定义和要求等，以及密钥整个生命周期（生成、分发、存储、输入/输出、更新、恢复、销毁等）的技术方法。

④ 防恶意代码。通过建立计算机病毒的预防、检测、隔离和清除机制，预防恶意代码入侵，迅速隔离查杀已感染病毒，识别并清除网内恶意代码。

⑤ 加固。对系统自身弱点采取的一种安全预防手段，主要是通过系统漏洞扫描、渗透性测试、安装安全补丁及入侵防御系统、关闭不必要的服务端口和对特定攻击的预防设置等技术或管理手段，确保并增强系统自身的安全。

⑥ 监控。通过监控主体的各种访问行为，确保对客体的访问过程中安全的技术手段，如安全监控系统、入侵监测系统等。

⑦ 审核跟踪。对出现的异常访问、探测及操作相关事件进行核查、记录和追踪。每个系统可以有多个审核跟踪不同的特定相关活动。

⑧ 备份恢复（Backup and Recovery）。网络出现异常、故障、入侵等意外事故时，确保及时恢复系统和数据而进行的预先备份等技术手段。

2. 网络安全常用模型

（1）网络安全通用模型

网络安全通用模型如图 1-6 所示，其不足是并非所有情况都通用。

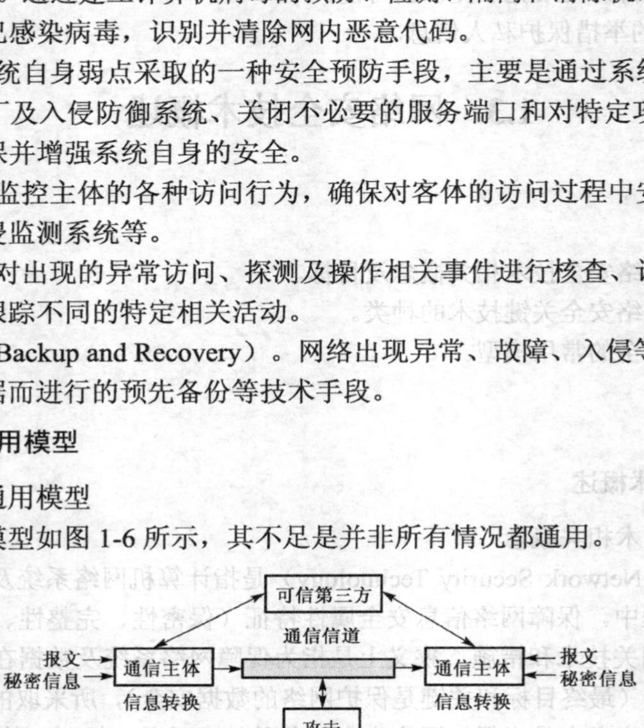

图 1-6 网络安全通用模型

（2）网络安全 PDRR 模型

描述网络安全整个过程和环节的常用网络安全模型为 PDRR 模型：防护（Protection）、检测（Detection）、响应（Reaction）和恢复（Recovery），如图 1-7 所示。

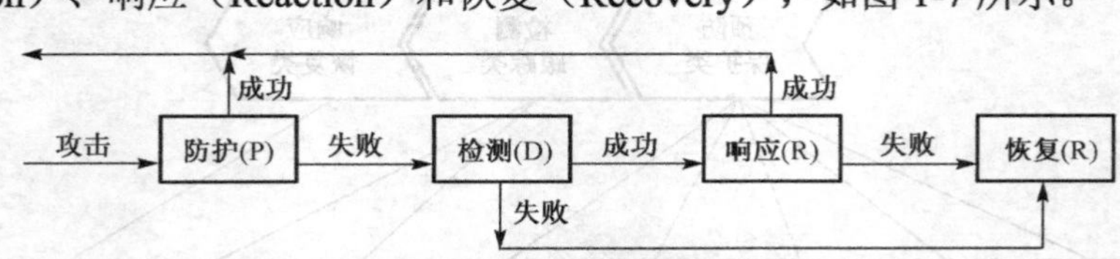

图 1-7 网络安全 PDRR 模型

在此模型的基础上，按照“检查准备、防护加固、检测发现、快速反应、确保恢复、反省改进”的原则，经过改进和完善得到另一个网络系统安全生命周期模型——IPDRRR（Inspection，Protection，Detection，Reaction，Recovery，Reflection）模型，如图 1-8 所示。

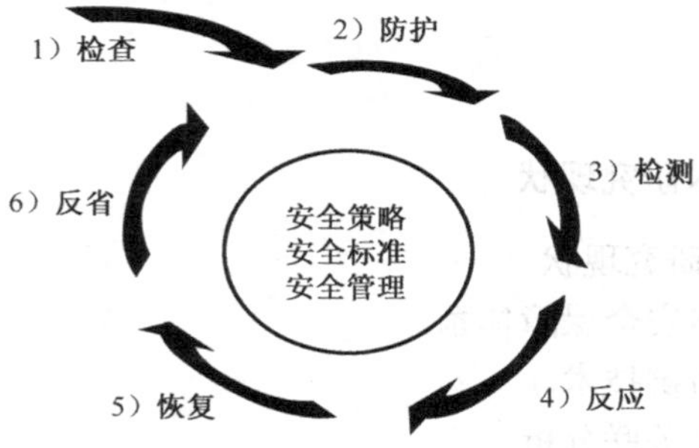

图 1-8　系统安全生命周期模型

（3）网络访问安全模型

对非授权访问的安全机制分为网闸功能和内部安全控制，如图 1-9 所示。

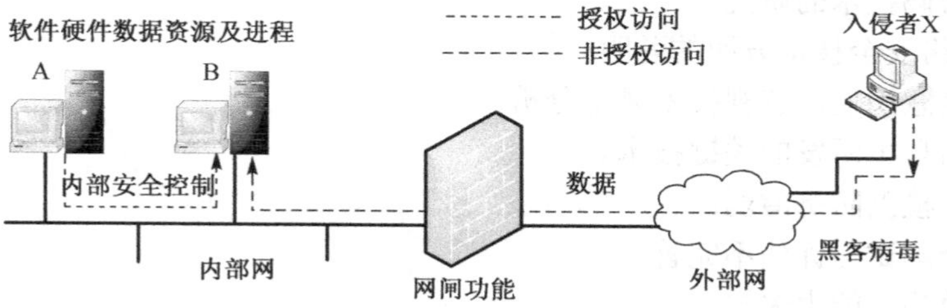

图 1-9　网络访问安全模型

（4）网络安全防御模型

网络安全的关键是预防，“防患于未然”是最好的保障，同时做好内网与外网的隔离保护。通过如图 1-10 所示的网络安全防御模型，可以构建系统保护内网。

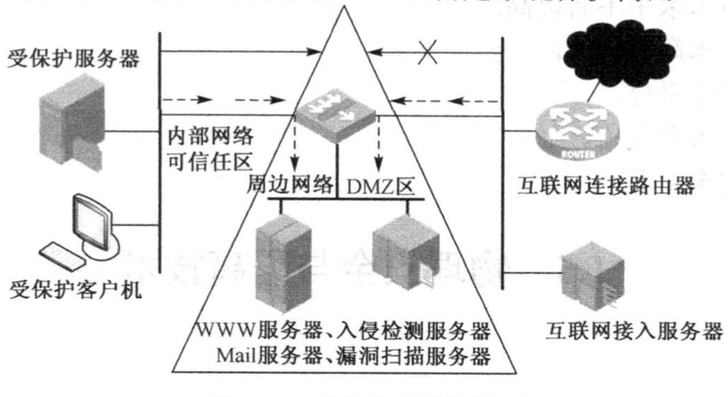

图 1-10　网络安全防御模型

1.4　网络安全技术研究现状及趋势

1.4.1　学习要求

（1）掌握国外网络安全技术研究现状及我国的差距。

（2）了解网络安全技术的发展态势。

1.4.2 知识要点

1. 国内外网络安全技术研究现状

（1）国外网络安全技术研究现状

① 构建完善的网络安全保障体系。

② 优化安全智能防御技术。

③ 强化云安全信息关联分析。

④ 加强安全产品测评技术。

⑤ 提高网络生存（抗毁）技术。

⑥ 优化应急响应技术。

⑦ 新密码技术的研究。

（2）我国网络安全技术方面的差距

① 安全意识差，忽视技术风险分析。

② 急需自主研发的关键技术。

③ 安全检测防御薄弱。

④ 安全测试与评估不完善。

⑤ 应急响应能力欠缺。

⑥ 强化系统恢复技术不足。

2. 网络安全技术的发展态势

网络安全技术的发展态势主要体现在如下几方面。

（1）网络安全技术水平不断提高。

（2）安全管理技术高度集成。

（3）新型网络安全平台。

（4）高水平的服务和人才。

（5）特殊专用安全工具。

*1.5 物理安全与隔离技术

1.5.1 学习要求

（1）理解物理（实体）安全的概念及内容。

（2）了解媒体安全的概念、目的及措施。

（3）掌握物理隔离技术的概念、要求和手段。

1.5.2 知识要点

1. 数据库物理安全的概念及内容

（1）物理安全的概念

物理安全也称实体安全，指保护计算机网络设备、设施及其他媒介免遭破坏的措施及过程。主要是对计算机及网络系统的环境、场地、设备和人员等方面，采取的各种安全技术和措施。物理安全是整个计算机网络系统安全的重要基础和保障。

（2）物理安全的内容及措施

物理安全的内容主要包括环境安全、设备安全和媒体安全三个方面，主要指五项防护，简称五防：防盗、防火、防静电、防雷击、防电磁泄漏。尤其要加强对重点数据中心、机房、服务器、网络及其相关设备和媒体等物理安全的防护。

2．媒体安全的概念、目的及措施

媒体及其数据安全保护是指对媒体数据和媒体本身的安全保护。

（1）媒体安全

主要指对媒体及其数据的安全保管，目的是保护存储在媒体上的重要资料。安全措施：媒体的防盗与防毁，防毁指防霉和防砸及其他可能的破坏。

（2）媒体数据安全

媒体数据安全主要指对媒体数据的保护。为了防止被删除或被销毁的敏感数据被他人恢复，必须对媒体机密数据进行安全删除或安全销毁。

保护媒体数据安全的措施主要有三个方面：媒体数据的防盗、媒体数据的销毁、媒体数据的防毁。

3．物理隔离技术

物理隔离技术是在原有安全技术的基础上发展起来的一种安全防护技术。物理隔离技术的目的是通过将威胁和攻击进行隔离，在可信网络之外和保证可信网络内部信息不外泄的前提下，完成网间数据的安全交换。

（1）物理隔离的安全要求。

（2）物理隔离技术的三个阶段。物理隔离的技术手段及优缺点和典型产品，如表 1-2 所示。

（3）物理隔离的性能要求。

表 1-2　物理隔离的主要技术手段

技术手段	优　点	缺　点	典型产品
彻底的物理隔离	能够抵御所有网络攻击	两网络间无信息交流	联想网御物理隔离卡、开天双网安全电脑、伟思网络安全隔离集线器
协议隔离	能抵御基于 TCP/IP 协议的网络扫描与攻击等行为	有些攻击可穿越网络	京泰安全信息交流系统 2.0、东方 DF-NS310 物理隔离网关
物理隔离网闸	不但实现了高速的数据交换，还有效地杜绝了基于网络的攻击行为	应用种类受到限制	伟思 ViGAP、天行安全隔离网闸（TopWalk-GAP）和联想网御 SIS3000 系列安全隔离网闸

1.6　要点小结

本章主要介绍了网络安全的基本概念、网络安全技术和管理技术等基本概念、网络安全的目标及主要内容。结合案例介绍了计算机网络面临的威胁、类型及途径，以及网络安全威胁发展的主要态势，并对产生网络安全风险及隐患的系统问题、操作系统漏洞、网络数据库问题、防火墙局限性、管理和其他各种因素进行了概要分析。应理解学习网络安全的目的、重要现实意义和必要性。

网络安全的最终目标和关键是保护网络的信息资源安全，做好预防即“防患于未然”是确保网络安全的最好举措。世上并无绝对的安全，网络安全是个系统工程，需要多方面互相配合、综合防范。

本章还概要地介绍了常用的网络安全关键技术（身份认证、访问管理、加密、防恶意代码、加固、监控、审核跟踪和备份恢复）和网络安全模型，并概述了国内外网络安全建设与发展的现状，可以看出国际领先技术和国内存在的一些差距，以及网络安全技术的发展趋势。最后，简明扼要地概述了物理安全的概念、内容、媒体安全与物理隔离技术，以及网络安全实验前期准备所需的构建虚拟网的过程和主要方法等。

第 2 章　网络安全技术基础

网络协议安全是网络安全保障的基础，本章通过计算机网络协议安全风险、无线网络安全漏洞及隐患分析，概述网络协议安全体系、虚拟专用网（VPN）安全技术及实际应用，以及常用的网络安全管理命令等内容，有助于提高网络安全防范的能力。

重点	虚拟专用网（VPN）技术 无线网络安全问题及措施 常用网络安全管理命令及应用
难点	网络协议安全及 IPv6 的安全性 虚拟专用网（VPN）技术
关键	虚拟专用网（VPN）构建及应用 无线网络安全措施 常用网络安全管理命令应用
教学目标	了解网络协议安全及 IPv6 的安全性 理解虚拟专用网（VPN）技术 掌握无线网络安全问题及措施 掌握常用网络安全管理命令及应用

2.1　网络协议安全性分析

2.1.1　学习要求

（1）了解网络协议安全的风险。

（2）掌握 TCP/IP 层次安全分析。

（3）理解 IPv6 的安全问题分析。

2.1.2　知识要点

1. 网络协议安全风险

对于网络协议的攻防已经成为黑客和信息战双方关注的重点。全球计算机网络广泛使用的是 TCP/IP 协议族，由于网络协议本身没有考虑其安全性，而且协议以软件形式实现，不可避免地存在一般软件所固有的漏洞和缺陷，所以网络协议存在着威胁和风险，对协议的攻击与防范成为信息战中作战双方关注的重点。

网络体系层次结构参考模型有两种：ISO 的开放系统互连参考模型 OSI 模型和 Internet 的 TCP/IP 模型。OSI 模型是国际标准化组织 ISO 的 OSI，共有 7 层，设计初衷是期望为整个网络体系与协议发展提供一种通用的国际性标准，之后由于其过于庞杂，使 TCP/IP 协议作为

Internet 的基础协议，成为了事实上应用的“网络标准”。TCP/IP 模型由 4 部分组成，它对应于 OSI 参考模型的 7 层体系。

计算机网络协议安全风险可归结为三方面。

① 网络协议设计缺陷和实现中的安全漏洞及隐患，易受到攻击。

② 协议无有效的认证机制，不具有验证通信双方真实身份的功能。

③ 网络协议缺乏保密机制，也没有保护网络中数据机密性的功能。

2. TCP/IP 层次安全分析

（1）网络接口（物理）层的安全性

TCP/IP 模型的网络接口层对应着 OSI 模型的物理层和数据链路层。主要是物理层安全问题，包括由网络环境及物理特性产生的网络设施和线路安全性，致使网络系统出现安全风险，如设备盗损与老化、故障、泄露等。

网络安全由多个安全层构成，每个安全层都是一个包含多个特征的实体。在 TCP/IP 不同层次可增加不同的安全策略，如图 2-1 所示。

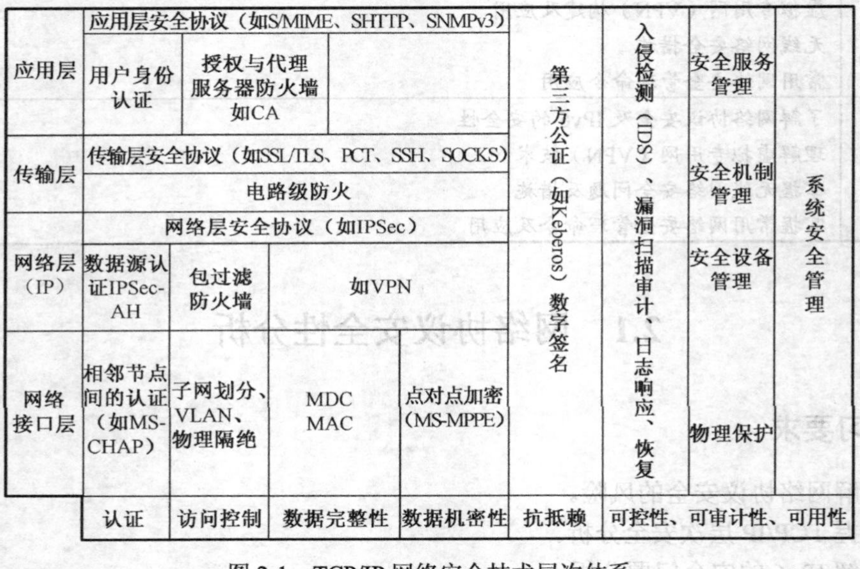
应用层
应用层安全协议（如S/MIME、SHTTP、SNMPv3）
用户身份认证
授权与代理服务器防火墙如CA
传输层
传输层安全协议（如SSL/TLS、PCT、SSH、SOCKS）
电路级防火
网络层安全协议（如IPSec）
网络层（IP）
数据源认证IPSec-AH
包过滤防火墙
如VPN
网络接口层
相邻节点间的认证（如MS-CHAP）
子网划分、VLAN、物理隔绝
MDC MAC
点对点加密（MS-MPPE）
第三方公证（如Kebero s）数字签名
入侵检测（IDS）、漏洞扫描审计、日志响应、恢复
安全服务管理
安全机制管理
安全设备管理
物理保护
系统安全管理
认证
访问控制
数据完整性
数据机密性
抗抵赖
可控性、可审计性、可用性

图 2-1　TCP/IP 网络安全技术层次体系

（2）网络层的安全性

网络层主要保证数据包在网络中正常传输，IP 协议族是整个 TCP/IP 协议体系结构的重要基础，TCP/IP 中所有协议的数据都以 IP 数据包形式传输。

（3）传输层的安全性

传输层的主要安全风险和隐患有传输与控制安全、数据交换与认证安全、数据保密性与完整性等安全风险。

（4）应用层的安全性

应用层中利用 TCP/IP 协议运行和管理的程序繁多。网络安全问题主要出现在需要重点解决的常用应用协议和应用系统中：超文本传输协议（HTTP）、文件传输协议（FTP）、简单邮件传输协议（SMTP）、域名系统（DNS）、远程登录协议（Telnet）。

3. IPv6 的安全分析

（1）IPv6 的特点和优势

① 极大扩充地址空间及应用。

② 提高网络整体性能。

③ 强化网络安全性。

④ 提供更好服务质量（QoS）。

⑤ 提供优质组播功能。

⑥ 支持即插即用和移动性。

⑦ 具有必选的资源预留协议 RSVP 功能。

（2）IPv4 与 IPv6 安全性比较

① 原理和特征基本未发生变化的安全问题可划分为三类：网络层以上的安全问题；与网络层数据保密性和完整性相关的安全问题；与网络层可用性相关的安全问题。如窃听攻击、应用层攻击、中间人攻击、洪泛攻击等。

② 网络层以上（应用）的安全威胁。

③ 与网络层数据保密性和完整性相关的安全问题。

④ 与网络层可用性相关的安全问题：主要指洪泛攻击，如 TCP SYN flooding 攻击。

⑤ 原理和特征发生明显变化的安全问题，主要包括以下 4 个方面：侦测、非授权访问、篡改分组头部和分段信息、伪造源地址。

（3）IPv6 的安全机制

① 协议安全。认证头 AH、封装安全有效载荷 ESP 扩展头。

② 网络系统安全。实现端到端安全、提供内网安全、由安全隧道构建安全 VPN、以隧道嵌套实现网络安全。

③ 其他安全保障。配置、认证、控制、端口限制。

（4）移动 IPv6 的安全性

① 移动 IPv6 的特性，无状态地址自动配置、邻居发现。

② 移动 IPv6 面临的安全威胁，包括窃听、篡改、拒绝服务攻击（DoS）等。

（5）移动 IPv6 的安全机制

移动 IPv6 协议针对上述安全威胁，在注册消息中通过添加序列号以防范重放攻击，并在协议报文中引入时间随机数。

2.2　虚拟专用网技术

2.2.1　学习要求

（1）理解虚拟专用网的概念和结构。

（2）掌握虚拟专用网的技术特点。

（3）理解虚拟局域网实现技术。

（4）掌握虚拟专用网技术的应用。

2.2.2 知识要点

1. 虚拟专用网的概念和结构

虚拟专用网（Virtual Private Network，VPN）是利用 Internet 等公共网络的基础设施，通过隧道技术，为用户提供的与专用网络具有相同通信功能的安全数据通道。

VPN 可通过特殊加密通信协议在 Internet 上的异地企业内网之间建立一条专用通信线路，而无须铺设光缆等物理线路。**VPN 系统结构**如图 2-2 所示，VPN 提供的网络安全连接如图 2-3 所示。

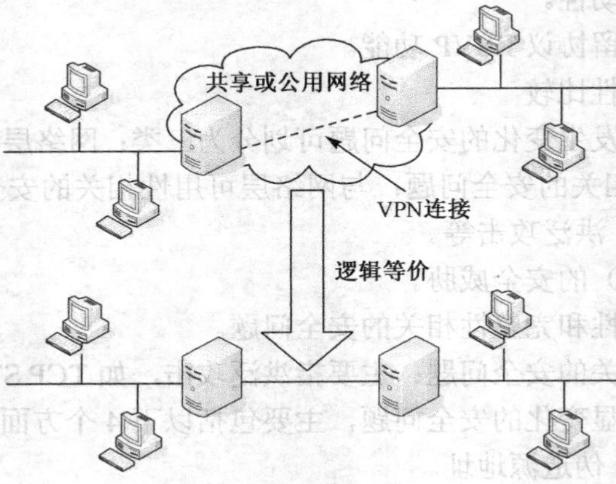

图 2-2 VPN 系统结构

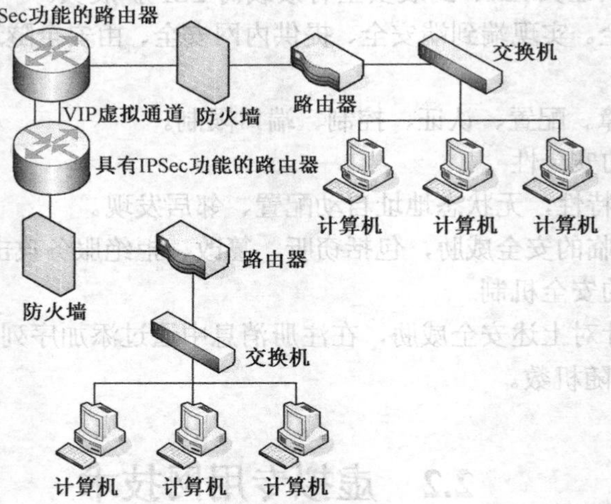

图 2-3 VPN 提供的网络安全连接

2. 虚拟专用网的技术特点

（1）网络安全性强。
（2）构建成本费用低。
（3）便于管理和维护。
（4）应用灵活性强。
（5）服务质量高。

3．虚拟局域网实现技术

VPN 是在 Internet 等公共网络基础上，综合利用隧道技术、加解密技术、密钥管理技术和身份认证技术实现的。

（1）隧道技术

隧道技术是 VPN 的核心技术，它是一种隐式传输数据的方法，主要利用已有的 Internet 等公共网络数据通信方式，在隧道（虚拟通道）一端将数据进行封装，然后通过已建立的隧道进行传输。

在隧道另一端，进行解封装并将还原的原始数据交给端设备。在 VPN 连接中，可根据需要创建不同类型的 VPN 隧道，包括自愿隧道和强制隧道两种。

用户或客户端通过发送 VPN 请求配置和创建。

（2）加解密技术

为确保重要数据在公共网络上传输的安全性，VPN 采用了加密机制。

常用的信息加密体制主要包括：非对称加密体制和对称加密体制两类。实际上，一般是将二者混合使用，利用非对称加密技术进行密钥协商和交换，利用对称加密技术进行数据加密。

（3）密钥管理技术

密钥的管理和分发极为重要。密钥分发的方式有两种，即手工配置和采用密钥交换协议动态分发。

（4）身份认证技术

在 VPN 实际应用中，身份认证技术包括信息认证、用户身份认证。信息认证用于保证信息的完整性和通信双方的不可抵赖性，用户身份认证用于鉴别用户身份的真实性。

4．虚拟专用网技术应用

（1）远程访问虚拟网

通过一个与专用网相同策略的共享基础设施，可提供对企业内网或外网的远程访问服务，使用户随时以所需方式访问企业资源。例如，模拟、拨号、ISDN、数字用户线路（xDSL）、移动 IP 和电缆技术等，可安全连接移动用户、远程工作者或分支机构。

（2）企业内部虚拟网

可在 Internet 上构建全球的 Intranet VPN，企业内部资源只需连入本地 ISP 的接入服务提供点 POP（Point Of Presence）即可相互通信，而实现传统 WAN 组建技术均需要有专线。利用该 VPN 线路不仅可保证网络的互连性，而且可利用隧道、加密等 VPN 特性保证在整个 VPN 上信息的安全传输。

（3）企业扩展虚拟网

主要用于企业之间的互连及安全访问服务。可通过专用连接的共享基础设施，将客户、供应商、合作伙伴或相关群体连接到企业内部网。企业拥有与专用网络相同的安全、服务质量等政策。

2.3　无线网络安全技术

2.3.1　学习要求

（1）理解无线网络安全风险及隐患。

（2）掌握无线网络设备安全措施和策略。
（3）理解无线网络的身份认证过程。
（4）掌握无线网络安全技术的应用。

2.3.2 知识要点

1. 无线网络安全风险及隐患

随着无线网络技术的广泛应用，其安全性越来越引起人们的关注。**无线网络安全主要包括访问控制和数据加密两个方面**，访问控制保证机密数据只能由授权用户访问，而数据加密则要求发送的数据只能被授权用户所接收和使用。

无线网络在数据传输时以微波进行辐射传播，只要在无线接入点（Access Point，AP）覆盖范围内，所有无线终端都可能接收到无线信号。AP 无法将无线信号定向到一个特定的接收设备，时常有无线网络用户被他人免费蹭网接入、盗号或泄密等，网络安全协议的设计问题与实现缺陷等导致无线网络存在着一些安全漏洞和风险，可被黑客乘机实施中间人攻击、拒绝服务攻击、封包破解攻击等。黑客较容易搜寻到一个无线网端口，借助窃取的有关信息接入客户网络，盗取机密信息或进行破坏。因此，无线网络的安全威胁、风险和隐患更加突出。

2. 无线网络设备安全措施

（1）无线接入点安全措施

无线接入点 AP 用于实现无线客户端之间的信号互连和中继，**其安全措施包括：**

① 及时变更管理员密码。

② WEP 加密传输。数据加密是实现网络安全的一项重要技术，可通过网络协议 WEP 进行。主要用途：防止数据被途中恶意篡改或伪造、用 WEP 加密算法对数据加密、防止未授权用户对网络访问。

③ 禁用 DHCP 服务。

④ 禁止远程管理。

⑤ 修改 SNMP 字符串。

⑥ 修改 SSID 标识。

⑦ 禁止 SSID 广播。

⑧ 过滤 MAC 地址（定义网络设备的位置 ）。

⑨ 合理放置无线 AP。

⑩ WPA 用户认证（有 WPA 和 WPA2 两个标准，是一种保护无线网 Wi-Fi 安全的系统）。

（2）无线路由器安全策略

除了可采用无线 AP 的安全策略外，还应采用如下**安全策略：**

① 设置网络防火墙，加强防护能力。

② 利用 IP 地址过滤，进一步提高无线网络的安全性。

3. 无线网络的身份认证

IEEE 802.1x 是一种基于端口的网络接入控制技术，以网络设备的物理接入级（交换机设备的端口连接在该类端口）对接入设备进行认证和控制。**认证过程为：**

① 无线网络用户向 AP 发送请求，拟与 AP 进行通信。
② AP 将加密数据发送给验证服务器进行用户身份认证。
③ 验证服务器确认用户身份后，AP 允许该用户接入。
④ 建立网络连接后，授权用户通过 AP 访问网络资源。

常见内外网攻击造成掉线问题。网络攻击与侵扰、恶性破坏及计算机病毒等威胁路由器，致使企事业机构的网络系统掉线断网，对外网攻击无能为力，而内网的泛洪攻击等却因上网环境及人群复杂很难排查。

用 IEEE 802.1x 和 EAP 作为**身份认证**的无线网络，有**三个主要部分**，如图 2-4 所示。
① 无线客户端。即请求者运行在无线工作站上的软件客户端。
② 无线访问点。通过无线访问点即认证者确认。
③ 认证服务器。通常以一个 RADIUS 服务器的形式作为认证数据库，如微软的 IAS 等。

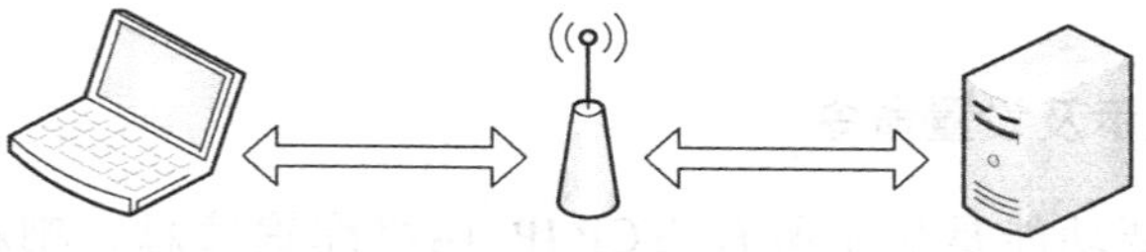

图 2-4　使用 IEEE 802.1x 及 EAP 身份认证的无线网络

4．无线网络安全技术应用实例

（1）小型企业及家庭用户。
（2）仓库物流、医院、学校和餐饮娱乐行业。
（3）公共场所及网络运营商、大中型企业和金融机构。

无线网络在不同应用环境对其安全性需求不同。为了更好地发挥无线网络“有线速度无线自由”的特性，生产厂家通常会根据长期积累的经验，针对各行业对无线网络的需求，制定了一系列的安全方案，最大限度上方便用户构建安全的无线网络，节省不必要的经费。

2.4　网络安全管理常用命令

2.4.1　学习要求

（1）熟悉网络连通性及端口扫描命令。
（2）熟练掌握网络配置信息显示及设置命令。
（3）掌握连接监听端口显示命令。
（4）掌握查询删改用户信息及创建任务命令。

2.4.2　知识要点

常用的网络管理命令有 5 个：判断主机是否连通的 ping 命令，查看 IP 地址配置情况的 ipconfig 命令，查看网络连接状态的 netstat 命令，进行网络操作的 net 命令，以及行使定时器操作的 at 命令。在具体网络安全管理中，具体应用参考主教材案例。

1. 网络连通性及端口扫描命令

① ping 命令。主要功能是通过发送 Internet 控制报文协议 ICMP 包，检验与另一台 TCP/IP 主机的 IP 级连通情况。网络管理员常用这个命令检测网络的连通性和可到达性。同时，可将应答消息的接收情况和往返过程的次数一起进行显示。

如果只使用不带参数的 ping 命令，窗口会显示命令及其各种参数使用的帮助信息。使用 ping 命令的语法格式是“ping 对方计算机名或 IP 地址”。如果连通的话，则将返回连通信息。

② Quickping 及其他命令。可以快速探测网络中运行的所有主机情况。也可以使用跟踪网络路由程序 Tracert 命令、TraceRoute 程序和 Whois 程序进行端口扫描检测与探测，还可以利用网络扫描工具软件进行端口扫描检测，常用的网络扫描工具包括 SATAN、NSS、Strobe、Superscan 和 SNMP 等。

2. 网络配置信息显示及设置命令

ipconfig 命令的主要功能是显示所有 TCP/IP 网络配置信息、刷新动态主机配置协议（Dynamic Host Configuration Protocol，DHCP）和域名系统 DNS 设置。

使用不带参数的 ipconfig 可显示所有适配器的 IP 地址、子网掩码和默认网关。在 DOS 命令行下输入 ipconfig 命令。利用“ipconfig /all”可查看所有完整的 TCP/IP 配置信息。对于具有自动获取 IP 地址的网卡，可利用“ipconfig /renew 命令”更新 DHCP 的配置。

3. 连接监听端口显示命令

netstat 命令的主要功能是显示活动的连接、计算机监听的端口、以太网统计信息、IP 路由表、IPv4 统计信息（IP、ICMP、TCP 和 UDP 协议）。使用“netstat –an”命令可以查看目前活动的连接和开放的端口，是网络管理员查看网络是否被入侵的最简方法。

4. 查询、删改用户信息命令

net 命令的主要功能是查看计算机上的用户列表、添加和删除用户、与对方计算机建立连接、启动或停止某网络服务等。

利用 net user 查看计算机上的用户列表，以“net user 用户名密码”给某用户修改密码，如把管理员的密码修改成“123456”。

建立用户并添加到管理员组。利用 net 命令可以新建一个名为 jack 的用户，然后将此用户添加到密码为“123456”的管理员组。

与对方计算机建立信任连接。拥有某主机的用户名和密码，就可以利用 IPC$（Internet Protocol Control）与该主机建立信任连接，之后可在命令行下完全控制对方计算机。

要使 IP 为 172.18.25.109 的计算机的管理员密码为 123456，可利用命令“net use \\172.18.25.109\ipc$ 123456 /user: administrator”。建立连接后，便可通过网络操作对方的计算机，如查看对方计算机上的文件。

5. 创建任务命令

主要利用 at 命令在与对方建立信任连接后，创建一个计划任务，并设置执行时间。

2.5　要点小结

本章侧重概述了网络安全技术基础知识，通过分析网络协议安全和网络体系层次结构，并介绍了 TCP/IP 层次安全；阐述了 IPv6 的特点优势、IPv6 的安全性和移动 IPv6 的安全机制；概述了虚拟专用网（VPN）的特点、VPN 的实现技术和 VPN 技术的实际应用；分析了无线网络设备安全管理、IEEE 802.1x 身份认证及无线网络安全技术应用实例；简单介绍了常用网络安全命令（工具），包括 ping、quickping、ipconfig、netstat、net、at 等；最后，概述了无线网络安全设置实验，包括实验的内容、步骤和方法。

第 3 章　网络安全体系及管理

网络安全体系结构是网络系统安全需求分析、设计、实施和验证等重要依据，可以探究安全保障策略、结构、关系和功能。网络安全管理已经成为整个网络管理中的首要任务，涉及法律、法规、策略、规范、标准、机制、规划和措施等，对保障网络安全至关重要。网络安全技术只有与安全管理和保障措施紧密结合，才能更好地发挥效能。

重点	掌握网络安全体系结构、法律法规 理解网络安全管理规范、评估准则和方法
难点	网络安全体系结构 网络安全管理规范、评估准则和方法 UTM 平台应用操作
关键	网络安全体系结构、法律法规 网络安全管理规范、评估准则和方法
教学目标	掌握网络安全体系结构、法律法规 理解网络安全管理规范、评估准则和方法 了解网络安全管理的原则、制度、策略和规划 掌握 UTM 平台的功能、设置与管理方法和过程实验

3.1　网络安全体系结构

3.1.1　学习要求

（1）理解 OSI 网络安全体系结构。

（2）掌握 TCP/IP 网络安全体系结构。

（3）掌握网络安全管理体系和网络安全保障体系。

3.1.2　知识要点

1．OSI 网络安全体系结构

（1）OSI 网络安全体系结构

开放系统互连参考模型（OSI）是国际标准化组织（ISO）为解决异种机互连而制定的开放式计算机网络层次结构模型。**OSI 安全体系结构**主要包括网络安全服务和网络安全机制两个方面。

① 网络安全服务。在《网络安全体系结构》文件中规定的**网络安全服务**有 5 项：鉴别服务、访问控制服务、数据完整性服务、数据保密性服务和可审查性服务。

防范典型网络威胁的安全服务如表 3-1 所示，网络各层提供的安全服务如表 3-2 所示。

表 3-1　防范典型网络威胁的安全服务

网络威胁	安全服务
假冒攻击	鉴别服务
非授权侵犯	访问控制服务
窃听攻击	数据保密性服务
完整性破坏	数据完整性服务
服务否认	可审查性服务
拒绝服务	鉴别服务、访问控制服务和数据完整性服务等

表 3-2　网络各层提供的安全服务

安全服务 \ 网络层次		物理层	数据链路层	网络层	传输层	会话层	表示层	应用层
鉴别	对等实体鉴别			√	√			√
	数据源发鉴别			√	√			√
访问控制				√	√			
数据机密性	连接机密性	√	√	√	√		√	√
	无连接机密性		√	√	√		√	√
	选择字段机密性						√	√
	业务流机密性	√		√				√
数据完整性	可恢复的连接完整性				√			√
	不可恢复的连接完整性			√	√			√
	选择字段的连接完整性							√
	无连接完整性			√	√			√
	选择字段无连接完整性							√
可审查性	数据源发证明可审查性							√
	交付证明的可审查性							√

② 网络安全机制。在 ISO7498-2《网络安全体系结构》文件中规定的**网络安全机制**有 8 项：加密机制、数字签名机制、访问控制机制、数据完整性机制、鉴别交换机制、信息量填充机制、路由控制机制和公证机制。

安全服务与安全机制的关系如表 3-3 所示。

表 3-3　安全服务与安全机制的关系

安全服务 \ 协议层		加密	数字签名	访问控制	数据完整性	认证交换	业务流填充	公证
鉴别	对等实体鉴别	√	√			√		
	数据源发鉴别	√	√					
访问控制				√				
数据保密性	连接保密性	√					√	
	无连接保密性	√					√	
	选择字段保密性	√						
	业务流保密性	√				√	√	

（续表）

安全服务＼协议层		加密	数字签名	访问控制	数据完整性	认证交换	业务流填充	公证
数据完整性	可恢复的连接完整性	√			√			
	不可恢复的连接完整性	√			√			
	选择字段的连接完整性	√			√			
	无连接完整性	√	√		√			
	选择字段的无连接完整性	√	√		√			
可审查性	数据源发证明的可审查性	√	√		√			√
	交付证明的可审查性	√	√		√			√

（2）TCP/IP 网络安全管理体系

TCP/IP 网络安全管理体系结构，包括三个方面：安全服务与机制、分层安全管理、系统安全管理，如图 3-1 所示。

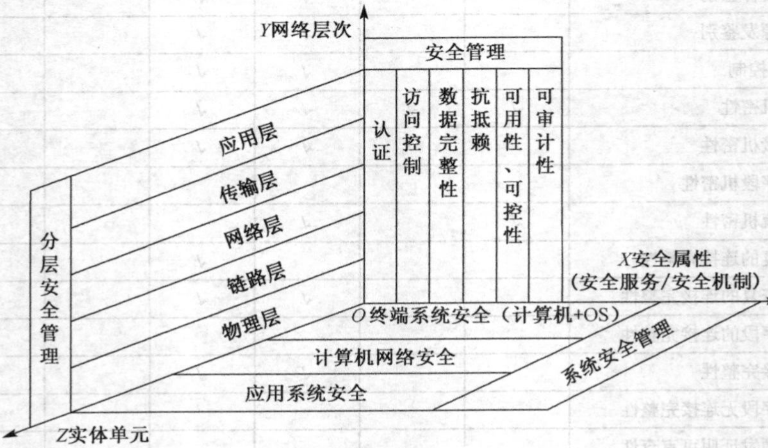

图 3-1　TCP/IP 网络安全管理体系结构

（3）网络安全管理体系及过程

网络安全管理（Network Security Management，NSM）是为保证网络安全所采取的管理举措和过程，其目的是保证网络系统的可靠性、完整性和可用性，以及网络系统中信息资源的保密性、完整性、可用性、可控性和可审查性达到用户需求的规定要求与水平。

网络安全管理体系（Network Security Management System，NSMS）是基于计算机网络安全风险管理的措施、策略和机制，以及建立、实施、运行、监视、评审、保持和改进网络安全的一套体系，是整个网络管理体系的一部分，管理体系包括组织结构、方针策略、规划活动、职责、实践、程序、过程和资源。

网络安全管理的具体对象：包括涉及的机构、人员、软件、设备、场地设施、介质、涉密信息、技术文档、网络连接、门户网站、应急恢复、安全审计等。

网络安全管理的功能包括：计算机网络的运行、管理、维护、提供服务等所需要的各种活动，可概括为 OAM&P。也有专家或学者将安全管理功能仅限于考虑前三种 OAM 情形。

网络安全管理工作的程序，遵循如下 **PDCA 循环模式的 4 个基本过程**：制定规划和计划（Plan）、落实执行（Do）、监督检查（Check）、评价行动（Action）。

网络安全管理模型——PDCA 持续改进模式如图 3-2 所示。

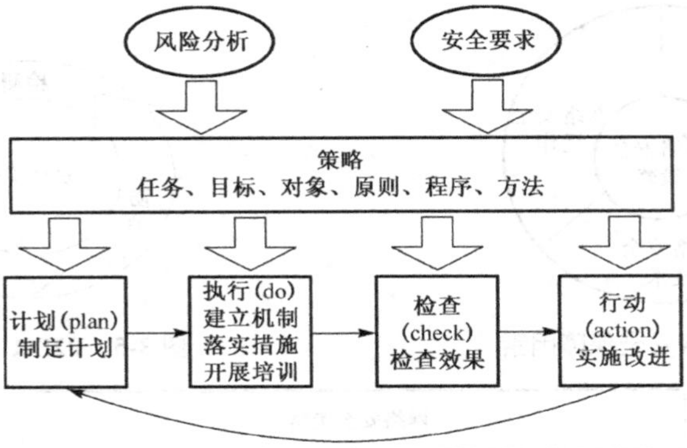

图 3-2　网络安全管理模型——PDCA 持续改进模式

国际标准化组织 ISO 在 ISO/IEC7498-4 文档中，定义了开放系统网络管理的 5 大功能：故障管理功能、配置管理功能、性能管理功能、安全管理功能和审计与计费管理功能。

2．网络安全保障体系

（1）网络安全整体保障体系

计算机网络安全的整体保障作用，主要体现在整个系统生命周期对风险进行整体的管理、应对和控制。**网络安全整体保障体系**如图 3-3 所示。

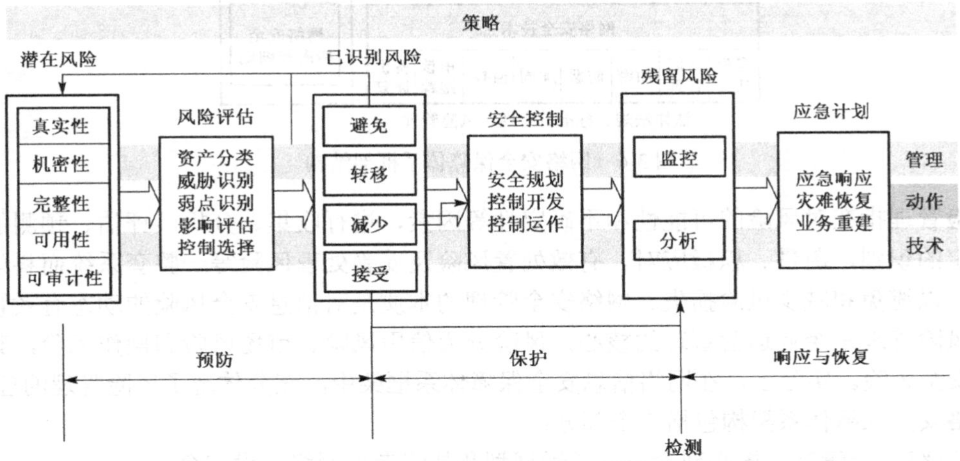

图 3-3　网络安全整体保障体系

网络安全保障关键要素包括 4 个方面：网络安全策略、网络安全管理、网络安全运作和网络安全技术，如图 3-4 所示。

“七分管理，三分技术，运作贯穿始终”，**管理是关键，技术是保障**，其中的管理应包括管理技术。与美国 ISS 公司提出的动态网络安全体系代表模型的雏形 P2DR 相似。该模型包含 4 个主要部分：Policy（安全策略）、Protection（防护）、Detection（检测）和 Response（响应），如图 3-5 所示。

（2）网络安全保障总体框架结构

网络安全保障体系总体框架结构如图 3-6 所示。网络安全保障体系框架的外围是风险管理、法律法规、标准的符合性。

图 3-4 网络安全保障因素

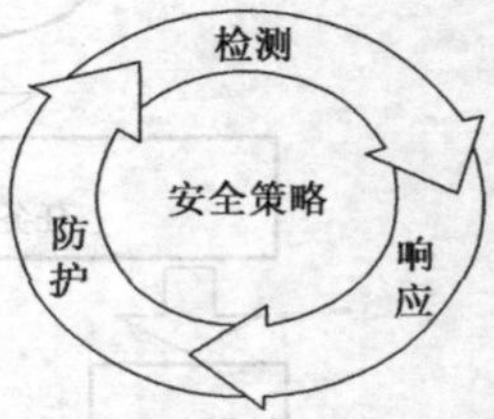

图 3-5 P2DR 模型示意图

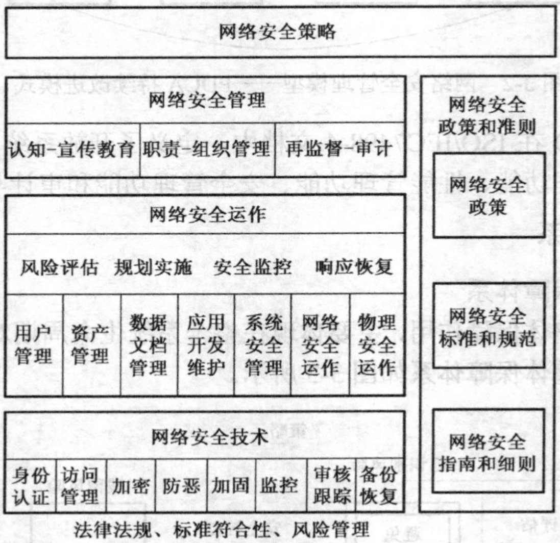

图 3-6 网络安全保障体系框架结构

风险管理指在对风险的可能性和不确定性等因素，进行收集、分析、评估、预测的基础上，制定的识别、衡量、积极应对、有效处置风险及妥善处理风险等一整套系统而科学的管理方法，以避免和减少风险损失。网络安全管理的本质是对信息安全风险的动态有效管理和控制。风险管理是企业运营管理的核心，风险分为信用风险、市场风险和操作风险，其中包括信息安全风险。实际上，在网络信息安全保障体系框架中，充分体现了风险管理的理念。

网络安全保障体系架构包括 5 个部分：

① 网络安全策略：核心理念——长远规划和战略考虑网络建设安全。

② 网络安全政策和标准：是对①逐层细化落实三个层面。

③ 网络安全运作：日常运作模式及其概念性流程。

④ 网络安全管理。

⑤ 网络安全技术。

3.2 网络安全的法律法规

3.2.1 学习要求

（1）理解国外相关的法律法规。

（2）掌握我国相关的法律法规。

3.2.2　知识要点

1．国外相关的法律法规

（1）国际合作立法打击网络犯罪

20 世纪 90 年代以来，很多国家为了有效打击利用计算机网络进行的各种违法犯罪活动，都采取了法律手段，分别颁布了《网络刑事公约》、《信息技术法》和《计算机反欺诈与滥用法》等，如欧盟、印度和美国。

（2）保护数字化技术的法律

1996 年 12 月，世界知识产权组织做出了“禁止擅自破解他人数字化技术保护措施”的规定。欧盟、日本、美国等国家和地区都将其作为一种网络安全保护规定，纳入本国法律。

（3）规范“电子商务”的法律

在 1996 年 12 月联合国第 51 次大会上，通过了联合国贸易法委员会的《电子商务示范法》。对于网络市场中的数据电文、网上合同成立及生效的条件、传输等专项领域的电子商务等，“电子商务”规范已成为一个主要议题。

（4）其他相关的法律法规——韩国的实名制，西欧和日本的责任/签名法。

（5）民间管理、行业自律及道德规范——行业规范。

2．我国相关的法律法规

我国从网络安全管理的需要出发，从 20 世纪 90 年代初开始，国家及相关部门、行业和地方政府相继制定了多项有关的法律法规。

我国网络安全立法体系分为以下三个层面。

第一个层面：法律。全国人民代表大会及其常委会通过的法律规范，如宪法、刑法、刑事诉讼法、治安管理处罚条例、国家安全法等。

第二个层面：行政法规。主要指国务院为执行宪法和法律而制定的法律规范，包括：计算机信息系统安全保护条例，计算机信息网络国际联网管理暂行规定、保护管理办法，密码管理条例，电信条例，互联网信息服务管理办法，计算机软件保护条例等。

第三个层面：地方性法规、规章、规范性文件。包括：公安部制定的《计算机信息系统安全专用产品检测和销售许可证管理办法》、《计算机病毒防治管理办法》、《金融机构计算机信息系统安全保护工作暂行规定》、《关于开展计算机安全员培训工作的通知》等；以及工业和信息化部制定的《互联网电户公告服务管理规定》、《软件产品管理办法》、《计算机信息系统集成资质管理办法》、《国际通信出入口局管理办法》、《国际通信设施建设管理规定》、《中国互联网络域名管理办法》、《电信网间互联管理暂行规定》等。

3.3　网络安全准则和风险评估

3.3.1　学习要求

（1）掌握国外网络安全评价标准。

（2）熟悉国内网络安全评价准则。

（3）理解网络安全的风险评估方法。

3.3.2 知识要点

1. 国外网络安全评价标准

（1）美国 TCSEC（橙皮书）

1983 年由美国国防部制定的 5200.28 安全标准——**可信计算系统评价准则 TCSEC，即网络安全橙皮书或橘皮书**，主要利用计算机安全级别评价计算机系统的安全性。将安全分为 4 个方面（类别）：安全政策、可说明性、安全保障和文档。将这 4 个方面（类别）又分为 7 个安全级别，从低到高为 D、C1、C2、B1、B2、B3 和 A 级。

数据库和网络其他子系统也一直用橙皮书来进行评估。橙皮书将安全的级别从低到高分成 4 个类别：D 类、C 类、B 类和 A 类，并分为 7 个级别，如表 3-4 所示。

表 3-4 TCSEC 安全级别分类

类 别	级 别	名 称	主要特征
D	D	低级保护	没有安全保护
C	C1	自主安全保护	自主存储控制
	C2	受控存储控制	单独的可查性，安全标识
B	B1	标识的安全保护	强制存取控制，安全标识
	B2	结构化保护	面向安全的体系结构，较好的抗渗透能力
	B3	安全区域	存取监控、高抗渗透能力
A	A	验证设计	形式化的最高级描述和验证

（2）欧洲评价标准（ITSEC）

信息技术安全评估标准 ITSEC，俗称欧洲的白皮书，它将保密作为安全增强功能，仅限于阐述技术安全要求，并未将保密措施直接与计算机功能相结合。ITSEC 是欧洲的英国、法国、德国和荷兰等 4 国在借鉴橙皮书的基础上联合提出的。橙皮书将保密作为安全重点，而 ITSEC 则将首次提出的完整性、可用性与保密性作为同等重要的因素，并将可信计算机的概念提高到可信信息技术的高度。

（3）通用评估准则（CC）

通用评估准则（CC）主要确定了评估信息技术产品和系统安全性的基本准则，提出了国际上公认的表述信息技术安全性的结构，将安全要求分为规范产品和系统安全行为的功能要求，以及解决如何正确有效地实施这些功能的保证要求。CC 结合了 FC 及 ITSEC 的主要特征，强调将网络信息安全的功能与保障分离，将功能需求分为 9 类 63 族，将保障分为 7 类 29 族。CC 的先进性体现在其结构的开放性、表达方式的通用性，以及结构及表达方式的内在完备性和实用性 4 个方面。目前，中国评估中心主要采用 CC 等进行评估，具体内容及应用可以查阅相关网站。

（4）ISO 安全体系结构标准

国际标准 ISO7498-2-1989《信息处理系统·开放系统互连、基本模型第 2 部分安全体系结构》，为开放系统标准建立了安全体系。主要用于提供网络安全服务与有关机制的一般描述，确定在参考模型内部可提供这些服务与机制。提供了**网络安全服务**，如表 3-5 所示。

目前，国际上通行的与网络信息安全有关的标准可分为三类，如图 3-7 所示。

表3-5 ISO提供的安全服务

服务	用途
身份验证	身份验证是证明用户及服务器身份的过程
访问控制	用户身份一经验证就发生访问控制，这个过程决定用户可以使用、浏览或改变哪些系统资源
数据保密	这项服务通常使用加密技术保护数据免于未授权的泄露，可避免被动威胁
数据完整性	这项服务通过检验或维护信息的一致性，避免主动威胁
可审查性	审查参加全部或部分事务的能力，可审查服务提供关于服务、过程或部分信息的起源证明或发送证明，避免抵赖

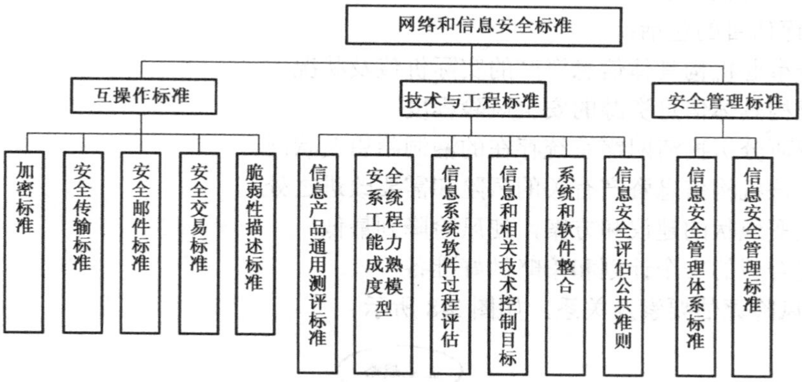

图3-7 有关网络和信息安全标准种类

2. 国内网络安全评价准则

（1）系统安全保护等级划分准则

1999年国家质量技术监督局批准发布系统安全保护等级划分准则，依据GB-17859《计算机信息系统安全保护等级划分准则》和GA-163《计算机信息系统安全专用产品分类原则》等文件，将**系统安全保护划分为5个级别**，如表3-6所示。

表3-6 我国计算机系统安全保护等级划分

等级	名称	描述
第一级	用户自我保护级	安全保护机制可以使用户具备安全保护的能力，保护用户信息免受非法的读写破坏
第二级	系统审计保护级	除具备第一级所有的安全保护功能外，要求创建和维护访问的审计跟踪记录，使所有用户对自身行为的合法性负责
第三级	安全标记保护级	除具备前一级所有的安全保护功能外，还要求以访问对象标记的安全级别限制访问者的权限，实现对访问对象的强制访问
第四级	结构化保护级	除具备前一级所有的安全保护功能外，还将安全保护机制划分为关键部分和非关键部分，对关键部分可直接控制访问者对访问对象的存取，从而加强系统的抗渗透能力
第五级	访问验证保护级	除具备前一级所有的安全保护功能外，还特别增设了访问验证功能，负责仲裁访问者对访问对象的所有访问

（2）我国信息安全标准化情况

中国信息安全标准化建设，主要按照国务院授权，在国家质量监督检验检疫总局管理下，由国家标准化管理委员会统一管理标准化工作，下设有255个专业技术委员会。

从20世纪80年代开始，积极借鉴国际标准，制定了一批中国信息安全标准和行业标准。从1985年发布第一个有关信息安全方面的标准以来，已制定、报批和发布近百个有关信息安全技术、产品、评估和管理的国家标准，并正在制定和完善新的标准。

自 2002 年提出有关信息安全实施等级保护问题以来，经过专家多次反复论证研究，我国的相关制度得到不断细化和完善。2006 年公安部修改制定并实施《信息安全等级保护管理办法（试行）》，它将我国信息安全分五级防护，第一级至第五级分别为：自主保护级、指导保护级、监督保护级、强制保护级和专控保护级。

3．网络安全的风险评估

（1）网络安全风险评估目的和方法

① 网络安全评估目的

网络安全评估目的包括：

- 搞清企事业机构具体信息资产的实际价值及状况
- 确定机构具体信息资源的安全风险程度
- 通过调研分析搞清网络系统存在的漏洞隐患及状况
- 明确与该机构信息资产有关的风险和需要改进之处
- 提出改变现状的建议和方案，使风险降到最低
- 为构建合适的安全计划和策略做好准备

网络系统风险评估要素及关系，如图 3-8 所示。

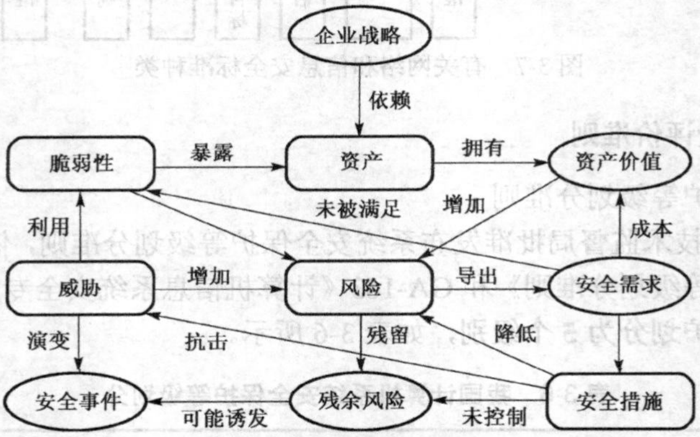

图 3-8 网络系统风险评估要素关系图

② 网络安全风险评估类型

一般通用的评估类型分为 5 个：系统级漏洞评估、网络级风险评估、机构的风险评估、实际入侵测试、审计。

③ 评估方法、过程及工具

收集信息基本信息源有三个：调研对象、文本查阅和物理检验。调研对象主要是与现有系统安全和组织实施的相关人员，重点是熟悉情况的管理者。

评估方法：网络安全威胁隐患与态势评估方法、模糊综合风险评估法、基于弱点关联和安全需求的网络安全评估方法、基于失效树分析法的网络安全风险状态评估方法、贝叶斯网络安全评估方法等，具体方法可通过网络查阅。

风险评估与管理工具。大部分是基于某种标准方法或某组织自行开发的评估方法，可以有效地通过输入数据来分析风险，给出对风险的评价并推荐控制风险的安全措施。

（2）网络安全评估标准和内容

包括：评估前提、依据和标准、评估内容。

（3）网络安全策略评估

包括：评估事项、评估方法、评估结论。

（4）网络实体安全评估

包括：评估项目、评估方法、评估结论。

（5）网络体系的安全性评估

① 网络隔离的安全性评估

包括评估项目、评估方法、评估结论。

② 网络系统配置安全性评估

包括评估项目、评估方法和工具、评估结论。

③ 网络防护能力评估

④ 服务的安全性评估

⑤ 应用系统的安全性评估

包括评估因素、设备环境、质量安全可靠性、运行环境、管理员等。包括：网络规划及设计报告、安全需求分析报告，风险评估报告，安全目标、策略有效性，网络设施、配电、服务器、交换机、路由、主机房、工作站、运行环境等。

（6）网络安全服务的评估

包括评估项目、评估方法和评估结论。

（7）病毒防护安全性评估

包括评估项目、评估方法和评估结论。

（8）审计的安全性评估

包括评估项目、评估方法和评估结论。

（9）备份的安全性评估

包括评估项目、评估方法和评估结论。

（10）应急事件响应评估

包括评估项目、评估方法、评估结论。

（11）网络安全组织和管理评估

包括评估项目、评估方法和评估结论。

*3.4　网络安全管理原则及制度

3.4.1　学习要求

（1）理解网络安全管理的基本原则。

（2）了解网络安全管理制度。

3.4.2　知识要点

1. 网络安全管理的原则

网络安全管理的基本原则：

（1）多人负责原则。

（2）有限任期原则。

（3）职责分离原则。

（4）严格操作规程。

（5）系统安全监测和审计制度。

（6）建立健全系统维护制度。

（7）完善应急措施。

另将网络安全指导原则概括为 4 个方面：适度公开原则、动态更新与逐步完善原则、通用性原则、合规性原则。

2．网络安全管理制度

网络安全管理的制度包括：人事资源管理制度、资产物业管理制度、教育培训制度、资格认证制度、人事考核鉴定制度、动态运行机制、日常工作规范、岗位责任制度等。

（1）建立健全管理机构和责任制

计算机网络系统的安全涉及整个系统和机构的安全、效益及声誉。系统安全保密工作最好由单位主要领导负责，必要时设置专门机构。重要单位、要害部门的安全保密工作分别由安全、保密、保卫和技术部门分工负责。

（2）完善安全管理规章制度

常用的**网络安全管理规章制度**包括 7 个方面：

① 系统运行维护管理制度。

② 计算机处理控制管理制度。

③ 文档资料管理。

④ 操作及管理人员的管理制度。

⑤ 机房安全管理规章制度。

⑥ 其他的重要管理制度。

⑦ 风险分析及安全培训。

领导机构、重要计算机系统的安全组织机构，包括安全审查机构、安全决策机构、安全管理机构，都要建立和健全各项规章制度。

完善专门的安全防范组织和人员。制定人员岗位责任制，严格纪律、管理和分工。专职安全管理员负责安全策略的实施与更新。

安全审计员监视系统运行情况，收集对系统资源的各种非法访问事件，并进行记录、分析、处理和上报。

保安人员负责非技术性常规安全工作，如系统场所的警卫、办公安全、出入门验证等。

互联网安全人人责任，网络商更负有重要责任。应加强与相关业务往来单位和机构的合作与交流，密切配合，共同维护网络安全，及时获得必要的安全管理信息和专业技术支持与更新。国内外也应进一步加强交流与合作，拓宽国际合作渠道，建立政府、网络安全机构、行业组织及企业之间多层次、多渠道、齐抓共管的合作机制。

（3）坚持合作交流制度

*3.5 网络安全策略及规划

3.5.1 学习要求

（1）理解网络安全策略总则、内容、制定与实施。

（2）了解网络安全规划基本原则。

3.5.2 知识要点

1. 网络安全策略概述

网络安全策略是在指定安全区域内，与安全活动有关的一系列规则和条例，包括对企业各种网络服务的安全层次和权限的分类，确定管理员的安全职责，主要涉及 4 个方面：实体安全策略、访问控制策略、信息加密策略和网络安全管理策略。

（1）网络安全策略总则

网络安全策略包括总体安全策略和具体安全管理实施细则。

① 均衡性原则

② 时效性原则

③ 最小限度原则

（2）安全策略的内容

根据不同的安全需求和对象，可以确定不同的安全策略。其**内容主要包括**入网访问控制策略、操作权限控制策略、目录安全控制策略、属性安全控制策略、网络服务器安全控制策略、网络监测、锁定控制策略和防火墙控制策略等 8 个方面的内容。同时侧重：

① 实体与运行环境安全

② 网络连接安全

③ 操作系统安全

④ 网络服务安全

⑤ 数据安全

⑥ 安全管理责任

⑦ 网络用户安全责任

（3）网络安全策略的制定与实施

① 网络安全策略的制定

安全策略是网络安全管理过程的重要内容和方法。网络安全策略包括三个重要组成部分：安全立法、安全管理和安全技术。

② 安全策略的实施

包括存储重要数据和文件、及时更新加固系统、加强系统检测与监控、做好系统日志和审计。

2. 网络安全规划基本原则

网络安全规划的主要内容：规划基本原则、安全管理控制策略、安全组网、安全防御措施、审计和规划实施等。规划种类较多，其中网络安全建设规划可以包括：指导思想、基本原则、现状及需求分析、建设政策依据、实体安全建设、运行安全策略、应用安全建设和规划实施等。

制定网络安全规划的**基本原则**，重点考虑 6 个方面：统筹兼顾、全面考虑、整体防御与优化、强化管理、兼顾性能、分步制定与实施。

3.6 要点小结

网络安全管理保障与安全技术的紧密结合至关重要。本章简要地介绍了网络安全管理与保障体系和网络安全管理的基本过程。网络安全保障包括：信息安全策略、信息安全管理、信息安全运作和信息安全技术，其中管理是企业管理行为，主要包括安全意识、组织结构和审计监督；运作是日常管理的行为（包括运作流程和对象管理）；技术是信息系统的行为（包括安全服务和安全基础设施）。网络安全是在企业管理机制下，通过运作机制借助技术手段实现的。“七分管理，三分技术，运作贯穿始终”，管理是关键，技术是保障，其中的网络安全技术包括网络安全管理技术。

本章还概述了国外在网络安全方面的法律法规和我国网络安全方面的法律法规。介绍了国内外网络安全评估准则和评估有关内容，包括国外网络安全评估准则、国内安全评估通用准则、网络安全评估的目标内容和方法等。同时，概述了网络安全策略和规划，包括网络安全策略的制定与实施、网络安全规划基本原则；还介绍了网络安全管理的基本原则，以及健全安全管理机构和制度；最后联系实际应用，概述了对 UTM 平台的功能、设置与管理方法和过程实验的实验目的、要求、内容和步骤。

第4章　密码和加密技术

密码学是网络安全的重要基础，是网络安全一项极为重要的关键技术，为现代网络数字通信提供了可靠的安全保障。通过对计算机网络和数据的加密、解密和密钥安全管理，可以确保计算机网络系统及数据、文件和各种用户机密信息的安全。

重点	加密技术及密码学相关概念 数据及网络加密方式 实用加密技术
难点	数据及网络加密方式 实用加密技术
关键	加密技术及密码学相关概念 数据及网络加密方式 实用加密技术
教学目标	掌握加密技术、密码学相关概念 掌握数据及网络加密方式 了解密码破译方法与密钥管理 掌握实用加密技术

4.1　密码技术概述

4.1.1　学习要求

（1）了解密码学发展的主要历程。

（2）掌握密码学的相关概念、密码体制的组成和原理。

（3）掌握数据及网络加密方式。

4.1.2　知识要点

1．密码学发展的主要历程

根据古罗马历史学家苏维托尼乌斯的记载，恺撒曾用此方法对重要军事信息加密。

第二次世界大战期间，德国军方采用了 Egnigma（迷）密码机来传递信息，结果被英国成功破译。

1949 年，香农（Shannon）开创性地发表了论文《保密系统的通信原理》，为密码学建立了理论基础，从此密码学成为一门科学。1976 年，密码学界发生两件有影响力的事情：一是数据加密算法 DES 的发布，二是 Diffie 和 Hellman 公开提出了公钥密码学的概念。

通常，我们将**密码学的发展划分为三个阶段**：第一阶段，从古代到 1949 年，可以视为密码学科学的前夜时期；第二阶段，从 1949 年到 1975 年，这段时期香农建立了密码学的基础理论，但后续理论研究工作进展不大，公开的密码学文献很少；第三阶段，从 1976 年至今，这段时期对称密码和公钥密码相继快速发展。

2．密码学相关概念

密码学是研究利用密码及加密技术存储和传递信息（数据）的学科。

密码学包含密码编码学和密码分析学两个分支。研究编制密码的技术称为**密码编码学**（Cryptography），主要研究对数据进行变换的原理、手段和方法，用于密码体制设计。研究破译密码的技术称为**密码分析学**（Cryptanalysis），主要研究如何破译密码算法。

学习密码和加密技术，常用的一些**主要概念**如下：

① **明文**是原始的信息（Plaintext，记为 P）。

② **密文**是明文经过变换加密后的信息（Ciphertext，记为 C）。

③ **加密**是从明文变成密文的过程（Enciphering，记为 E）。

④ **解密**是密文还原成明文的过程（Deciphering，记为 D）。

⑤ **加密算法**（Encryption Algorithm）是实现加密所遵循的规则，用于对明文进行各种代换和变换，生成密文。

⑥ **解密算法**（Decryption Algorithm）是实现解密所遵循的规则，是加密算法的逆运算，由密文得到明文。

⑦ **密钥**是指为了有效地控制加密和解密算法的实现，密码体制中要有通信双方专门的保密“信息”参与加密和解密操作，这种专门信息称为密钥（Key，记为 K）。

⑧ 加密协议定义了如何使用加密、解密算法来解决特定的任务。

⑨ 发送消息的对象称为**发送方**（Sender）。

⑩ 传送消息的预定接收对象称为**接收方**（Receiver）。

⑪ 非授权进入计算机及其网络系统者称为**入侵者**（Intruder）。

⑫ 在消息传输和处理系统中，除了意定的接收者外，非授权者通过某种办法（如搭线窃听、电磁窃听、声音窃听等）来窃取机密信息，称为**窃听者**（Eavesdropper）。

⑬ 入侵者主动向系统攻击，采用删除、更改、增添、重放、伪造等手段向系统注入假消息，以获取机密，这类攻击称为**主动攻击**（Active Attack）。

⑭ 对一个密码体制采取截获密文进行分析，称为**被动攻击**（Passive Attack）。

3．密码体制的组成和原理

密码体制（Cipher System）也称**密码系统**，是指可以完整地解决网络信息安全中的机密性、完整性、身份认证、可控性及可审查性等问题的系统。对一个密码体制的正确描述，需要用数学方法清楚地描述其中的各种对象、参数、解决问题所使用的算法等。任何一个**密码体制**至少包括 5 个**组成**部分：明文、密文、加密、解密算法及密钥。

一个密码体制的基本工作过程是：发送方用加密密钥，通过加密算法，将明文信息加密成密文后发送出去；接收方在收到密文后，用解密密钥，通过解密算法将密文解密，恢复为明文。密码体制基本原理模型如图 4-1 所示。

按照加密或解密的密钥是否相同，可将现有的**加密体制分为三种类型**：对称密码体制、非对称密码体制、混合密码体制。

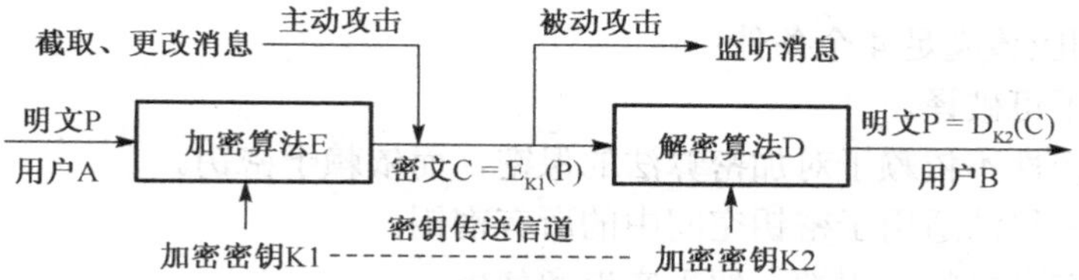

图 4-1　密码体制的基本原理模型框图

（1）对称密码体制

加密、解密都需要相同密钥的系统称为**对称密钥密码体制**（Symmetric Key System），也称单钥密码体制。系统特点是加、解密的密钥相同且需要保密管理。**对称加密体制加密基本原理框图**如图 4-2 所示。

（2）非对称密码体制

若加、解密密钥不同，则这种系统称为**非对称密钥密码体制**（Non-Symmetric Key System），又称双钥密码体制、公开密钥密码体制。**非对称密码体制加密的基本原理框图**如图 4-3 所示。**对称与非对称密码体制特性对比**，如表 4-1 所示。

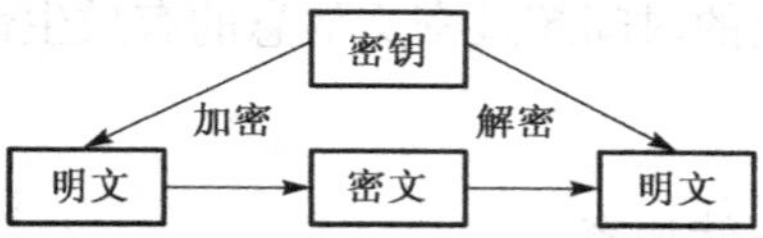

图 4-2　对称密码体制基本原理框图

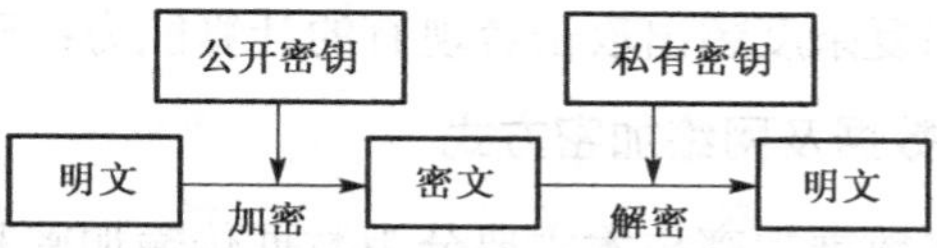

图 4-3　非对称密码体制基本原理框图

表 4-1　对称与非对称密码体制特性对比表

特　征	对称密码体制	非对称密码体制
密钥数量	单一密钥	密钥是成对的
密钥种类	密钥是秘密的	需要公开密钥和私有密钥
密钥管理	简单、不好管理	需要数字证书及可信任第三方
计算速度	非常快	比较慢
用途	加密大块数据	加密少量数据或数字签名

（3）混合密码体制

混合密码体制是对称密码体制和非对称密码体制结合而成的，**混合加密体制加密基本原理**如图 4-4 所示。

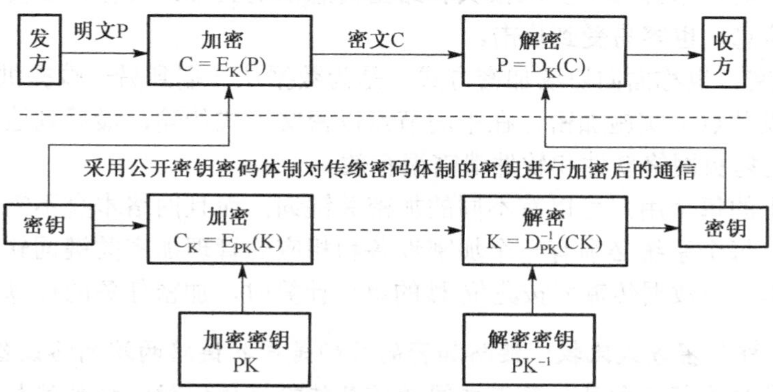

图 4-4　混合密码体制基本原理图

一个密码体制应该满足4个条件：

① 系统密文不可破译。

② 系统的保密性不依赖于对加密算法的保密，而依赖于密钥。

③ 加密和解密算法适用于密钥空间中的所有密钥。

④ 系统应该有良好的可用性，便于实现和使用。

按照密码体制所处的时代，密码体制又可以划分为古典密码体制和现代密码体制。

从安全性角度看，一个安全的密码体制应具有的性质如下：

① 从密文恢复明文应该是难的，即使分析者知道明文空间，如明文是英语。

② 从密文计算出明文部分信息应该是难的。

③ 从密文探测出简单却有用的事实应该是难的，如相同的信息被发送了两次。

评价密码体制安全性包括无条件安全性和计算安全性。

① 无条件安全性。若密码体制满足条件：无论有多少可使用的密文，都不足以唯一地确定密文所对应的明文，则称该密码体制是无条件安全的。

② 计算安全性。需要密码体制满足以下标准：破译密码的代价超出密文信息的价值；破译密码的复杂度超出攻击者现有的计算能力；破译密码的时间超过密文信息的有效生命期。

4. 数据及网络加密方式

网络数据加密技术主要分为数据传输加密和数据存储加密。

（1）数据传输加密

数据传输加密技术主要是对传输中的数据流进行加密，常用的有链路加密、节点对节点加密和端到端加密三种方式。

① 链路加密。链路加密是把网络上传输的数据报文的每一位进行加密，链路两端都用加密设备进行加密，使整个通信链路传输安全。

特点及应用：实际上，在链路加密方式下，只对传输链路中的数据加密，而不对网络节点内的数据加密，中间节点上的数据报文是以明文形式出现的。目前，一般的网络传输安全主要采这种方式。

② 节点对节点加密。节点对节点加密是在节点处采用一个与节点机相连的密码装置，密文在该装置中被解密并被重新加密，明文不通过节点机，避免了链路加密节点处易受攻击的缺点。

节点对节点加密方式的缺点：需要公共网络提供者配合，修改其交换节点，增加安全单元或保护装置；同时，节点加密要求报头和路由信息以明文形式传输，以便中间节点能得到如何处理消息的信息，也容易受到攻击。

③ 端对端加密。也称面向协议加密方式，是为数据从一端到另一端提供的加密方式。

特点：在始发节点上实施加密，在中间节点以密文形式传输，最后到达目的节点时才进行解密，这对防止拷贝网络软件和软件泄露很有效。

优点：网络上的每个用户可以有不同的加密关键词，而且网络本身不需增添任何专门的加密设备。缺点：每个系统必须有一个加密设备和相应的管理加密关键词软件，或每个系统自行完成加密工作，当数据传输率按兆位/秒的单位计算时，加密任务的计算量是很大的。

【注意】三种加密方式比较：链路加密的目的是保护链路两端网络设备间的通信安全；节点加密的目的是对源节点到目的节点之间的信息传输提供保护；端到端加密的目的是对源端用户到目的端用户的应用系统通信提供保护。链路加密和端对端加密方式的区别是：链路加密方式是对整个链路的传输采取保护措施，而端对端方式则是对整个网络系统采取保护措施。端对端加密方式是未来发展的主要方向。对于重要的特殊机密信息，可以采用将二者结合的加密方式。

（2）数据存储加密

① 利用系统本身的加密功能加密。如微软研发的一些系统软件或应用软件中具有的加密文件系统（Encryption File System，EFS）。

② 密码加密法。通过输入字符加密或解密，如利用 Word 本身的加密功能。

③ 通过密钥加密。通常，这种加密方法是将一个文件作为“密码”进行加密，只有在知道密钥情况下才可解密。

【注意】数据存储加密方法比较： 利用系统本身的加密功能加密的特点是，加密方式对系统的依赖性强，离开系统会出现无法读取现象；密码加密法是读取时加密，未对文件加密；通过密匙加密，是对文件整体加密。

4.2　密码破译与密钥管理

4.2.1　学习要求

（1）理解密码破译方法和防范措施。

（2）掌握密钥分配、交互与管理。

4.2.2　知识要点

1．密码破译方法

（1）穷举搜索密钥攻击

破译密文最简单的方法，就是尝试所有可能的密钥组合。

（2）密码分析

在不知密钥情况下，利用数学方法破译密文或找到密钥的方法。

① 唯密文攻击（Ciphertext-only attack）。在这种方法中，已知加密算法，掌握了一段或几段要解密的密文，通过对这些截获的密文进行分析得出明文或密钥。

② 已知明文攻击（Known-plaintext attack）。已知加密算法，掌握了一段明文和对应的密文，目的是发现加密钥匙。在实际使用中，可能获得与某些密文所对应的明文。

③ 唯选定明文攻击（Chosen-plaintext attack）。已知加密算法，设法让对方加密一段选定的明文，并获得加密后的密文。目的是确定加密的钥匙。

④ 选择密文攻击（Chosen-ciphertext attack）。指的是一种攻击模型。事先任意收集一定数量的密文，让这些密文透过被攻击的加密算法解密，透过未知的密钥获得解密后的明文。

（3）防止密码破译的措施

① 增强密码算法安全性。通过增加密码算法的破译复杂程度，进行密码保护。如增加密钥长度，或以字母、数字等多种混合方式作为密码。

② 使用动态会话密钥。每次会话所使用的密钥不相同。

③ 定期更换会话密钥。

2. 密钥管理

密钥管理是指对所用密钥生命周期的全过程实施的安全保密管理，包括密钥的产生、存储、分配、使用和销毁等一系列技术问题。**主要任务**是在公用数据网上安全传输密钥。目前，主要有两种网络密钥管理方法：KDC（Key Distribution Center）和 Diffie-Hellman。KDC 使用可信第三方验证通信双方真实性，产生会话密钥，并通过数字签名等手段分配密钥。

网络密钥有三种：会话密钥（Session Key）、基本密钥（Basic Key）和主密钥（Master Key）。

（1）密钥分配

密钥分配协定的机制为：系统中的一个成员先选择一个秘密密钥，然后将它传送给另一个成员或其他成员。密钥协定是一种协议，它通过两个或多个成员在一个公开的信道上通信联络来建立一个秘密密钥。**理想的密钥分配协议**应满足以下两个**条件**：传输量和存储量都比较小；每一对用户都能独立地计算一个秘密密钥。

（2）密钥交换

Diffie-Hellman 算法。仅当需要时才生成密钥，减少了因密钥存储期长而遭受攻击的机会；除对全局参数的约定外，密钥交换不需要事先存在的基础结构。

Oakley 算法。是对 Diffie-Hellman 密钥交换算法的优化，保留了后者的优点，同时克服了其弱点。具有 5 个重要特征：采用 cookie 程序的机制来对抗阻塞攻击；使双方能够协商一个全局参数集合；使用了限时来抵抗重演攻击；能够交换 Diffie-Hellman 公开密钥；对 Diffie-Hellman 交换进行鉴别以对抗中间人攻击。

（3）秘密共享技术

Shamir 于 1979 年提出了一种解决方法，称为门限法，实质上是一种秘密共享的思想。

（4）密钥托管技术

4.3 实用密码技术概述

4.3.1 学习要求

（1）熟悉对称密码体制的常用方式。

（2）掌握非对称加密体制实用技术。

（3）理解无线网络实用加密技术。

（4）了解密码技术综合应用及发展趋势。

4.3.2 知识要点

1. 对称密码体制

实用密码技术主要包括古典对称密码、现代分组密码、现代流密码算法、现代散列算法等。

（1）古典对称密码

① 代换技术。代换技术是将明文中的每个元素（字母等）映射为另一个元素的技术，即明文的元素被其他元素所代替而形成密文。常见的古典对称密码包括恺撒密码、单字母替换密码

及 Vigenere 密码。恺撒密码将字母按字母表顺序排列，并将最后一个字母和第一个字母相连构成字母序列，明文中的每个字母用该序列中在其后的第 n 个字母代替即可构成一组密文。

② 置换技术。置换是在不丢失信息的前提下对明文中的元素进行重新排列，分为矩阵置换和列置换。矩阵置换：这种加密法是把明文中的字母按给定的顺序安排在一矩阵中，然后用另一种顺序选出矩阵的字母来产生密文。

（2）现代对称加密技术

如果在一个密码体制中，加密密钥和解密密钥相同，就称为**对称加密**。现代密码技术阶段加密和解密算法是公开的，数据的安全性完全取决于密钥的安全性，因此，对称加密体制中如果密钥丢失，数据将不再安全。**具有代表性的对称加密算法**有 DES（数据加密标准）、IDEA（国际数据加密算法）、Rijndael、AES 和 RC4 算法等。

① 数据加密标准算法（DES）。最早且得到最广泛应用的分组密码算法是数据加密标准（Data Encryption Standard，DES）算法，它是由 IBM 公司在 20 世纪 70 年代发展起来的。DES 算法采用了 64 位的分组长度和 56 位的密钥长度。将 64 位的比特输入经过 16 轮迭代变换得到 64 位比特的输出，解密采用相同的步骤和相同的密钥。

② 三重 DES。它是 DES 的加强版。能够使用多个密钥，对信息逐次做三次 DES 加密操作。3DES 使用 DES 算法三次，其中可以用到两组或三组 56 比特长度的密钥。

③ 国际数据加密算法（IDEA）。

④ 高级数据加密标准算法（AES）。分组长度为 128 位，密钥长度可为 128 位、192 位或 256 位。AES 算法具有能抵抗所有已知攻击、平台通用性强、运行速度快、设计简单等特点。

⑤ 分组密码运行模式：电子密码本模式（ECB）、密码块链接模式（CBC）、密文反馈模式（CFB）、输出反馈模式（OFB）、计数器模式（CTR）。

（3）现代流密码算法

一个流密码通常是使用密钥和种子生成一个任意长度的密钥流，再将生成的密钥流与需要进行加密操作的数据进行逐比特的异或操作。

流密码既可以直接通过分组密码相应的运行模式得到，也可以直接通过设计得到。很多基于硬件实现的流密码都会使用到线性移位寄存器（LFSR），所以其运行速度非常快。

（4）现代散列算法

散列算法将任意长度的二进制消息转化成固定长度的散列值，它是一个不可逆的单向函数。不同的输入可能会得到相同的输出，而不可能从散列值来唯一的确定输入值。

散列函数广泛应用于密码检验、身份认证、消息认证以及数字签名，因此散列函数往往是被应用得最广泛的密码算法。

常见的散列算法包括 MD4、MD5、SHA-1、SHA-2 以及最新的美国国家标准与技术局发布的 SHA-3。

2．非对称加密体制

对称密码体制的一个**缺点**就是每一对通信双方必须共享一个密钥，使得密钥管理复杂。非对称密码体制可有效地用于密钥管理、加密和数字签名。

非对称加密算法需要两个密钥：公开密钥和私有密钥，并且相互关联。如果用公开密钥对数据进行加密，那么只有用对应的私有密钥才能解密；如果用私有密钥对数据进行加密，那么只有用对应的公开密钥才能解密。

典型的实用非对称加密算法有 RSA、Elgamal 和 ECC（椭圆曲线算法）。

RSA 算法。RSA 算法是最著名的公钥密码算法，其安全性建立在“大数因子分解”这一已知的著名数论难题基础上，即将两个大素数相乘在计算上很容易实现，但将该乘积分解为两个大素数因子的计算量是相当巨大的，以致在实际计算中是不能实现的。

RSA 既可用于加密，也可用于数字签名，得到了广泛应用，先进的网上银行大多采用 RSA 算法来计算签名。

RSA 算法的优点是应用广泛，缺点是加密速度慢。如果 RSA 和 AES 结合使用，则正好弥补 RSA 的缺点。即 AES 用于明文加密，RSA 用于 AES 的密钥加密。由于 AES 加密速度快，因此适合加密较长的消息；而 RSA 可解决 AES 密钥传输问题。非对称密码算法一般用来加密短数据或者用做数字签名，而不直接用于数据加密。

3. 无线网络加密技术

常见的无线局域网安全提供的几种方式有如下几种。

（1）WEP 安全加密方式

有线等效加密（Wired Equivalent Privacy），又称无线加密协议（Wireless Encryption Protocol），简称 WEP。WEP 主要通过无线网络通信双方共享的密钥来保护传输的加密帧数据，利用加密数据帧加密。

（2）WPA 安全加密方式

WPA 加密即 Wi-Fi Protected Access，其加密特性决定了它比 WEP 更难以入侵。所以如果对数据安全性有很高的要求，就必须选用 WPA 加密方式（Windows 支持 WPA 加密方式）。这种加密方式主要体现在身份认证、加密机制和数据包检查等方面，可提升无线网络的管理能力。

（3）隧道加密技术

方式一：这种加密隧道用于客户端到无线访问点之间，保证了无线链路间的传输安全，但无法保证数据报文和有线网络服务器之间的安全。

方式二：这种加密隧道穿过了无线访问点，但仅到达网络接入一种用来分离无线网络和有线网络的控制器就结束，这种安全隧道同样不能达到端到端的安全传输。

方式三：这种加密隧道即端到端加密传输，它从客户端到服务器，在无线网络和有线网络中都保持，是真正的端到端加密。

4. 密码技术综合应用

电子商务安全问题从整体上可分为计算机网络安全措施和商务交易安全措施。

（1）安全问题分析

安全问题包括窃取信息、篡改信息、假冒、恶意破坏等。

（2）加密目标及解决的关键问题

使用密码技术可以对交易中数据的机密性、完整性、真实性和不可否认性进行保护，可以解决的问题包括：

① 数据的机密性保护。

② 数据的完整性。

③ 数据发送方和接收方的不可抵赖性。

为了保证数据在网上传输和交易安全，选择对称加密技术、非对称加密技术和散列算法实现对网络传输数据的保密性和完整性的保护。

① 加密体系框架。加密体系包括加密服务、基本加密算法和密钥生命周期管理。

② 数字证书技术。**数字证书**是一种第三方权威机构认证的具有权威性的电子文档。它提供了一种在网络上证明用户身份的方式，其作用类似于司机的驾驶执照或日常生活中的身份证，它由权威机构证书授权中心（Certificate Authority，CA）发行，用户可以在互联网通信中用数字证书来识别对方的身份。

5．密码技术的发展趋势

密码技术是信息安全的核心技术，应用极为广泛。随着现代科技高速发展和进步，诞生了许多高新密码技术，目前已经渗透到许多领域。例如：

（1）密码专用芯片。

（2）量子密码技术的研究。

（3）全息防伪标识的隐型加密技术。

4.4　要点小结

本章介绍了密码技术的相关概念，密码学与密码体制、数据及网络加密方式，讨论了密码破译方法与密钥管理；概述了实用加密技术，包括对称加密技术、非对称加密技术、无线网络加密技术、实用综合加密方法；最后，希望通过同步实验操作步骤和方法掌握实际应用。

第 5 章　黑客攻防与检测防御

随着计算机网络安全问题的出现，遭到黑客侵扰和攻击的事件不断增加，对网络安全的威胁或破坏的情况也更为突出。为了保障计算机网络正常的运行与服务和各种资源的安全，需要认真分析研究网络黑客的攻击与防范技术，掌握入侵检测和防御方法，并积极采取切实有效的技术手段、对策和措施。

重点	黑客常用的攻击方法、攻击过程及防御措施 入侵检测与防御系统的概念、功能、特点和应用
难点	黑客攻击步骤、方法、过程及防范措施 入侵检测与防御系统的概念、功能、特点和应用
关键	黑客攻击步骤、方法、过程及防范措施 入侵检测与防御系统的概念、功能、特点和应用
教学目标	理解黑客攻击的目的、种类和过程 熟悉黑客常用的攻击方法和防范策略及措施 掌握入侵检测与防御系统的概念、功能、特点和应用

5.1 黑客概述

5.1.1 学习要求

（1）熟悉黑客的概念、危害及类型。

（2）掌握黑客常用的攻击入侵方式。

5.1.2 知识要点

1. 黑客的概念、危害及类型

（1）黑客的概念

黑客（Hacker）一词源于 Hack，其起初的本意是“干了一件可以炫耀的事”，原指一群专业技能超群、聪明能干、精力旺盛的对计算机信息系统进行非授权访问的人员。

（2）黑客的产生与发展

20 世纪 60 年代，在美国麻省理工学院的人工智能实验室中，有一群自称为黑客的学生们以编制复杂的程序为乐，当初并没有功利性目的。不久，连接多所大学计算机实验室的美国国防部实验性网络 APARNET 建成，黑客活动便通过网络传播到更多的大学及社会。后来，有些人利用手中掌握的“绝技”，借鉴盗打免费电话的手法，擅自闯入他人的计算机系统。随着网络逐步发展成为因特网，黑客活动更加广泛，形成了鱼目混珠的局面。

（3）黑客的危害及现状

黑客猖獗，其产业链年获利上百亿元。黑客利用木马程序盗取银行账号、信用卡账号、QQ 账号、网络游戏等个人机密信息，并从中牟取金钱利益的产业链每年可达上百亿元。黑客地下产业链极其庞大且分工明确，大致分为老板、编程者、流量商、盗号者和贩卖商等多个环节。

(4) 黑客的类型

实际上，较早的计算机网络黑客可以分为三大类：破坏者、红客、间谍。第一类称为骇客（Cracker），是网络系统或信息资源的破坏者；第二类称为红客，是“国家利益至高无上”的正义“网络大侠”；第三类是“利益至上”的情报“盗猎者”，是计算机情报间谍。后来鱼目混珠、良莠难分，除了偶尔出现的行为可鉴红客之外，基本上被认为是网络违法入侵者。

2. 黑客攻击的入侵方式

(1) 系统漏洞产生的原因

产生漏洞的主要原因如下：

① 计算机网络协议本身的缺陷。

② 系统研发缺陷。

③ 系统配置不当。

④ 系统安全管理中的问题。

(2) 黑客攻击入侵通道——端口

计算机通过端口实现与外部通信的连接/数据交换，黑客攻击将系统和网络设置中的各种(逻辑)端口作为入侵通道，其端口是指网络中面向连接/无连接服务的通信协议端口，是一种抽象的软件结构，包括一些数据结构和I/O缓冲区。

5.2 黑客攻击的目的及过程

5.2.1 学习要求

(1) 理解黑客攻击的目的、种类及方法。

(2) 掌握黑客攻击的基本过程。

5.2.2 知识要点

1. 黑客攻击的目的及种类

(1) 黑客攻击的目的及行为

黑客进行攻击的目的大体上可以分为两类：一是为了窃取财物，主要是获取金钱、财物和情报信息；二是为了满足精神需求，即满足某种精神或心理愿望。

常见的黑客行为有：非授权访问或攻击网站、盗窃密码或重要计算机及其网络信息等各种资源、篡改信息、恶意破坏、恶作剧、监听探寻网络漏洞、获取目标主机系统的非法访问权、传播计算机病毒等。

(2) 黑客进行攻击的种类及方法

通常，从攻击方式上可以将**黑客攻击大致分为**主动攻击和被动攻击两大类。

① 主动攻击包括访问所需信息的故意行为。

② 被动攻击主要是收集信息而不进行访问等。

常见的黑客攻击方法，主要包括 6 类。

① 网络监听。

② 计算机病毒及密码攻击。

③ 网络欺骗攻击。主要包括两种：利用源 IP 地址欺骗攻击和源路由欺骗攻击。

④ 拒绝服务攻击。指利用各种手段使系统无法正常运行与服务的攻击方式。

⑤ 应用层攻击。主要指对网络系统的各种应用实施的攻击。

⑥ 缓冲区溢出。指黑客利用特殊工具或手段使系统程序等缓冲区溢出，从而破坏程序的堆栈，使程序转而执行其他指令。

2. 黑客攻击的过程

黑客攻击的方式方法、特点和步骤各异，但**黑客的整个攻击过程**却有一定规律，通常称为“**攻击五部曲**”，如图 5-1 所示。

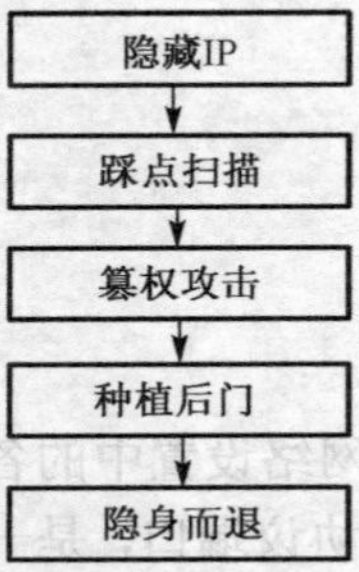

图 5-1 黑客攻击过程

① 隐藏 IP。指黑客通过各种手段隐藏自己真实的位置，以免被监察发现追究。黑客常用的隐藏真实 IP 地址的方式，主要是利用被侵入的主机（俗称“肉鸡”或“傀儡机”）作为跳板，通常有两种方式。

② 踩点扫描。主要指黑客在实施攻击前，确定攻击目标并收集相关信息，掌握网络系统的结构、系统软件、应用程序与服务等情况，找出具有权限或被信任的主机（如网络管理员使用的计算机或被认为可信任的服务器）的过程。

③ 篡权攻击。主要指黑客设法窃取网络系统控制权限并实施攻击的过程。目的是登录到远程计算机上，对其实施控制并进行攻击和破坏。

④ 种植后门。指黑客借助程序漏洞侵入系统后安装后门程序的过程，以便以后可以不被察觉地再次进入系统。

⑤ 隐身而退。指黑客为了避免被发现、追查或暴露行踪，在实施攻击结束后及时清除登录和其他相关日志及记录，并尽快隐身退出。

🔔【注意】通常，黑客实施攻击的整个过程虽然具有一定的类似规律，但是实际上具体攻击的方式方法和步骤也有所不同。

【案例 5-1】 黑客对企业局域网实施网络实施攻击的具体过程，如图 5-2 所示。

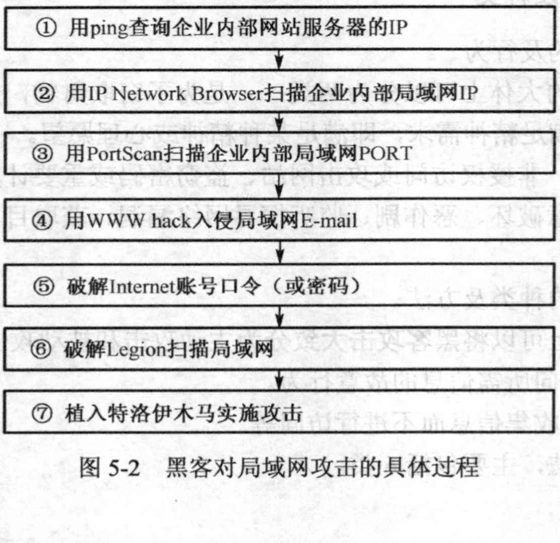

图 5-2 黑客对局域网攻击的具体过程

5.3　常用黑客攻防技术

5.3.1　学习要求

（1）掌握端口扫描、网络监听攻防对策。
（2）掌握一般常用的密码破解攻防方法。
（3）熟悉木马特点、攻击途径和防范对策。
（4）掌握常见的拒绝服务攻击检测和防范措施。
（5）理解缓冲区溢出及其他攻防方法。

5.3.2　知识要点

1．端口扫描攻防

① 端口扫描及扫描器。**扫描器**是一种自动检测本地或远程主机安全性弱点的程序。端口扫描原为网络管理员检测发现系统的安全漏洞和隐患，加强系统的安全和加固、提高系统安全性能的有效方法，之后被黑客所利用，成为探寻窃取主机信息的一种手段。

② 端口扫描方式。大致分为**两大类**：命令行方式和端口扫描方式。

③ 端口扫描攻击类型。端口扫描攻击主要采用探测技术，可将其用于寻找可成功攻击的应用及服务。**常用端口扫描攻击类型**包括秘密扫描、SOCKS 端口探测、跳跃扫描、UDP 扫描。

④ 防范端口扫描的对策。关闭闲置和具有潜在危险的端口，屏蔽出现扫描症状的端口。

2．网络监听及攻防

① 网络监听。它是网络管理员监测网络传输数据，排除网络故障的管理工具。

② 嗅探器的功能与部署。**嗅探器**（Sniffer）是利用计算机的网络接口截获目的地主机及其他数据报文的一种工具。它起初也是一种网络管理员诊断网络系统的有效工具，也常被黑客利用来窃取机密信息。**主要功能**包括 4 方面：解码网络上传输的报文；为网络管理员诊断网络系统并提供相关的帮助信息；为网络管理员分析网络速度、连通及传输等性能提供参考，发现网络瓶颈；发现网络漏洞及入侵迹象，为入侵检测提供重要参考。常用的嗅探软件有 Sniffer Pro、Wireshark、IRIS 等。

③ 检测防范网络监听。**针对运行监听程序的主机防范**：一是用正确的 IP 地址和错误的物理地址 ping，运行监听程序的主机具有相应的响应信息提示。二是运用虚拟局域网（VLAN）技术，将以太网通信变为点到点通信，防范绝大部分基于网络监听的入侵攻击。三是以交换式集线器代替共享式集线器，此方法使单播包只限于在两个节点之间传送，从而防止非法监听。当然，交换式集线器只能控制单播包而无法控制广播包（Broadcast Packet）和多播包（Multicast Packet）。四是使用加密技术（对于网络信息安全防范而言是最好的方法）。五是利用防火墙技术。六是利用 SATAN 等系统漏洞检测工具，定期检查 EventLog 中的 SECLog 记录，查看可疑情况，防止网络监听与端口扫描。七是利用网络安全审计或防御新技术等。

3．密码破解攻防方法

（1）密码破解攻击的方法

通常，密码破解攻击的方法主要包括：

① 通过网络监听非法窃取密码。

② 利用钓鱼网站诱骗用户。

③ 强行破解用户密码。

④ 进行密码分析攻击。

⑤ 在应用软件中嵌入木马程序。

（2）密码破解防范对策

计算机用户必须注意的要点“5 不要”：

① 一定不要将密码写下来，以免泄露或遗失。

② 一定不要将密码保存在计算机或磁盘文件中。

③ 切记不要选取容易猜测到的信息作为密码。

④ 一定不要让别人知道密码，以免增加不必要的损失或麻烦。

⑤ 切记不要在多个不同的网银系统中使用同一密码。

4．木马攻击途径、过程和防范对策

（1）木马的特点和组成

特洛伊木马（Trojan horse）简称木马，其名称源于希腊神话《木马屠城记》。

木马实际是指一些具备破坏和删除文件、发送密码、记录键盘和攻击等远程控制特殊功能的后门程序。

木马的特点：通过伪装、引诱用户将其安装在 PC 或服务器上，并具有进行远程控制和破坏功能的特点。一般木马的执行文件较小，若将其捆绑到其他文件上很难发现。木马可以利用新病毒或漏洞借助工具一起使用，时常可以躲过多种杀毒软件，尽管现在很多新版的杀毒软件可以查杀木马，但仍需要注意世上根本不存在绝对的安全。

木马程序由两部分**组成**：一是服务器程序，二是控制器程序。

木马的种类大体可分为：破坏型、密码发送型、远程访问型、键盘记录木马、DoS 攻击木马、代理木马等。有些木马具有多种功能，如灰鸽子、冰河木马等。

（2）木马攻击途径及过程

木马攻击的主要途径：通常木马攻击主要是利用所嵌入的邮件及其附件、下载的游戏或应用程序等软件、音乐等，先设法将木马程序潜入目标主机系统，然后通过操作界面或提示信息等故意误导被攻击者打开可执行文件（木马）。

木马攻击途径：在客户端和服务端通信协议的选择上，绝大多数木马使用的是 TCP/IP 协议，但也有一些木马由于特殊原因，使用 UDP 协议进行通信。

借助木马程序**实施网络攻击的基本过程**可分为 **6 个步骤**：配置木马、传播木马、运行木马、窃取信息、建立连接、远程控制。

（3）木马的防范对策

防范木马的对策关键是提高防范意识，采取**切实可行的有效措施**。一是在打开或下载文件之前，一定要确认文件的来源是否安全可靠；二是阅读 readme.txt，并注意 readme.exe；三是使用杀毒软件；四是对不正常现象立即断网；五是监测系统文件和注册表变化；六是备份文件和注册表；七是特别注意不要轻易运行来历不明的软件或从网上下载的软件，即使通过了一般反病毒软件检查也不要轻易运行；八是不要轻易相信熟人发来的 E-mail 不会有黑客程序；九是不要在聊天室内公开自己的 E-mail 地址，对来历不明的 E-mail 应立即清除；十是不要轻易随便下载软件，特别是从不可靠的 FTP 站点；十一是不要将重要密码和资料存放在上网的计算机中，以免被破坏或窃取。可以利用金山毒霸、360 安全卫士等防范查杀木马的有效方法。

5．拒绝服务攻击和防范

（1）拒绝服务攻击

拒绝服务是指通过各种手段向某个 Web 网站发送巨量的垃圾邮件或服务请求等，干扰该网站系统的正常运行，致使其无法完成正常的网络服务。**拒绝服务**大致可**分为** 4 种：资源消耗型、配置修改型、物理破坏型和服务利用型。

拒绝服务（Denial of Service，DoS）**攻击**是指黑客对攻击目标网站发送大量的垃圾邮件或服务请求抢占过多的服务资源，使系统无法提供正常服务的攻击方式。

分布式拒绝服务（DDoS）**攻击**是指借助于客户/服务器技术，将网络系统中的多个计算机进行联合作为攻击平台，对一个或几个目标发动 DoS 攻击，从而成倍地提高拒绝服务攻击的威力。DDoS 的类型可分带宽型攻击和应用型攻击。

（2）常见的拒绝服务攻击

通常，**DDoS 的目的**有 4 种：一是使网络过载来干扰甚至阻断正常的网络通信；二是向服务器提交大量请求，使服务器超负荷；三是阻断某一用户访问服务器；四是阻断某服务与特定系统或个人的通信。

（3）拒绝服务攻击检测与防范

检测 DDoS 的方法主要有两种：一是异常检测分析，二是使用 DDoS 检测工具。

对 DDoS 的主要防范对策和方法包括：

① 定期扫描及时发现并处理漏洞。

② 加固网络系统的安全性，在网络骨干节点配置防火墙以抵御 DDoS 和其他一些攻击。

③ 在网络管理方面，要经常检查系统的物理环境，禁用不必要的网络服务或端口。

④ 与网络服务提供商合作协调工作，帮助用户实现路由访问控制和对带宽总量的限制。

⑤ 当发现主机正遭受 DDoS 攻击时，应启动应对策略，尽快追踪审计，并及时联系 ISP 和有关应急组织，分析受影响系统，确定涉及的有关节点，限制已知攻击节点的流量。

⑥ 对于潜在的 DDoS 隐患应当及时清除，以免后患。

6．缓冲区溢出攻防方法

① 缓冲区溢出。指黑客利用系统漏洞向缓冲区内填充特殊数据，超过了缓冲区本身的容量，溢出的数据覆盖合法数据。

② 缓冲区溢出攻击。指向缓冲区写入超出其长度的内容，造成缓冲区溢出，破坏程序的堆栈，使程序转而执行其他指令或使黑客取得程序的控制权。

③ 缓冲区溢出攻击的防范方法。有效地消除缓冲区溢出的漏洞，就可以极大地减少一些安全威胁。提高编写软件的能力，强制编写正确代码，是保护缓冲区免受溢出攻击和影响的方法。利用编译器的边界检查实现缓冲区的保护，这种方法相对代价较大，可有效地阻止缓冲区溢出，从而彻底解决缓冲区溢出问题。程序指针完整性检查是一种间接的防范方法，它

只是在程序指针失效前进行完整性检查，虽然不能使得所有的缓冲区溢出失效，但能较好地阻止绝大多数的缓冲区溢出攻击。

7. 其他攻防技术

（1）WWW 的欺骗技术及防范方法

WWW 的欺骗技术是指黑客利用自制的欺骗网站，篡改正常网页链接指向黑客指定服务器的手段。通常使用两种技术手段：URL 地址重写技术和相关信息掩盖技术。

网络钓鱼（Phishing）是指利用欺骗性很强、伪造的 Web 站点来进行诈骗活动，目的在于钓取用户的账户资料，假冒受害者进行欺诈性金融交易，从而获得经济利益。

防范钓鱼攻击的方法包括：一是对钓鱼攻击利用的资源进行有效限制。例如，Web 漏洞是 Web 服务提供商可以直接修补的；邮件服务商可以使用域名反向解析邮件发送服务器，提醒用户是否收到匿名邮件。二是及时修补网络系统漏洞。例如，对浏览器漏洞，用户应打上补丁，防御攻击者直接使用客户端软件漏洞发起钓鱼攻击，各个安全软件厂商也可以提供修补客户端软件漏洞的功能。

（2）电子邮件攻击

① 电子邮件攻击方式。**电子邮件欺骗**指攻击者佯称自身为系统管理员（邮件地址和系统管理员完全相同），给用户发送邮件要求用户修改口令（口令为指定字符串），或在貌似正常的附件中加载病毒或其他木马程序。

② 防范电子邮件攻击的方法。使用邮件程序的“电子邮件通知”功能过滤信件，它不会将信件直接从主机上下载下来，只会将所有信件的头部信息（Headers）送过来，它包含了信件的发送者、信件的主题等信息；用“查看”功能检查头部信息，看到可疑信件时，可直接下指令将它从主机服务器端删除，从而拒收某用户的信件。在收到某特定用户的信件后，自动退回。

（3）利用默认账号进行攻击

黑客会利用操作系统提供的默认账户和密码进行攻击，例如，许多 UNIX 主机都有 FTP 和 Guest 等默认账户（其密码和账户名同名），有的甚至没有口令。黑客用 UNIX 操作系统提供的命令如 Finger 和 Ruser 等收集信息，不断提高自身的攻击能力。这类攻击只要系统管理员提高警惕，将系统提供的默认账户关掉或提醒无口令用户增加口令一般都能克服。

5.4 防范攻击的策略和措施

5.4.1 学习要求

（1）理解防范网络攻击的主要策略。

（2）掌握网络攻击的主要防范措施。

5.4.2 知识要点

1. 防范攻击的策略

在主观上重视，客观上积极采取措施。制定规章制度和管理制度，普及网络安全教育，使用户掌握网络安全知识和有关的安全策略。在管理上应当明确安全对象，建立强有力的安全保障体系，按照安全等级保护条例对网络实施保护与监督。认真制定有针对性的防攻措施，采用科学方法和行之有效的技术手段，有的放矢，层层设防，使每一层都成为一道关卡，从而让攻击者无隙可钻、无计可使。在技术上要注重研发新方法，同时还必须做到未雨绸缪，预防为主，将重要的数据备份（如主机系统日志）、关闭不用的主机服务端口、终止可疑进程和避免使用危险进程、查询防火墙日志详细记录、修改防火墙安全策略等。

2. 网络攻击的防范措施

网络攻击的防范措施主要包括：

① 提高安全防范意识，注重安全防范管理和措施。

② 应当及时下载、更新、安装系统漏洞补丁程序。

③ 尽量避免从 Internet 下载无法确认安全性的软件、歌曲、游戏等。

④ 不要随意打开来历不明的电子邮件及文件、运行不熟悉的人给用户的程序或链接。

⑤ 不随便运行黑客程序，不少这类程序运行时会发出用户的个人信息。

⑥ 在支持 HTML 的 BBS 上，如发现提交警告，先看源代码，预防骗取密码。

⑦ 设置安全密码。使用字母数字混排的密码，重要密码经常更换。

⑧ 使用防病毒、防黑客等防火墙软件，以阻挡外部网络的侵入。

⑨ 隐藏自己的 IP 地址。使用代理服务器进行中转，用户上网聊天、BBS 等不会留下自身的 IP；使用工具软件隐藏主机地址，避免暴露个人信息。

⑩ 切实做好端口防范。在安装端口监视程序同时，将不用端口关闭。

5.5 入侵检测与防御系统概述

5.5.1 学习要求

（1）理解入侵检测系统的概念、功能及分类。

（2）了解常见入侵检测方法及检测防御技术的发展趋势。

（3）掌握入侵防御系统的概念、种类及应用。

5.5.2 知识要点

1. 入侵检测系统的概念

（1）入侵检测的概念

“入侵”是一个广义上的概念，指任何威胁和破坏系统资源的行为。实施入侵行为的“人”称为**入侵者或攻击者**。**攻击**是入侵者进行入侵所采取的技术手段和方法。入侵的整个过程（包括入侵准备、进攻、侵入）都伴随着攻击，有时也把入侵者称为攻击者。

入侵检测（Intrusion Detection，ID）是指通过对行为、安全日志、审计数据或其他网络上可获得的信息进行操作，检测到对系统的闯入或企图的过程。

（2）入侵检测系统概述

① 入侵检测系统的概念。**入侵检测系统**（Intrusion Detection System，IDS）是可对入侵行为自动进行检测、监控和分析的软件与硬件的组合系统，是一种自动监测信息系统内、外

入侵行为的安全监测系统。IDS 是通过从计算机网络或计算机系统中的若干关键点收集信息，并对其进行分析，从中发现网络或系统中是否有违反安全策略的行为和遭到袭击迹象的一种安全技术。

② 入侵检测系统的产生与发展。

③ 入侵检测系统的架构，如图 5-3 所示。

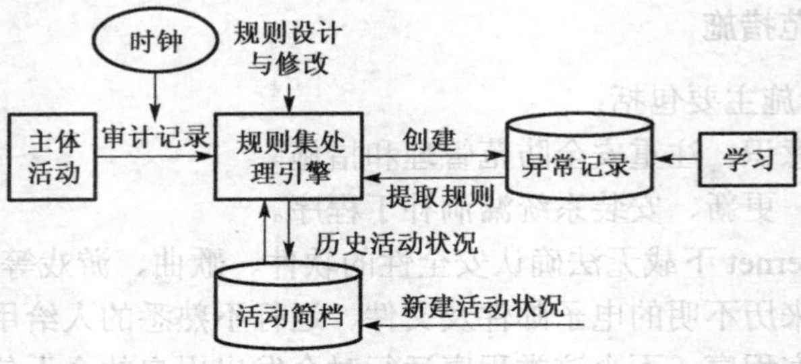

图 5-3　入侵检测系统通用架构

2．入侵检测系统的功能及分类

（1）IDS 的构成及分析方法

IDS 主要构成包括：事件产生器、事件分析器、事件数据库、响应单元。

入侵检测系统的常用分析方法主要有三种：①模式匹配，②统计分析，③完整性分析。

（2）IDS 的主要功能包括：

① 对已知攻击特征的识别。

② 对异常行为的分析、统计与响应。

③ 对网络流量的跟踪与分析。

④ 实现特征库的在线升级。

⑤ 对数据文件的完整性检验。

⑥ 系统漏洞的预报警功能。

⑦ 自定义特征的响应。

（3）IDS 的主要分类

按照检测对象（数据来源）分：基于主机、基于网络和分布式（混合型）。

① 基于主机的入侵检测系统（HIDS）。这种检测系统以系统日志、应用程序日志等作为数据源，也可通过其他手段（如监督系统调用）从所在的主机收集信息进行分析。HIDS 一般保护所在的系统，经常运行在被监测的系统上，监测系统上正在运行的进程是否合法。

优点：对分析“可能的攻击行为”有用。与 NIDS 相比通常能够提供更详尽的相关信息，误报率低，系统的复杂性小。弱点：HIDS 安装在需要保护的设备上，会降低应用系统的效率，也会带来一些额外的安全问题。另一问题是它依赖于服务器固有的日志与监视能力，若服务器未配置日志功能，则必须重新配置，因此会给运行中的业务系统带来不可预见的性能影响。

② 基于网络的入侵检测系统（NIDS）。这种系统又称嗅探器，它通过在共享网段上对通信数据的侦听采集数据，分析可疑现象（将 NIDS 放置在比较重要的网段内，不停地监视网段中的各种数据包。输入数据来源于网络的信息流）。该类系统一般被动地在网络上

监听整个网络上的信息流，通过捕获网络数据包进行分析，检测该网段上发生的网络入侵过程，如图 5-4 所示。

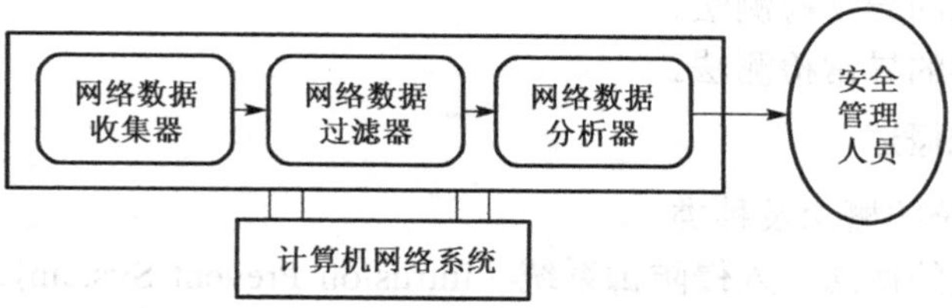

图 5-4　基于网络的入侵检测过程

③ 分布式入侵检测系统（DIDS）。这种系统将基于主机和基于网络的检测方法集成一起，即混合型入侵检测系统。系统一般由多个部件组成，分布在网络的各个部分，完成相应的功能，分别进行数据采集、分析等。通过中心的控制部件进行数据汇总、分析、产生入侵报警等。在这种结构下，不仅可检测到针对单独主机的入侵，也可检测到针对整个网络的主机入侵。

IDS 的其他分类方法主要包括：

① 按照体系结构分为：集中式和分布式。

② 按照工作方式分为：离线检测和在线检测。

③ 按照所用技术分为：特征检测和异常检测。

3．常见的入侵检测方法

（1）特征检测的概念

特征检测又称**误用检测**（Misuse detection），是指将正常行为特征表示的模式与黑客的异常行为特征进行分析、辨识和检测的过程。IDS 可对黑客已知的异常攻击或入侵的方式做出确定性的描述，形成相应的事件模式，而无法检测出新的入侵行为。当被审计检测的事件与已知的入侵事件模式匹配时，系统立即响应并报警。

（2）特征检测的类型

入侵检测系统对各种事件进行分析，从中发现违反安全策略的行为是其核心功能。技术上入**侵检测方法分为两类**：一种基于标志（signature-based），另一种基于异常情况（anomaly-based）。

（3）异常检测的常用方法

异常检测（Anomaly detection）是指假设入侵者活动异常于正常主体活动的特征检测。根据这一原理建立主体正常活动的特征库，将当前主体的活动状况与特征库对比，当违反其统计模型时，认为该活动可能是“入侵”行为。异常检测的难题在于建立特征库和设计统计模型，从而不将正常的操作作为“入侵”/忽略真正“入侵”行为。

常用的 5 种入侵检测统计模型为：

①操作模型；②方差；③多元模型；④马尔可夫过程模型；⑤时间序列分析。

常用的异常检测方法包括：

① 基于贝叶斯推理的检测法。

② 基于特征选择的检测法。

③ 基于贝叶斯网络的检测法。

④ 基于模式预测的检测法。

⑤ 基于统计的异常检测法。

⑥ 基于机器学习的检测法。

⑦ 数据挖掘检测法。

⑧ 基于应用模式的异常检测法。

⑨ 基于文本分类的异常检测法。

4．入侵防御系统概述

（1）入侵防御系统的概念及种类

① 入侵防御系统的概念。**入侵防御系统**（Intrusion Prevent System，IPS）能够监视网络或网络设备的网络信息传输行为，及时中断、调整或隔离一些不正常或具有伤害性的网络信息传输行为。如同 IDS 一样，这种系统专门深入网路数据内部查找攻击代码特征，过滤有害数据流，丢弃有害数据包，并进行记载，以便事后分析。

② 入侵防御系统（IPS）的种类。按其用途可以划分为**三种类型**：

- 基于主机的入侵防御系统（HIPS）。基于对主机进行入侵防御的系统。
- 基于网络的入侵防御系统（NIPS）。为提高其使用效率，采用网络信息流通过的方式。受保护的信息流应代表向网络系统或从中发出的数据，且要求：指定网络邻域中，需要高度的安全和保护；该网络邻域中存在极可能发生的内部爆发配置地址；可以有效地将网络划分成最小的保护区域，并能提供最大范围的有效覆盖率。
- 分布式入侵防御系统（DIPS）。采用先进分布式体系结构，实时监测网络动态信息，同时具备 HIPS、NIPS 的入侵检测功能，根据设置的规则监测和抵御外部入侵，同时防止来自内部的威胁。

（2）IPS 的工作原理及应用部署

① 入侵防御系统（IPS）的工作原理。IPS 实现**实时检查和阻止入侵的原理**，如图 5-5 所示。主要利用多个 IPS 的过滤器，当新的攻击手段被发现后，创建一个新的过滤器。IPS 数据包处理引擎是专业化定制的集成电路，可以深层检查数据包的内容。

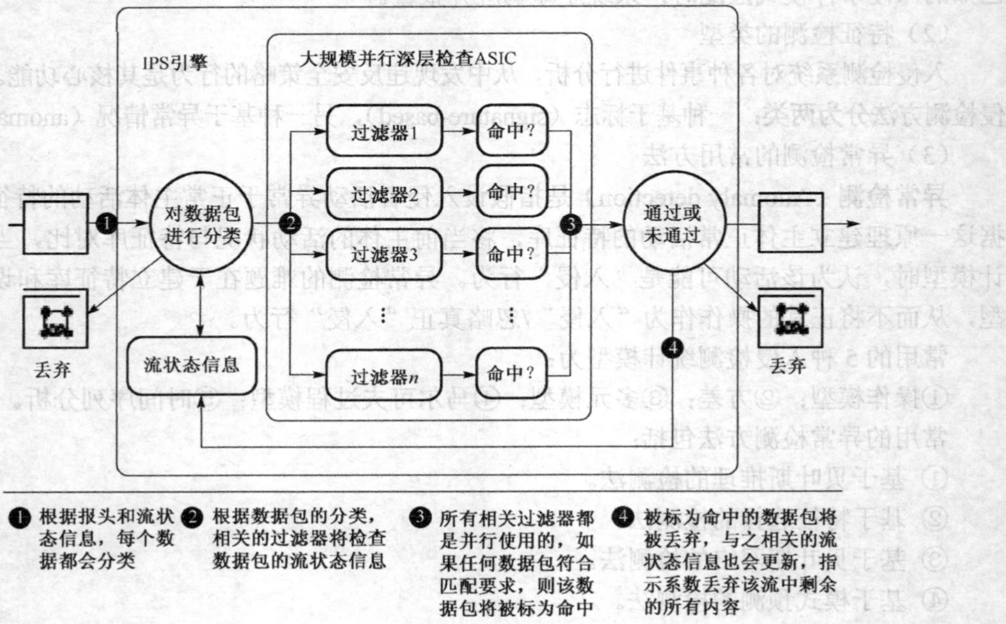
IPS引擎
大规模并行深层检查ASIC
对数据包进行分类
过滤器1
过滤器2
过滤器3
⋮
过滤器n
命中？
命中？
命中？
⋮
命中？
通过或未通过
丢弃
流状态信息
丢弃
❶ 根据报头和流状态信息，每个数据都会分类
❷ 根据数据包的分类，相关的过滤器将检查数据包的流状态信息
❸ 所有相关过滤器都是并行使用的，如果任何数据包符合匹配要求，则该数据包将被标为命中
❹ 被标为命中的数据包将被丢弃，与之相关的流状态信息也会更新，指示系数丢弃该流中剩余的所有内容

图 5-5 IPS 的工作原理

针对不同攻击行为，IPS 需要不同的过滤器。每种过滤器都设有相应的过滤规则，为了确保准确性，规则的定义非常广泛。在对传输内容分类时，过滤引擎还要参照数据包的信息参数，并将其解析至一个有意义的域中进行上下文分析，以提高过滤准确性。

② IPS 应用及部署。IPS 的关键技术包括：集成全球和本地主机访问控制、IDS、全球和本地安全策略、风险管理软件和支持全球访问并用于管理 IPS 的控制台。类似 IDS，通常使用更为先进的入侵检测技术，如试探式扫描、内容检查、状态和行为分析，同时还结合常规的入侵检测技术，如基于签名的检测和异常检测。

（3）防火墙、IDS 与 IPS 的区别

防火墙是实施访问控制策略的系统，对流经的网络流量进行检查，拦截不符合安全策略的数据包。入侵检测系统（IDS）通过监视网络或系统资源，寻找违反安全策略的行为或攻击迹象，并发出报警。传统的防火墙旨在拒绝那些明显可疑的网络流量，但仍然允许某些流量通过，因此防火墙对于很多入侵攻击仍然无计可施。大多数 IDS 系统都是被动而非主动的，即在攻击实际发生之前，IDS 往往无法预先发出警报。而入侵防御系统（IPS）则倾向于提供主动防护，其设计宗旨是预先对入侵活动和攻击性网络流量进行拦截，避免其造成损失，而不是简单地在恶意流量传送时或传送后才发出警报。入侵防御系统（IPS）是通过直接嵌入网络流量中实现这一功能的，即通过一个网络端口接收来自外部系统的流量，经过检查确认其中不包含异常活动或可疑内容后，再通过另外一个端口将它传送到内部系统中。有问题的数据包，以及所有来自同一数据流的后续数据包，都可在 IPS 设备中被阻断并清除掉。

IDS 的核心价值在于通过对全网信息进行分析，了解信息系统的安全状况，进而指导信息系统安全建设目标以及安全策略的确立和调整。IPS 的核心价值在于安全策略的实施，阻击黑客行为；入侵检测系统需要部署在网络内部，监控范围可以覆盖整个子网，包括来自外部的数据以及内部终端之间传输的数据。而入侵防御系统必须部署在网络边界，抵御来自外部的入侵，对内部攻击行为无能为力。

5．入侵检测及防御技术的发展趋势

（1）入侵检测及防御技术发展趋势

发展趋势主要体现在三个方向。

① 分布式入侵检测：第一层含义，即针对分布式网络攻击的检测方法；第二层含义，即使用分布式的方法来检测分布式的攻击，其中的关键技术为检测信息的协同处理与入侵攻击的全局信息的提取。

② 智能化入侵检测：使用智能化的方法与手段进行入侵检测。

③ 实施全面整体的安全防御方案。

（2）统一威胁管理

统一威胁管理（Unified Threat Management，UTM）是将防病毒、入侵检测和防火墙等安全功能集成于一体的管理系统。

① UTM 重要特点：一是建立一个更高、更强、更可靠的墙，除了传统的访问控制之外，防火墙还应该对防垃圾邮件、拒绝服务、黑客攻击等这样的一些外部威胁起到综合检测网络全协议层防御的作用；二是用高检测技术降低误报率；三是用高可靠、高性能的硬件平台支撑。

UTM 优点：整合使成本降低、信息安全工作强度降低、技术复杂度降低。

② UTM 的技术架构。一是完全性内容保护（Complete Content Protection，CCP），对 OSI

模型中描述的所有层次的内容进行处理；二是紧凑型模式识别语言（Compact Pattern Recognition Language，CPRL），是为快速执行完全内容检测而设计的；三是动态威胁防护系统（Dynamic Threat Prevention System），是在传统的模式检测技术上结合未知威胁处理的防御体系。动态威胁防护系统可以将信息在防病毒、防火墙和入侵检测等子模块之间共享使用，以达到提升检测准确率和有效性的目的。这种技术是业界领先的一种处理技术，也是对传统安全威胁检测技术的一种颠覆。

5.6 要点小结

本章概述了黑客的概念、形成与发展，简单介绍了黑客产生的原因、攻击的方法、步骤；重点介绍了常见的黑客攻防技术，包括网络端口扫描攻防、网络监听攻防、密码破解攻防、特洛伊木马攻防、缓冲区溢出攻防、拒绝服务攻击和其他攻防技术；同时讨论了防范攻击的具体措施和步骤；最后，概述了入侵检测/防御系统的概念、功能、特点、分类、检测过程、常用检测/防御技术和方法、实用入侵检测/防御系统、统一威胁管理和入侵检测/防御技术的发展趋势等。

第 6 章　身份认证与访问控制

随着计算机网络技术的快速发展和广泛应用，人们在工作和生活等方面更多地需要计算机网络，同时利用网络的一些欺骗和破坏等事件不断出现，对网络安全带来了极大威胁，身份认证和访问控制技术已经成为网络安全登录、认证、控制和审计的重要保证和关键，进一步加强网络身份认证和访问控制至关重要。

重点	身份认证的概念、种类和方法 数字签名的概念和过程 访问控制的概念 功能和安全策略 安全审计的概念、目的、类型及应用
难点	身份认证的方法 数字签名的原理及过程 访问控制的原理 安全审计跟踪与实现
关键	身份认证的概念和方法 数字签名的概念和过程 访问控制的概念和安全策略 安全审计的概念及应用
教学目标	理解身份认证的概念、种类和方法 掌握数字签名的概念、原理和过程 掌握访问控制的概念、功能、原理和安全策略 理解安全审计的概念、目的、类型及应用

6.1　身份认证技术

6.1.1　学习要求

（1）熟悉身份认证的概念和作用。

（2）掌握身份认证的种类和构成。

（3）掌握身份认证的方式方法和数字证书。

6.1.2　知识要点

1．身份认证概述

（1）身份认证的概念和作用

认证（Authentication）是指对主客体真实性确认的过程。认证主要解决主体本身的信用问题和客体对主体实施访问的信任问题，并为后续的授权等工作奠定基础。

身份认证（Identity and Authentication management）是指在计算机网络系统中认证操作者身份的过程，是用户在进入网络系统或访问受限系统资源时，系统对用户身份的鉴别确认的过程，是保证计算机网络系统安全的重要措施之一。

身份认证是**网络安全防范的第一道防线**，对于整个网络系统的安全至关重要。身份认证是网络世界安全最基本的要素，也是整个网络信息安全体系的基础，是最基本的安全服务之一。

（2）身份认证的类型

身份认证的类型主要包括：

① 消息认证。指通过对消息或与消息有关的信息进行加密或签名变换进行的认证，目的是保证信息的完整性和可审查性。

② 身份认证。鉴别用户身份，包括两部分：识别和验证。识别是鉴别访问者的身份，验证是对访问者身份的合法性进行确认。

（3）认证系统组成结构

一般**身份认证系统的组成**包括三个部分：认证服务器、认证系统客户端和认证设备。系统主要是通过身份认证协议和认证系统软/硬件实现的。认证系统网络结构如图 6-1 所示。

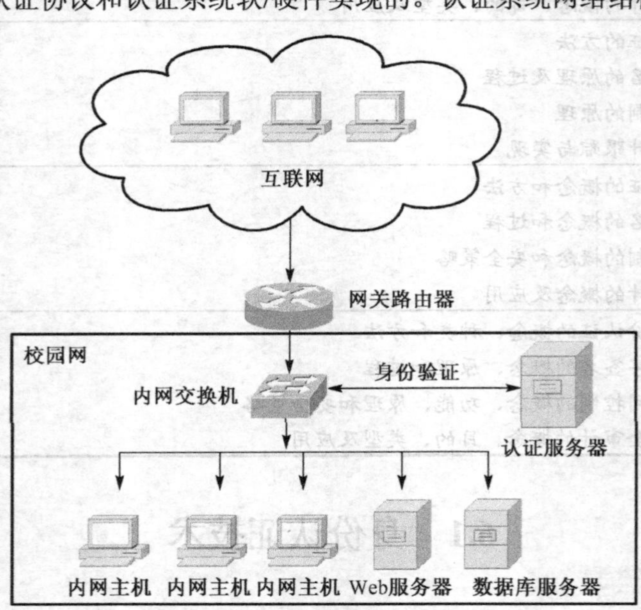

图 6-1　认证系统网络结构图

2. 身份认证的方式方法

（1）身份认证的基本方式

在现实世界中，**用户身份认证的基本方式**有三种情况：

① 以用户所知信息证明其身份（what you know，你知道什么），如用户名和密码。

② 以用户拥有的物件证明其身份（what you have，你有什么），如身份证、IC 卡。

③ 以用户唯一的身体特征证明其身份（who you are，你是谁），如指纹、人像等。

（2）常用的身份认证方法

常用的**身份认证方法**主要有以下几种。

① 静态密码认证。指以用户名及密码输入认证方式，是最简单最常用的身份认证方法。

② 动态口令认证。应用最广的一种身份识别方式，基于动态口令认证方式主要有动态安全风险和隐患环境，一次一密。两种方式：动态密码和动态口令牌（卡）。

③ USB Key 认证。它是与用户密钥或数字证书关联的一种安全方便的身份认证方式。

④ 生物识别技术。指通过可测量的生物信息和行为等特征进行身份认证的一种技术。认证系统测量的生物特征一般是用户唯一的生理特征或行为方式。生物特征分为身体特征和行为特征两类。生物特征包括指纹、掌形、视网膜、人体气味、脸形和 DNA 等。

⑤ CA 认证。**国际认证机构**通称为 CA（Certification Authority），是对申请者发放、管理、认证、取消数字证书的机构。**CA 认证**检查证书持有者身份的合法性，并签发证书，以防证书被伪造或篡改。发放、管理和认证是一个复杂的过程，即 CA 认证过程。

一般常见的**数字证书的类型和作用**，如表 6-1 所示。

表 6-1 数字证书的类型与作用

证书名称	证书类型	主要功能描述
个人证书	个人证书	个人网上交易、网上支付、电子邮件等相关网络作业
单位证书	单位身份证书	用于企事业单位网上交易、网上支付等
	电子邮件证书	用于企事业单位内安全电子邮件通信
	部门证书	用于企事业单位内某个部门的身份认证
服务器证书	部门证书	用于服务器、安全站点认证等
代码签名证书	个人证书	用于个人软件开发者对其软件的签名
	企业证书	用于软件开发企业对其软件的签名

6.2 身份认证系统与数字签名

6.2.1 学习要求

（1）理解常用身份认证系统。

（2）掌握数字签名的概念、功能、原理及过程。

6.2.2 知识要点

1. 常用身份认证系统

（1）静态密码认证系统

静态密码（口令）认证系统是指对用户设定的用户名/密码进行检验的认证系统。由于这种认证系统具有静态、简便且相对固定的特点，因此容易受到以下攻击：字典攻击、穷举尝试（Brute Force）、网络数据流窃听（Sniffer）、窥探、认证信息截取/重放（Record/Replay）、社会工程攻击、垃圾搜索等。

（2）动态口令认证系统

动态口令认证系统也称为**一次性口令**（One Time Password，OTP）**认证系统**，在登录过程中加入不确定因素，使每次登录过程中传送的密码信息都不相同，从而增强认证系统的安全性。动态口令认证系统的组成包括生成不确定因子、生成一次性口令。

（3）双因子安全令牌及认证系统

双因子安全令牌及认证系统如图 6-2 所示。

① E-Securer 的组成：安全身份认证服务器，双因子安全令牌（Secure Key）。

② E-Securer 的安全性。

③ 双因子身份认证系统的技术特点与优势。

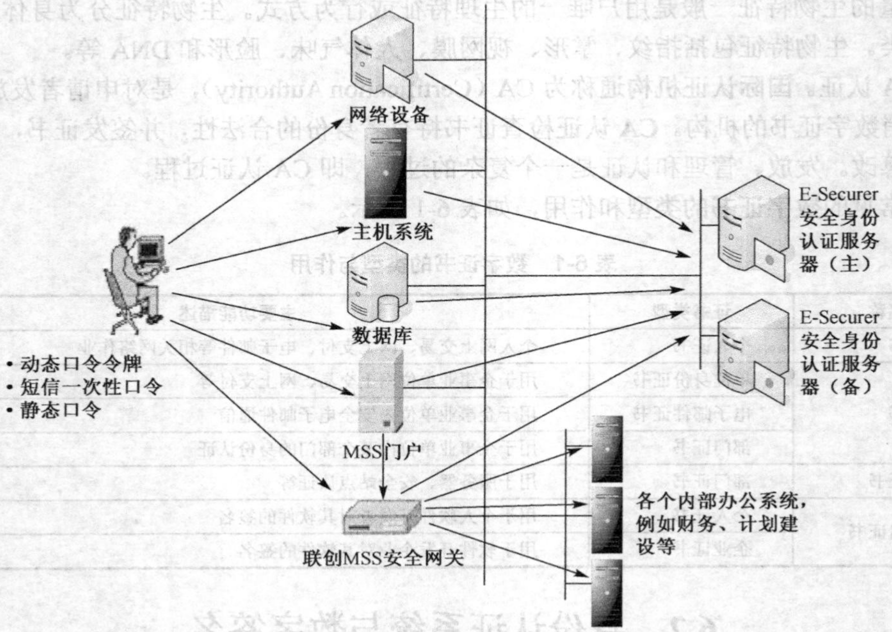

图 6-2　E-Securer 安全认证系统

（4）单次登入系统

单次登入（Single Sign On，SSO）也称**单点登入**，是指用户只向网络系统进行一次身份验证，以后无须另外的验证身份便可以访问所有授权的网络资源。**单次登录的优势**主要体现在 5 个方面：

① 网络安全性高。

② 管理控制方便。

③ 使用快捷。

④ 实现简单。

⑤ 合并异构网络。

2．数字签名技术

（1）数字签名的概念

数字签名（Digital Signature）又称**公钥数字签名**或**电子签章**，它以电子形式存储于信息中，或作为附件或逻辑上与之有联系的数据，用于辨识数据签署人的身份，并表明签署人对数据中所包含信息的认可。

基于公钥密码体制和私钥密码体制都可获得数字签名，主要是基于公钥密码体制的数字签名。数字签名包括普通数字签名和特殊数字签名两种。

（2）数字签名的功能

保证信息传输的完整性、发送者的身份认证、防止交易中的抵赖行为发生。数字签名技术将摘要信息用发送者的私钥加密，与原文一起传送给接收者。最终目的是实现 6 种安全保障功能：必须可信、无法抵赖、不可伪造、不能重用、不许变更、处理快且应用广。

（3）数字签名的原理和算法组成

① 数字签名的原理。在网络环境中，数字签名可代替现实中的“亲笔签字”。整个数字签名的**基本原理**采用的是双加密方式，先将原文件用对称密钥加密后传输，并将其密钥用接收方的公钥加密发给对方，其基本原理及过程如图 6-3 所示。

② 数字签名算法的组成。数字签名算法主要由两部分**组成**：签名算法和验证算法。数字签名是个加密的过程，数字签名验证是个解密的过程。

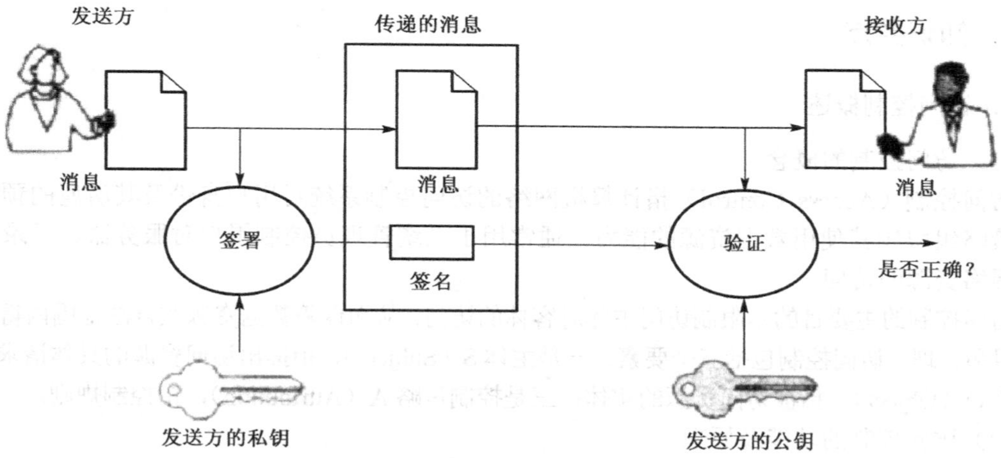

图 6-3　数字签名原理及过程

③ 数字签名的实现过程。**数字签名的过程**如图 6-4 所示。

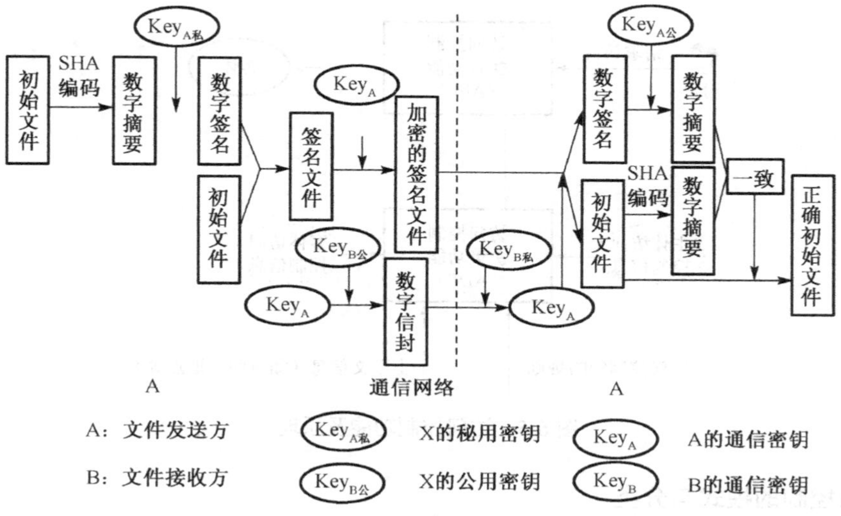

图 6-4　数字签名的实现过程

6.3 访问控制技术

6.3.1 学习要求

（1）熟练掌握访问控制的概念和功能。

（2）理解访问控制的原理、模式与分类。

（3）掌握访问控制的安全策略。

（4）了解准入控制技术及发展。

（5）理解认证服务与访问控制系统。

6.3.2 知识要点

1. 访问控制概述

（1）访问控制的概念

访问控制（Access Control）指计算机网络的访问控制系统对用户身份及其所属的预先定义的策略组限制其使用数据资源的能力。通常用于系统管理员控制用户对服务器、目录、文件等网络资源的访问。

访问控制的主要目的是限制访问主体对客体的访问，从而保障数据资源在合法范围内得以有效使用和管理。**访问控制**包括三个**要素**：一是主体 S（Subject），指提出访问资源的具体请求；二是客体 O（Object），指被访问资源的实体；三是控制策略 A（Attribution），指控制规则。

（2）访问控制的功能及原理

访问控制的主要功能：保证合法用户访问授权保护的网络资源，防止非法主体进入受保护的网络资源，并防止合法用户对受保护网络资源进行非授权的访问。访问控制的内容包括认证、控制策略实现和安全审计。访问控制原理如图 6-5 所示。

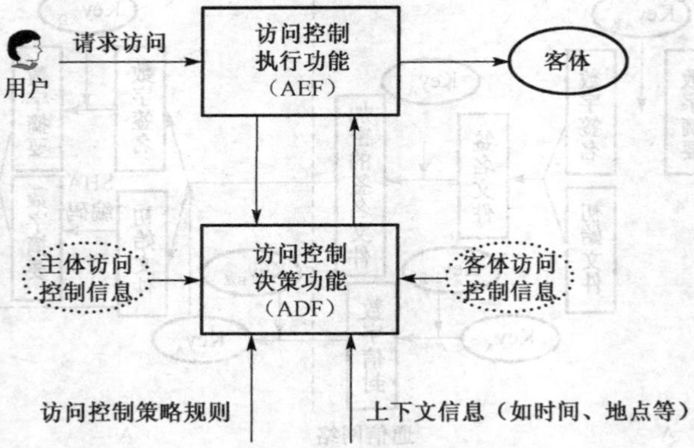

图 6-5 访问控制功能及原理

2. 访问控制的模式与分类

访问控制可以分为两个层次：物理访问控制和逻辑访问控制（数据、应用、系统、网络和权限层面）。

（1）访问控制的模式

主要的**访问控制模式**有三种。

① 自主访问控制（Discretionary Access Control，DAC）。这是一种接入控制服务，执行基于系统实体身份及其到系统资源的接入授权，包括在文件、文件夹和共享资源中设置许可。

② 强制访问控制（MAC）。这是系统强制主体服从访问控制策略，是由系统对用户所创建的对象，按照规则控制用户权限及操作对象的访问。主要特征是对所有主体及其所控制的进程、文件、段、设备等客体实施强制访问控制。MAC 安全级别常用 4 级：绝密级（T）、秘密级（S）、机密级（C）和无级（U），其中 T > S > C > U。系统中的主体（用户，进程）和客体（文件，数据）都分配安全标签，以标识安全等级。

③ 基于角色的访问控制。**角色**（Role）是指完成一项任务可以访问的资源及相应操作权限的集合。利用角色可以隔离动作主体与权限的关系。角色作为一个用户与权限的代理层，表示为权限和用户的关系，所有的授权应该给予角色而非直接给予用户或用户组。

基于角色的访问控制（RBAC）是通过对角色的访问所进行的控制。使权限与角色相关联，用户通过成为适当角色的成员而得到其权限，可极大地简化权限管理。**RBAC 授权管理方法**主要有三种：一是根据任务实际需要指定具体的角色；二是分别为不同角色分配资源和操作权限；三是给一个用户组（Group 权限分配的单位与载体）指定一个角色。

（2）访问控制机制

访问控制机制是检测和防止系统未授权访问，并对保护资源所采取的各种措施。它是文件系统中广泛应用的安全防护方法，一般是在操作系统的控制下，按照事先确定的规则决定是否允许主体访问客体，贯穿于系统全过程。访问控制矩阵（Access Contro1 Matrix）是最初实现访问控制机制的概念模型，以二维矩阵规定主体和客体间访问权限。通常，**主要方法**有两种。

① 访问控制列表（Access Control List，ACL）。它是应用在路由器接口的指令列表，用于路由器利用源地址、目的地址、端口号等特定指示条件对数据包的抉择。

② 能力关系表（Capabilities List）。它是以用户为中心建立的访问权限表。与 ACL 相反，表中规定了该用户可访问的文件名及权限，利用此表可方便地查询一个主体的所有授权。相反，检索具有授权访问特定客体的所有主体，则需查遍所有主体的能力关系表。

（3）单点登入的访问管理

根据登入的应用类型不同，可分为三种**单点登入的访问管理类型**。

① 对桌面资源的统一访问管理。包括两个方面：一是登入 Windows 后统一访问 Microsoft 应用资源；二是登入 Windows 后访问其他应用资源。

② Web 单点登入。Web 技术体系架构便捷，对 Web 资源的统一访问管理易于实现，如图 6-6 所示。

③ 传统 C/S 结构应用的统一访问管理。在传统 C/S 结构应用上，实现管理前台的统一或统一入口是关键，采用 Web 客户端作为前台是企业最为常见的一种解决方案。

3. 访问控制的安全策略

访问控制的安全策略是指在某个自治区域内（属于某个组织的一系列处理和通信资源范畴），用于所有与安全相关活动的一套访问控制规则。其安全策略有三种类型：基于身份的安全策略、基于规则的安全策略和综合访问控制方式。

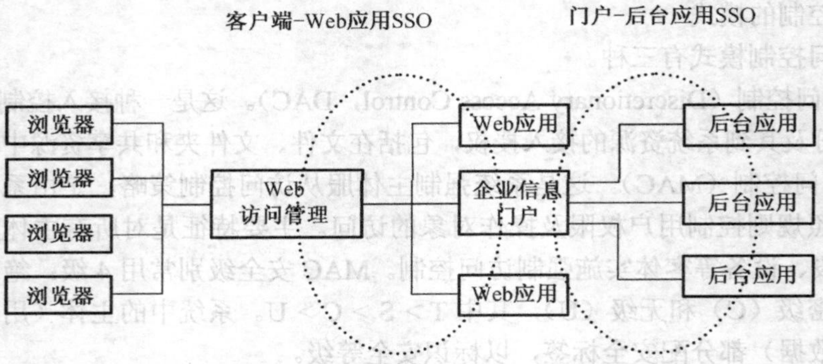

图 6-6　Web 单点登入访问管理系统

（1）安全策略实施原则

访问控制安全策略原则集中于主体、客体和安全控制规则集三者之间的关系。主要包括：最小特权原则、最小泄露原则、多级安全策略。

（2）基于身份和规则的安全策略

授权行为是建立身份安全策略和规则安全策略的基础，两种安全策略为：

① 基于身份的安全策略：基于个人的安全策略、基于组的安全策略。

② 基于规则的安全策略。在此安全策略系统中，所有数据和资源都标注了安全标记，用户的活动进程与其原发者具有相同的安全标记。

（3）综合访问控制策略

① 入网访问控制。

② 网络的权限控制。

从用户角度，网络的**权限控制**可分为三类：

- 特殊用户，指具有系统管理权限的用户。
- 一般用户，系统管理员根据用户的实际需要为这些用户分配操作权限。
- 审计用户，负责网络的安全控制与资源使用情况的审计。

③ 目录级安全控制。

④ 属性安全控制。

⑤ 网络服务器安全控制。

⑥ 网络监控和锁定控制。

⑦ 网络端口和节点的安全控制。

4．认证服务与访问控制系统

（1）AAA 技术概述

AAA 系统主要包括以下三部分：

① 认证：用于识别用户，在允许远程登录访问网络前身份识别。

② 鉴权：为远程访问控制提供方法，如一次性授权或给予特定命令或服务的鉴权。

③ 记账：用于计费、审计和制作报表。

（2）远程鉴权接入用户服务

远程鉴权接入用户服务（RADIUS）主要用于管理远程用户的网络登入。主要基于 C/S 架构，客户端最初是 NAS 服务器，现在任何运行 RADIUS 客户端软件的计算机都可成为其客户端。RADIUS 协议认证机制灵活，可采用 PAP、CHAP 或 UNIX 登入认证等多种方式。其模型如图 6-7 所示。

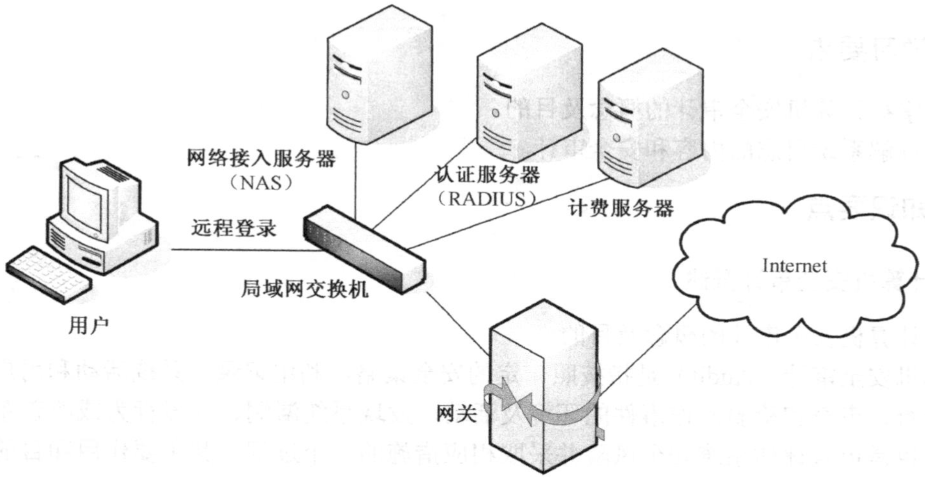

图 6-7　RADIUS 模型

（3）终端访问控制系统

终端访问控制（TACACS）功能：通过一个或几个中心服务器为网络设备提供访问控制服务。它是思科专用协议，具有独立身份认证、鉴权和审计等功能。

6.3.3　准入控制技术及发展

（1）准入控制技术概述

思科公司和微软公司的网络准入控制（NAP）其原理和本质一致，不仅对用户身份进行认证，还对用户的接入设备进行安全状态评估（包括防病毒软件、系统补丁等），使每个接入点（AP）都具有较高的可信度和健壮性，从而保护网络基础设施。华为公司 2005 年推出了端点准入防御产品。

（2）准入控制技术方案比较

不同厂商准入控制方案在原理上类似，但实现方式各不相同。主要区别有 4 个方面：选取协议、身份认证管理方式、策略管理、准入控制。

（3）准入控制技术中的身份认证

身份认证技术的发展过程，从软件到软/硬件结合，从单一因子认证到双因子认证，从静态认证到动态认证。目前常用的身份认证方式包括：用户名/密码方式、公钥证书方式、动态口令方式等。采用单独方式都有优劣。

身份认证技术的安全性，关键在于组织采取的安全策略。实际上，身份认证是网络准入控制的基础。

（4）准入控制技术的发展

准入控制技术出现了方案整合的趋势。TNC 组织促进标准化的快速发展，希望通过构建框架和规范保证互操作性。准入控制正在向标准化、软/硬件相结合的方向发展。

6.4 计算机安全审计

6.4.1 学习要求

（1）掌握计算机安全审计的概念及目的。

（2）理解系统日志的内容和安全审计。

6.4.2 知识要点

1. 计算机安全审计概述

（1）计算机安全审计的概念及目的

计算机安全审计（Audit）是指按照一定的安全策略，利用记录、系统活动和用户活动等信息，检查、审查和检验操作事件的环境及活动，发现系统漏洞、入侵行为或改善系统性能的过程，也是审查评估系统安全风险并采取相应措施的一个过程。其主要**作用和目的**包括 5 个方面：

① 对潜在攻击者起到威慑和警示作用。

② 测试系统的控制情况，及时调整。

③ 对已出现的破坏事件，做出评估并提供依据。

④ 对系统控制、安全策略与规程中的变更进行评价和反馈，以便修订决策和部署。

⑤ 协助发现入侵或潜在的系统漏洞及隐患。

（2）安全审计的类型

从审计级别上可分为三种类型：

① 系统级审计。主要针对系统的登入情况、用户识别号、登入尝试的日期和具体时间、退出的日期和时间、所使用的设备、登入后运行程序等事件信息进行审查。

② 应用级审计。主要针对的是应用程序的活动信息。

③ 用户级审计。主要审计用户的操作活动信息。

2. 系统日志安全审计

（1）系统日志的内容

系统日志主要根据网络安全级别及强度要求，选择记录部分或全部的系统操作。

对于单个事件行为，通常系统日志主要包括：事件发生的日期及时间、引发事件的用户 IP 地址、事件源及目的地位置、事件类型等。

（2）安全审计的记录机制

对各种网络系统应采用不同**记录日志的机制**。记录方式有三种：由操作系统完成，由应用系统完成，由其他专用记录系统完成。

审计系统可成为追踪入侵、恢复系统的直接证据，其自身的安全性更为重要。**审计系统的安全**主要包括审计事件查阅安全和存储安全。保护查阅安全的措施：审计查阅、有限审计查阅、可选审计查阅。

（3）日志分析

日志分析就是在大量的日志信息中找到网络系统的敏感数据，并分析系统运行情况。日志分析的**主要内容**包括：潜在威胁分析、异常行为检测、简单攻击探测、复杂攻击探测。

（4）审计事件查阅

审计事件的查阅应该受到严格的限制，避免日志被篡改。

（5）审计事件存储

审计事件的**存储安全要求**：保护审计记录的存储、保证审计数据的可用性、防止审计数据丢失。

3．计算机安全审计跟踪

（1）安全审计跟踪的概念及意义

审计跟踪（Audit Trail）是指按事件顺序检查、审查、检验其运行环境及相关事件活动的过程。主要用于实现重现事件、评估损失、检测系统产生的问题区域、提供有效的应急灾难恢复、防止系统故障或使用不当等方面。

审计跟踪作为一种安全机制，其**主要审计目标**如下：

① 审计系统记录有利于迅速发现系统问题，及时处理事故，保障系统运行。

② 可发现试图绕过保护机制的入侵行为或其他操作。

③ 能够发现用户的访问权限转移行为。

④ 制止用户企图绕过系统保护机制的操作事件。

审计跟踪是提高系统安全性的重要工具。**安全审计跟踪的意义**如下：

① 利用系统的保护机制和策略，及时发现并解决系统问题，审计客户行为。

② 审计信息可以确定事件和攻击源，用于检查计算机犯罪。

③ 通过对安全事件的收集、积累和分析，可对其中的某些站点或用户进行审计跟踪，以提供发现可能产生破坏性行为的证据。

④ 既能识别访问系统的来源，又能指出系统状态转移过程。

（2）安全审计跟踪的主要问题

安全审计跟踪重点考虑：选择记录信息；确定审计跟踪信息所采用的语法和语义定义。

审计是系统安全策略的一个重要组成部分，贯穿于整个系统的运行过程中，覆盖不同的安全机制，为其他安全策略的改进和完善提供必要的信息。

4．计算机安全审计的实施

为了确保审计实施的可用性和正确性，需要在保护和审查审计数据的同时，做好计划分步实施。**具体实施主要包括**：保护审查审计数据及审计步骤。

（1）有效保护审计数据

对系统可以访问的在线审计日志必须受到严格限制。除了系统管理员出于检查的目的可以访问外，其他无关人员不能访问审计日志，防止非法修改以确保审计跟踪数据的完整性。

（2）保护审查审计数据

审计跟踪的审查和分析可以分为事后检查、定期检查和实时检查。审查人员应该清楚如何发现异常活动。

6.5 要点小结

身份认证和访问控制是网络安全的重要技术，是网络安全登入和认证的关键保障。

本章讲述了身份认证概念、技术方法。简单介绍了双因子安全令牌及认证系统、用户登录认证、认证授权管理案例。之后简要介绍了数字签名的概念及功能、种类、原理及应用、技术实现方法，以及访问控制概述、模式及管理、安全策略、认证服务与访问控制系统、准入控制与身份认证管理案例。最后介绍了安全审计概念、系统日志审计、审计跟踪、安全审计的实施、访问控制和安全审计等。

第 7 章　操作系统和站点安全

网络操作系统是实现网络资源管理、服务和通信的核心与重要基础，操作系统及网站安全的重要性更加突出。操作系统和站点提供服务的安全性是信息安全管理的重要内容，其安全性主要体现在操作系统和站点提供的安全功能与安全服务。

重点	网络操作系统面临的安全问题 网络操作系统安全的概念和内容 Web 站点加固及恢复方法
难点	网络操作系统安全的概念和内容 Web 站点安全的概念和加固及恢复方法
关键	网络操作系统安全的概念和内容 Web 站点加固及恢复方法
教学目标	理解网络操作系统安全面临的威胁及脆弱性 掌握网络操作系统安全的概念和内容 理解 Web 站点安全的概念和加固及恢复方法 掌握 Windows Server 2012 的安全配置步骤和方法

7.1　Windows 操作系统的安全

7.1.1　学习要求

（1）熟悉 Windows 系统的安全性问题。

（2）掌握 Windows 的安全配置方法。

7.1.2　知识要点

1. Windows 系统的安全性问题

（1）Windows 系统简介

Windows Server 2012 是建立在 Windows Server 2003 之上，具有先进的网络、应用程序和 Web 服务功能的服务器操作系统，为用户提供高度安全的网络基础架构、超高的技术效率与应用价值。Windows Server 2012 是微软公司的一个服务器系统，是 Windows 8 的服务器版本，也是 Windows Server 2012 R2 的继任者。

（2）Windows 系统安全问题

Windows 系统安全问题主要包括：

① Windows Server 2012 的 ReFS 文件系统，它具有检测磁盘损坏的功能、数据分隔的性能，以及类似于写入时复制技术的分配形式的功能。

② 工作组（Workgroup）。这种方式的网络也称为“对等网”，可实现对自己计算机上资源和账户的管理，每个用户只能在为其创建了账户的计算机上登录。

③ 域（Domain）。域是数据安全和集中管理的基本单位，域中各计算机是一种不平等的关系，可以将计算机内的资源共享给域中的其他用户访问。

④ 用户和用户组。账号、密码、权限的分配、验证、维护及安全管理。

⑤ 身份验证。包括两种：交互式登录过程，网络身份验证。

⑥ 访问控制。包括两类：自主访问控制，强制访问控制。

⑦ 组策略。注册表，组策略技术。

2. Windows 安全配置方法

① 设置和管理账户。

② 删除所有网络资源共享（管理工具）。

③ 关闭不需要的服务。

④ 打开相应的审核策略。安全设置审核策略。

⑤ 安全管理网络服务。禁用自动播放功能，禁用资源共享。

⑥ 清除页面交换文件。及时清除隐藏的重要隐私信息。

⑦ 文件和文件夹加密。加密内容以便保护数据安全。

7.2 UNIX 操作系统的安全

7.2.1 学习要求

（1）理解 UNIX 操作系统的安全问题。

（2）掌握 UNIX 系统安全配置的方法。

7.2.2 知识要点

1. UNIX 系统的安全性

（1）UNIX 安全基础

UNIX 系统以精炼、高效的内核和丰富的核外程序而著称，而且在防止非授权访问和防止信息泄密方面也很成功。

UNIX 系统提供三道安全屏障：标识和口令、文件权限、文件加密。

① 标识和口令。UNIX 系统通过注册用户和口令对用户身份进行认证。因此，设置安全的账户并确定其安全性是系统管理的一项重要工作。

② 文件权限。文件系统是整个 UNIX 系统的“物质基础”。UNIX 以文件形式管理计算机上的存储资源，并以文件形式组织各种硬件存储设备如硬盘、U 盘等。

③ 文件加密。文件权限的正确设置在一定程度上可以限制非法用户的访问，但对于一些高明的入侵者和超级用户则仍然不能完全限制其读取文件。UNIX 系统通过提供文件加密的方式来增强文件保护。

（2）主要的不安全因素

UNIX 系统的主要不安全因素包括：

① 口令。由于 UNIX 允许用户不设置口令，因而非法用户可以通过查看/etc/passwd 文件

获得未设置口令（或虽然设置口令但泄露）的用户，并借合法用户名进入系统，读取或破坏文件。此外，攻击者通常使用口令猜测程序获取口令。

② 文件权限。某些文件权限（尤其是写权限）的设置不当将增加文件的不安全因素，对目录和使用调整位的文件更是危险。

③ 设备特殊文件。UNIX 系统的两类设备（块设备和字符设备）被视为文件，存放在/dev 目录下。对于这类特别文件的访问，实际在于访问物理设备，所以这些特别文件是系统安全的一个重要方面，包括内存、块设备、字符设备。

④ 网络系统。在各种 UNIX 版本中，UUCP（UNIX to UNIX Copy）是唯一都可用的标准网络系统，且是最便宜、最广泛使用的网络实用系统。UUCP 可以在 UNIX 系统之间完成文件传输、执行系统之间命令、维护系统使用情况的统计、保护安全，但 UUCP 也可能是最不安全的部分。

2．UNIX 系统安全配置

（1）设定较高的安全级。

（2）加强用户口令管理。

（3）设立自启动终端。

（4）建立封闭的用户系统。

（5）撤销不用的账户。

（6）限制注册终端功能。

（7）锁定暂不用终端。

7.3　Linux 操作系统的安全

7.3.1　学习要求

（1）理解 Linux 操作系统的安全问题。

（2）掌握 Linux 系统安全配置方法。

7.3.2　知识要点

1．Linux 系统的安全性

（1）权限提升类漏洞。

（2）拒绝服务类漏洞。

（3）Linux 内核中的整数溢出漏洞。

（4）IP 地址欺骗类漏洞。

2．Linux 系统安全配置

（1）取消不必要的服务。

（2）限制系统的出入。

（3）保持最新的系统核心配置。

（4）认真检查登录密码。

7.4 Web站点的安全

7.4.1 学习要求

（1）掌握Web站点安全问题及措施。

（2）熟悉Web站点的安全策略。

7.4.2 知识要点

1. Web站点安全问题及措施

早期的Web服务未考虑安全问题，基本没有出现网络安全问题，但随着网络应用的多样化，Web安全问题日显突出。Web生成环境包括计算机硬件、操作系统、计算机网络、许多的网络服务和应用，所有这些都存在着安全隐患，最终威胁到Web能否安全有效地提供服务。

Web网站应该从全方位**实施安全措施**，主要包括：

① 硬件安全是不容忽视的问题，所存在的环境不应该存在对硬件有损伤和威胁的因素，如温度/湿度的不适宜、过多的灰尘和电磁干扰、水火隐患的威胁等。

② 增强服务器操作系统的安全，密切关注并及时安装系统及软件的最新补丁；建立良好的账号管理制度，使用足够安全的口令，并正确设置用户访问权限。

③ 恰当地配置Web服务器，只保留必要的服务，删除和关闭无用的或不必要的服务。

④ 远程管理服务器时，使用SSL等安全协议，避免使用Telnet、FTP等程序，明文传输。

⑤ 及时升级病毒库和防火墙安全策略表。

⑥ 做好系统审计功能的设置，定期对各种日志进行整理和分析。

⑦ 制定相应的符合本部门情况的系统软/硬件访问制度。

2. Web站点的安全策略

（1）系统安全策略的配置

① 限制匿名访问本机用户。

② 限制远程用户对光驱或软驱的访问。

③ 限制远程用户对NetMeeting的共享。

④ 限制用户执行Windows安装任务。

（2）IIS安全策略的应用

一般不用默认的Web站点，避免外界对网站的攻击，**具体做法**：

① 停止默认的Web站点。

② 删除不必要的虚拟目录。

③ 分类设置站点资源访问权限。

④ 修改端口值。

（3）审核日志策略的配置

① 设置登录审核日志。

② 设置HTTP审核日志。

7.5　系统的加固和恢复

7.5.1　学习要求

（1）掌握系统加固的常用方法。

（2）理解系统恢复的常用方法及过程。

7.5.2　知识要点

1．系统加固常用方法

系统加固是指通过一定的技术手段，提高操作系统的主机安全性和抗攻击能力，通过打补丁、修改安全配置、增加安全机制等方法，合理进行安全性加强。常见手段有：系统安全配置、安全策略配置、安全信息通信加固、文件系统完整性审计、增强的系统日志分析等。

（1）操作系统安全配置

主要有 12 条**基本配置原则**：物理安全、停止 Guest 账号、限制用户数量、创建多个管理员账号、管理员账号改名、陷阱账号、更改默认权限、设置安全密码、屏幕保护密码、使用 NTFS 分区、运行防毒软件和确保备份盘安全。

（2）操作系统安全加固

操作系统的安全加固主要包括系统信息、补丁管理、账号口令、网络服务、文件系统、日志审核等方面。

2．系统恢复常用方法及过程

（1）系统数据恢复

系统数据修复是指通过技术手段，将因受到意外攻击、人为损坏或硬件损坏等而遭到破坏的电子数据进行抢救和恢复的一门技术。**数据修复的方式**可分为软件恢复方式与硬件修复方式，如图 7-1 所示。

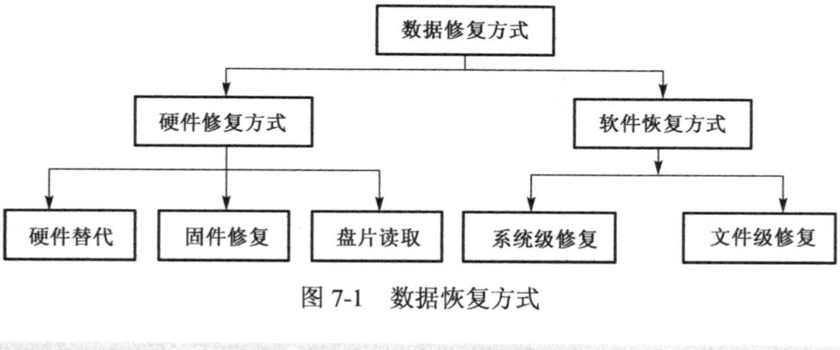

图 7-1　数据恢复方式

【注意】数据修复：包含硬件修复和软件修复，软件修复包含系统恢复和文件修复，因此数据修复的内涵要广得多。

① 硬件修复。修复方式可分为硬件替代、固件修复、盘片读取三种。

② 软件恢复。可分为系统级恢复与文件级恢复。**系统恢复**是指在系统无法正常运作的情

况下，通过调用已备份好的系统资料或系统数据、使用恢复工具等，使系统按照备份时的部分或全部正常启动运行的数值特征来进行运作。

主引导记录损坏后的恢复。一块 IBM 40 GB 的台式机硬盘，在运行中突然断电，重启计算机后无法进入系统。使用 WinHex 工具打开硬盘，发现其 MBR 扇区已被完全破坏。根据 MBR 扇区不随操作系统的不同而不同，具有公共引导的特性，故采用复制引导代码的方式将其恢复。

（2）数据恢复

数据恢复是指将丢失或被篡改的数据进行恢复。丢失和篡改的数据可能是因为攻击者的入侵，也可能是由于自然灾害、系统故障及误操作等造成的。一般来说，数据恢复就是从存储介质、备份和归档数据中将丢失的数据恢复。

（3）数据恢复的过程

进行系统恢复工作，重新获取系统控制权，需要按照如下步骤展开：断开网络、备份、入侵分析与审计、查找系统日志、系统恢复。

7.6 要点小结

本章介绍了操作系统安全及站点安全的相关知识。

Windows 操作系统的系统安全性和安全配置是重点。简要介绍了 UNIX 操作系统的安全知识。Linux 是源代码公开的操作系统，本章介绍了 Linux 系统的安全和安全配置相关内容。本章对 Web 站点的结构及相关概念进行了介绍，并对其安全配置进行了阐述。对系统的恢复是一种减少损失的良好方式，可分为系统恢复与信息恢复，本章重点对系统恢复的过程进行了介绍。

第 8 章　数据库安全与防护技术

计算机网络安全最关键和最终的目标是其数据资源的安全，在网络系统中数据库管理系统是对数据资源进行统一管理控制的核心，极易受到攻击和破坏。对于数据库的安全需要采取有效的保护措施，确保数据库系统运行安全及业务数据安全。

重点	数据库的安全性、完整性和并发控制 数据库的备份与恢复 数据库的安全策略和机制
难点	数据库安全的相关概念、层次结构 数据库的完整性和并发控制 数据库安全体系与防护技术及解决方案
关键	数据库的安全性、完整性和并发控制 数据库的备份与恢复 数据库的安全策略和机制
教学目标	理解数据库安全的相关概念、威胁及隐患、层次结构 掌握数据库的安全性、完整性和并发控制 掌握数据库及数据的备份与恢复 了解数据库的安全策略和机制 理解数据库安全体系与防护技术及解决方案

8.1　数据库安全概述

8.1.1　学习要求

（1）熟练掌握数据及数据库安全相关概念。

（2）理解数据库安全的威胁和隐患。

（3）了解数据库安全的层次与结构。

8.1.2　知识要点

1．数据库安全相关概念

（1）数据库安全的概念

数据安全（Data Security）是指保护数据的保密性、完整性、可用性、可控性和可审查性，防止数据被非授权破坏、更改、泄露或被非法的系统辨识与控制。

数据库安全（Database Security）是指采取各种安全措施对数据库及其相关文件和数据进行保护。数据库安全的**核心和关键**是其数据安全。数据安全是指以保护措施确保数据的完整性、保密性、可用性、可控性和可审查性。

数据库系统安全（Database System Security）是指为数据库系统采取的安全保护措施，防止系统软件和其中的数据不遭到破坏、更改和泄露。

（2）数据库安全的内涵

从系统与数据的关系上，可将**数据库安全分为**数据库的应用系统安全和数据安全。

数据库应用系统安全主要利用在系统级控制数据库的存取和使用机制，包含：

① 系统安全管理及设置，包括法律法规、政策制度、实体安全、系统安全管控等。

② 对数据库进行有效的访问控制和权限管理。

③ 对用户的资源进行授权限制，包括访问、使用、存取、维护与管理等。

④ 系统运行安全及用户可执行的系统操作。

⑤ 数据库审计安全及有效性控制。

⑥ 用户对象可用的磁盘空间及数量管理。

在数据库系统中，通常采用访问控制、身份认证、权限限制、用户标识和鉴别、存取控制、视图及密码存储等技术进行安全防范。

数据安全是在对象级控制数据库的访问、存取、加密、使用、应急处理和审计等机制，包括用户可存取指定的模式对象及在对象上允许做的具体操作类型等。

2. 数据库安全的威胁和隐患

（1）数据库安全的主要威胁

威胁数据库安全的要素包括以下 7 种：

① 法律法规、社会伦理道德和宣传教育滞后或不完善等。

② 政策、规章制度、人为及管理出现问题。

③ 硬件系统或控制管理问题。如 CPU 是否具备安全性方面的特性。

④ 物理安全。包括服务器、计算机或外设、网络设备等安全及运行环境安全。

⑤ 操作系统及数据库管理系统（DBMS）的漏洞与风险等安全性问题。

⑥ 可操作性问题。采用某个密码方案时，指密码自身的安全性。

⑦ 数据库系统本身的漏洞、缺陷和隐患带来的安全性问题。

（2）数据库系统的缺陷及隐患

数据库的安全缺陷和隐患要素包括：

① 数据库应用程序的研发、管理和维护等漏洞或人为疏忽。

② 用户对数据库安全的忽视，安全设置和管理失当。

③ 数据库账号、密码容易泄露和破译。

④ 操作系统后门及漏洞隐患。

⑤ 社交工程。攻击者使用模仿网站等“钓鱼”技术，致使用户泄露账号密码等机密信息。

⑥ 部分数据库机制威胁网络低层安全。

⑦ 系统安全特性自身存在的缺陷和不足。

⑧ 网络协议、计算机病毒及运行环境等其他威胁。

***3. 数据库安全的层次与结构**

（1）数据库安全的层次结构

数据库安全涉及 5 个层次：用户层、物理层、网络层、操作系统层、数据库系统层。为确保数据库安全，必须在所有层次上进行安全性保护。

（2）可信 DBMS 体系结构

可信DBMS体系结构分为两类：TCB子集DBMS体系结构、可信主体 DBMS 体系结构。

DBMS 软件仍在可信操作系统上运行，所有对数据库的访问都须经由可信 DBMS。

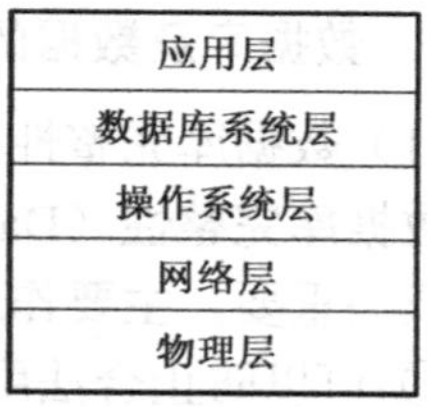

图 8-1　数据库安全层次结构

8.2　数据库的安全特性

8.2.1　学习要求

（1）理解数据库及数据的安全性及要求。

（2）掌握数据库及数据的完整性概念和实现方法。

（3）掌握数据库的并发控制概念和实际措施。

8.2.2　知识要点

1．数据库及数据的安全性

（1）数据库的安全性

数据库的安全性包括三种安全性**保护措施**：用户的身份认证管理、数据库的使用权限管理和数据库中对象的使用权限管理。保障 Web 数据库的安全运行，需要构建一整套数据库安全的访问控制模式，如图 8-2 所示。

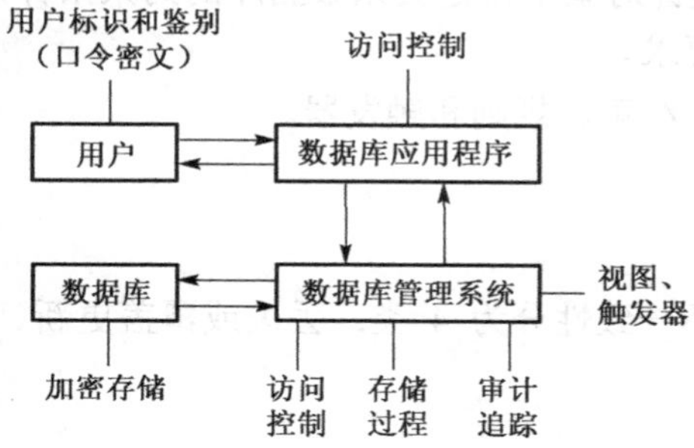

图 8-2　数据库系统安全控制模式

① 身份认证管理与安全机制。

② 权限管理（授权、角色）。

③ 视图访问。

④ 审计管理。

（2）数据安全性基本要求

① 保密性

用户标识与鉴别、存取控制、数据库加密、审计、备份与恢复、推理控制与隐私保护。

② 完整性

- 物理完整性。数据不受故障影响、重建及恢复。
- 逻辑完整性。逻辑结构（含语义和操作完整性）。
- 可用性。指在授权用户对数据库中数据正常操作的同时，保证系统的运行效率，并提供用户便利的人机交互。

操作系统中的对象一般是文件，而数据库支持的应用要求更精细。通常数据库对数据安全性采取措施：

① 将数据库中需要保护的部分与其他部分进行隔离。

② 采用授权规则，如账户、口令和权限控制等访问控制方法。

③ 将数据加密后存储于数据库中。

2．数据库及数据的完整性

（1）数据库完整性

数据库完整性（Database Integrity）是指DB中数据的正确性和相容性。它对于DB应用系统至关重要，**主要作用**体现在：

① 可以防止合法用户向数据库中添加不合语义的数据。

② 利用基于DBMS的完整性控制机制实现业务规则，易于定义和理解，且可降低应用程序的复杂性，并提高应用程序的运行效率。

③ 合理的数据库完整性设计，可协调兼顾数据库的完整性和系统效能。

④ 完善的数据库完整性在应用软件的功能测试中，有助于尽早发现应用软件的错误。

DB完整性约束可**分为6类**：列级静态约束、元组级静态约束、关系级静态约束、列级动态约束、元组级动态约束、关系级动态约束。动态约束常由应用软件实现。

（2）数据完整性

数据完整性（Data Integrity）是指数据的精确性和可靠性，主要包括数据的正确性、有效性和一致性。正确性指数据的输入值与数据表对应域的类型一样；有效性指数据库中的理论数值满足现实应用中对该数值段的约束；一致性指不同用户使用的同一数据是一样的。

数据完整性分类为以下4类：

① 实体完整性（Entity Integrity）。明确规定表的每一行在表中是唯一的实体。

② 域完整性（Domain Integrity）。指数据表中的列必须满足特定的数据类型或约束。

③ 参照完整性（Referential Integrity）。指任何两表的主键和外键的数据需对应一致。

④ 用户定义完整性（User-defined Integrity）。它是针对某个特定关系数据库的约束条件，可以反映某一具体应用所涉及的数据必须满足的语义要求。

数据库采用多种方法保证数据完整性，包括外键、约束、规则和触发器。

3．数据库的并发控制

（1）并发操作中数据的不一致性

数据的不一致性主要是并行操作造成的。数据库不一致性分为4类：丢失或覆盖更新、不可重复读、读脏数据、破坏性的DDL操作。

（2）并发控制及事务

并发事件（Concurrent events）指在实现多用户共享数据时，有多个用户同时存取数据的事件。对并发事件的有效控制称为并发控制。

事务（Transaction）是数据库的逻辑工作单位，是用户定义的一组操作序列。并发控制则以事务为单位。一个事务可以是一组SQL语句、一条SQL语句或整个程序。它具有**4种属性（ACID特性）**：原子性、一致性、隔离性、持久性。

（3）并发控制措施

封锁有两种：排他（专用）封锁（X锁，写锁）和共享封锁（S锁，读锁）。

① 排他封锁禁止相关资源的共享，如事务以排他方式封锁资源，仅该事务可更改该资源，直至封锁释放。

② 共享封锁允许相关资源共享，多用户可同时读同一数据，几个事务可在同一资源上获取共享封锁。共享封锁比排他封锁具有更高的数据并行性。

封锁按照对象不同也可分为数据封锁和 DDL 封锁两类。数据封锁保护表数据，当多用户并行存取数据时保证数据的完整性。数据封锁防止相冲突的 DML 和 DDL 操作的破坏性干扰。DDL 封锁保护模式对象（如表）的定义。

4．故障恢复

由数据库管理系统（DBMS）提供的机制和多种方法，可及时发现故障和修复故障，从而防止数据被破坏。数据库系统可以尽快恢复数据库系统运行时出现的故障。

8.3 数据库安全策略和机制

8.3.1 学习要求

（1）理解 SQL Server 的安全策略。

（2）掌握 SQL Server 的安全管理机制。

（3）了解 SQL Server 的安全性及合规管理。

8.3.2 知识要点

1．SQL Server 的安全策略

数据库管理员（DBA）的一项最重要任务是保证其业务数据的安全，可以利用 SQL Server 2012 对大量庞杂的业务数据进行高效的管理和控制。SQL Server 2012 提供了强大的**安全策略**保证数据库及数据的安全。其安全性包括三个方面：

① 管理规章制度方面的安全性。SQL Server 系统在使用中涉及企事业机构的各类操作人员，为了确保系统的安全，应着手制定严格的规章制度和对 DBA 的要求，以及在使用业务信息系统时的标准操作流程等。

② 数据库服务器物理方面的安全性。为了实现数据库服务器物理方面的安全，应该将数据库服务器置于安全房间、相关计算机置于安全场所、数据库服务器不与 Internet 直接连接、使用防火墙、定期备份数据库中的数据、使用磁盘冗余阵列等。

③ 数据库服务器逻辑方面的安全性。

2．SQL Server 的安全管理机制

SQL Server 的安全机制对数据库系统的安全极为重要，包括访问控制与身份认证、存取控制、审计、数据加密、视图机制、特殊数据库的安全规则等，如图 8-3 所示。

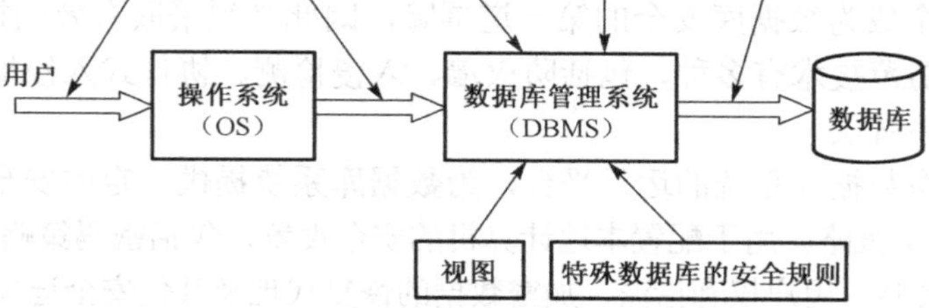

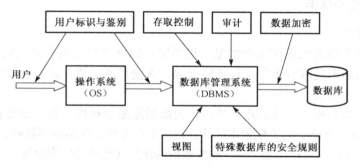

图 8-3 数据库系统的安全机制

SQL Server 具有权限层次安全机制。**SQL Server 2012 的安全性管理**可分为三个等级：操作系统级的安全性、SQL Server 级的安全性、数据库级的安全性。

3. SQL Server 的安全性及合规管理

SQL Server 的安全性及合规管理主要包括：

① 合规管理及认证。SQL Server 从 SQL Server 2008 SP2 企业版就达到了完整的 EAL4+合规性评估。

表 8-1 SQL Server 2012 支持的安全功能

功能名称	企业	商业智能	标准	Web	带高级服务的 Express	带工具的 Express	Express
基本审核	支持	支持	支持	支持	支持	支持	支持
精细审核	支持						
透明数据库加密	支持						
可扩展密钥管理	支持						

② 数据保护。用数据库解决方案帮助保护用户的数据，该解决方案在主数据库管理系统供应商方面具有最低的风险。

③ 加密性能增强。SQL Server 可用内置加密层次结构，透明地加密数据，使用可扩展密钥管理，标记代码模块等。

④ 控制访问权限。

⑤ 用户定义的服务器角色。

⑥ 默认的组间架构。

⑦ 内置的数据库身份验证。

⑧ SharePoint 激活路径。

⑨ 对 SQL Server 所有版本的审核。

8.4 数据库安全体系与防护

8.4.1 学习要求

（1）理解数据库的安全体系。

（2）掌握数据库的安全防护措施。

8.4.2 知识要点

1. 数据库的安全体系

（1）网络系统层

网络系统的安全成为数据库安全的第一道屏障，因此必须采取有效的措施。技术上，**网络系统层次的安全防范技术**有多种，包括防火墙、入侵检测、协作式入侵检测技术等。

（2）宿主操作系统层

操作系统是大型数据库系统的运行平台，**为数据库系统提供**一定的**安全保护**。

① 操作系统安全策略。用于配置本地计算机的安全设置，包括密码策略、账户锁定策略、审核策略、IP 安全策略、用户权利指派、加密数据的恢复代理及其他安全选项。具体设置如下。用户账户：用户访问系统的“身份证”，合法用户才拥有该账户；口令：用户的口令为用户访问

系统提供凭证；访问权限：规定用户访问的权利；审计：对用户的操作行为进行跟踪和记录。

② 安全管理策略。指网络管理员对系统实施安全管理所采取的方法及措施。

③ 数据安全。数据加密技术、数据备份、数据存储安全、数据传输安全等。

（3）数据库管理系统层

数据库系统的安全性很大程度上依赖于 DBMS。**可在三个层次对数据进行加密**：

① 操作系统层加密。操作系统作为数据库系统的运行平台管理数据库的各种文件，并可通过加密系统对数据库文件进行加密操作。由于此层无法辨认数据库文件中的数据关系，使密钥难以管理和使用，对大型数据库在操作系统层无法实现对数据库文件的加密。

② DBMS 内核层加密。主要是指数据在物理存取前进行加/解密。优点是加密功能强，且基本不影响 DBMS 的功能，可实现加密功能与 DBMS 之间的无缝耦合。缺点是加密运算在服务器端进行，加重了其负载，且 DBMS 和加密器之间的接口需要 DBMS 开发商支持。

③ DBMS 外层加密。在实际应用中，可将数据库加密系统做成 DBMS 的一个外层工具，根据加密要求自动完成对数据库数据的加/解密处理。

2．数据库的安全防护

（1）外围层安全防护

外围层安全防护主要包括计算机系统安全和网络安全。最主要的威胁来自本机或网络攻击，外围层需要对操作系统中的数据读写关键程序进行完整性检查，对内存中的数据进行访问控制，对 Web 及应用服务器中的数据进行保护，对与数据库相关的**网络数据进行传输保护**等，包括 4 个方面：

① 操作系统。是大型数据库系统的运行平台，为数据库系统提供运行支撑性安全保护。

② 服务器及应用服务器安全。

③ 传输安全。保护网络数据库系统内传输的数据安全。

④ 数据库管理系统安全

（2）核心层的安全防护

核心层的安全防护主要包括：

① 数据库加密。网络系统中的数据加密是数据库安全的核心问题。

② 数据分级控制。由数据库安全性要求和存储数据的重要程度，应对不同安全要求的数据实行一定的级别控制。

③ 数据库的备份与恢复。数据库一旦遭受破坏，数据库的备份则是最后一道保障。建立严格的数据备份与恢复管理是保障网络数据库系统安全的有效手段。

④ 网络数据库的容灾系统设计。容灾是为恢复数字资源和计算机系统所提供的技术和设备上的保证机制，其主要手段是建立异地容灾中心。

8.5　数据库的备份与恢复

8.5.1　学习要求

（1）掌握数据库的备份策略和方法。

（2）掌握数据库的恢复策略和方法。

8.5.2 知识要点

1. 数据库的备份

数据库备份（Database Backup）是指为防止系统出现操作失误或系统故障导致数据丢失，而将数据库的全部或部分数据复制到其他存储介质的过程。

确定**数据库备份策略**，需着重考虑三个方面：

（1）备份内容与频率

① 备份内容，② 备份频率。

（2）备份技术

最常用的数据备份技术是数据转存和撰写日志。

① 数据转存（静/动态），② 撰写日志（更新记录）。

（3）基本相关工具

① 备份工具，② 日志工具，③ 检查点工具。

2. 数据库的恢复

数据库恢复（Database Recovery）指当数据库或数据遭到破坏时，进行快速准确恢复的过程。不同故障的数据库恢复策略和方法不尽相同。

（1）恢复策略

包括事务故障恢复、系统故障恢复、介质故障恢复。

（2）恢复方法

包括备份恢复、事务日志恢复、镜像技术。

（3）恢复管理器

恢复管理器是 DBMS 的一个重要模块。发生意外故障时，恢复管理器先将数据库恢复到一个正确的状况，再继续进行正常处理工作。

8.6 数据库安全解决方案

8.6.1 学习要求

（1）掌握数据库安全的常用策略。

（2）掌握数据加密技术及用法。

（3）数据库安全审计概念、功能实现。

8.6.2 知识要点

1. 数据库安全策略

数据库安全策略主要包括：

（1）管理 sa 密码。分配 sa 密码，可按照以下步骤操作：

① 展开服务器组，然后展开服务器。

② 单击展开安全性，然后单击“登录”。

③ 在“细节”窗格中，右键单击“sa”，然后单击“属性”。
④ 在“密码”方框中，输入新的密码。
（2）采用安全账号策略和 Windows 认证模式。
（3）防火墙禁用 SQL Server 端口。
（4）审核指向 SQL Server 的连接。
（5）管理扩展存储过程。
（6）用视图和存储程序限制用户访问权限。
（7）使用最安全的文件系统。
（8）安装升级包。
（9）利用 MBSA 评估服务器安全性。
（10）其他安全策略。

2. 数据加密技术

（1）数据加密的概念
数据加密是防止数据在存储和传输中失密的有效手段。加密方法：
① 替换方法。使用密钥将明文中的每个字符转换为密文中的字符。
② 置换方法。只将明文的字符按不同的顺序重新排列。
将这两种方式结合，就可达到相当高的安全程度。
（2）SQL Server 加密技术
数据用数字方式存储在服务器中并非万无一失，数据加密成为更好的数据保护技术，如同对数据增加了一层保护，其加密方法有对称式加密、非对称密钥加密、数字证书。

3. 数据库安全审计

审计功能是将用户对数据库的操作自动记录存入审计日志，发生数据被非法存取时，DBA 可利用审计跟踪信息，确定非法存取数据的人、时间和内容等，可有效地保护和维护数据安全。用 SQL Server **实现数据库审计**的步骤如下：
① 启用 SQL 服务。
② 打开 SQL 事件探查器并 Ctrl + N 组合键新建一个跟踪。
③ 在弹出的对话框中直接单击“运行”，以默认状态进行测试。
④ 登录查询分析器，分别用 Windows 身份验证和 SQL Server 身份验证登录，记录登录的事件：用户、时间、操作事项，并查看分析结果。

8.7　要点小结

数据安全是网络安全的关键，数据库是各种重要数据管理、使用和存储的核心。本章概要介绍了数据安全性、数据库安全性和数据库系统安全性的有关概念，数据库安全的主要威胁和隐患，数据库安全的层次和体系结构。数据库安全的核心和关键是数据安全。在前述内容基础上，还介绍了数据库安全特性，包括安全性、完整性、并发控制和备份与恢复技术等，同时介绍了数据库的安全策略和机制，数据库安全体系与防护技术及解决方案。最后，简要介绍了 SQL Server 2012 用户安全管理实验的目的、内容和操作步骤等。

第 9 章　计算机病毒及恶意软件防范

计算机病毒和恶意软件，是对计算机网络影响范围最广且经常遇到的安全威胁和隐患。计算机网络系统时常受到计算机病毒或恶意软件的侵扰，轻则影响系统运行、使用和服务，重则导致文件和系统损坏，甚至导致服务器和网络系统瘫痪。因此，加强防范和处理计算机病毒和恶意软件极为重要。

重点	计算机病毒的概念、特点及种类 病毒的构成、传播、触发 病毒与木马程序的检测、清除与防范方法
难点	网络安全的目标和内容 网络安全技术的种类和模型
关键	计算机病毒的概念、特点及种类 病毒的构成、传播、触发 病毒与木马程序的检测、清除与防范方法
教学目标	掌握计算机病毒的概念、产生、特点及种类 掌握计算机病毒的构成、传播、触发以及新型病毒实例 掌握计算机病毒与木马程序的检测、清除与防范方法 理解流氓软件的危害与清除方法

9.1　计算机病毒概述

9.1.1　学习要求

（1）熟悉计算机病毒的概念、发展及危害。

（2）掌握计算机病毒的主要特点和种类。

（3）掌握计算机中毒的异常症状。

9.1.2　知识要点

1．计算机病毒的概念、发展及危害

（1）计算机病毒的概念

计算机病毒（Computer Virus）的定义，根据《中华人民共和国计算机信息系统安全保护条例》的规定为：编制或者在计算机程序中插入的破坏计算机功能或者毁坏数据，影响计算机使用，并能自我复制的一组计算机指令或者程序代码。

（2）计算机病毒的产生和发展

① 计算机病毒概念和病毒的产生

计算机病毒概念的起源比较早，在第一部商用计算机推出前几年，计算机的先驱者冯·诺

依曼在其论文《复杂自动装置的理论及组识的进行》中，已经初步概述了计算机病毒程序的概念。之后，在美国著名的 AT&T 贝尔实验室中，三位年轻人在工作之余，编制并玩过一种能够吃掉别人程序的称为 *Core war* 的游戏程序，可互相攻击，进一步呈现了病毒程序"感染性"的概念。

弗雷德·科恩（Fred Cohen）被称为计算机病毒之父。1983 年 11 月科恩当时正在美国南加州大学攻读博士学位，在 UNIX 系统下研制出一种在运行过程中可以复制自身从而引起系统死机的程序，但这个程序并未引起有关专家的关注和认同。1987 年在其著名论文 *Computer Viruses* 中首先提出了计算机病毒的概念，科恩的程序让计算机病毒具备破坏性的概念成形，在当时引起了震动，伦·艾德勒曼（Len Adleman）将其命名为计算机病毒。

计算机病毒的产生原因，主要有 4 个方面：恶作剧型、报复心理型、版权保护型、特殊目的型。

② 计算机病毒发展的主要阶段

原始病毒阶段（第一阶段）、混合型病毒阶段（第二阶段）、多态性病毒阶段（第三阶段）网络病毒阶段（第四阶段）、主动攻击型病毒阶段（第五阶段）。

（3）计算机病毒的现状及危害性

① 计算机病毒的现状。计算机病毒的感染近况。2013 年收集可疑文件 1.2 亿个，比 2012 年的收集量 4290 万个增长 181%，金山毒霸安全中心共鉴定出病毒 4126 万个，病毒文件占总可疑文件收集量的 34%。瑞星在发布的《2013 年上半年中国信息安全综合报告》中指出，2013 年 1～6 月，瑞星"云安全"系统共截获新增病毒样本 1633 万余个，病毒总体数量比去年下半年增长 93.01%，呈现出爆发式的增长态势。其中主要以木马和感染型病毒为主，盗号、隐私信息贩售两大黑色产业链已形成规模。

② 计算机病毒的危害性。**计算机病毒的主要危害性**包括：可以直接进行破坏、抢占系统资源、占用磁盘空间并破坏信息、影响计算机运行速度、病毒错误的后果难以预料、病毒的兼容性影响系统的运行、病毒给各种用户造成严重的心理压力。

2．计算机病毒的主要特点

计算机病毒的主要特点如下：

① 传播性。计算机病毒的传播性也称为传染性，是计算机病毒的最基本特点，是判别一个程序是否为计算机病毒的首要条件。

② 潜伏性及触发性。通常，计算机病毒传播系统后一般不会马上发作，长期隐藏伺机发作，只有当满足编程者设定的条件时才启动，显示发作信息、干扰影响或破坏系统。

③ 破坏性。计算机系统一旦感染了病毒程序，系统的稳定性将受到不同程度的影响。

④ 隐蔽性。一般计算机系统中毒后仍能正常运行，用户不会感到任何异常。

⑤ 多样性。计算机病毒的多样性也可以称为不可预见性。

⑥ 窃取系统控制权。计算机病毒只有在窃取系统控制权后，才可借机发作。

3．计算机病毒的种类

（1）根据病毒的破坏程度分类

包括无害型病毒、危险型病毒、毁灭型病毒。

（2）按照病毒运行的操作系统分类

包括 DOS 病毒、Windows 病毒、Linux 等系统病毒、手机和其他操作系统病毒。

（3）按照病毒依附载体分类

包括引导区型病毒、文件型病毒、复合型病毒、宏病毒、蠕虫病毒。

（4）按照病毒传染方式分类

可分为引导型病毒、文件型病毒和混合型病毒三种。引导型病毒主要感染磁盘的引导区，系统从包含了病毒的磁盘启动时传播，一般不对磁盘文件进行感染；文件型病毒通常只传染磁盘上的可执行文件，其特点是附着于正常程序文件，成为程序文件的一个外壳或部件；混合型病毒则兼有以上两种病毒的特点，既感染引导区又感染文件，因此扩大了其病毒的传染途径。

（5）按照病毒的连接方式分类

可分为源码型病毒、嵌入型病毒、外壳型病毒和操作系统型病毒 4 种。其中源码型病毒主要攻击源程序，可插在系统源程序中，并随之一起编译，连接成可执行文件，从而导致刚生成的可执行文件带毒；嵌入型病毒可嵌入现有程序，将病毒的主体程序与其攻击对象插入链接，进入程序后难以清除；外壳型病毒将其包围在合法主程序的周围，对原来的程序不做修改；操作系统型病毒将自身的程序代码加入其中或取代部分合法程序运行，具有极强的破坏力，甚至可以导致整个系统的瘫痪。

4．计算机中毒的异常现象

（1）计算机病毒发作前的症状

① 操作系统无法正常启动。

② 运行速度无故变慢。

③ 突然无故死机或产生非法错误。

④ 软件经常发生内存不足问题。

⑤ 打印或传输出现异常。

⑥ 系统文件的时间或大小无故改变。

⑦ 磁盘空间无故减少。

⑧ 无法另存为 Word 文档。

⑨ 自动链接到陌生的网站。

⑩ 网络驱动器卷或共享目录无法调用。

（2）计算机病毒发作时的现象

① 发出音乐，属于恶作剧式的计算机病毒。

② 提示不相关信息。

③ 产生特定的图像。

④ 硬盘灯不断闪烁。

⑤ 突然死机或重启。

⑥ 以游戏中断操作。

⑦ Windows 默认图标发生变化。

⑧ 鼠标自动移动。

⑨ 自动发送电子邮件。

（3）计算机病毒发作后的症状

① 系统文件丢失或被破坏。

② 硬盘无法启动，数据丢失。
③ 部分文档丢失或被破坏。
④ 文件目录发生混乱。
⑤ 主板的 BIOS 程序混乱，主板被破坏。
⑥ 网络瘫痪，无法提供上网、登录、浏览等正常网络服务。
⑦ 部分文档无故自动加密。
⑧ 修改 autoexec.bat 文件，导致重新启动时格式化硬盘。

9.2　计算机病毒的构成与传播

9.2.1　学习要求

（1）理解计算机病毒的构成。
（2）掌握计算机病毒的传播和扩散途径。
（3）掌握计算机病毒的触发条件与生存。
（4）理解特种及新型病毒实例。

9.2.2　知识要点

1. 计算机病毒的构成

计算机病毒程序通常由三个单元和一个标志构成：引导模块、感染模块、破坏表现模块和感染标志。**计算机病毒程序的构成**如图 9-1 所示。

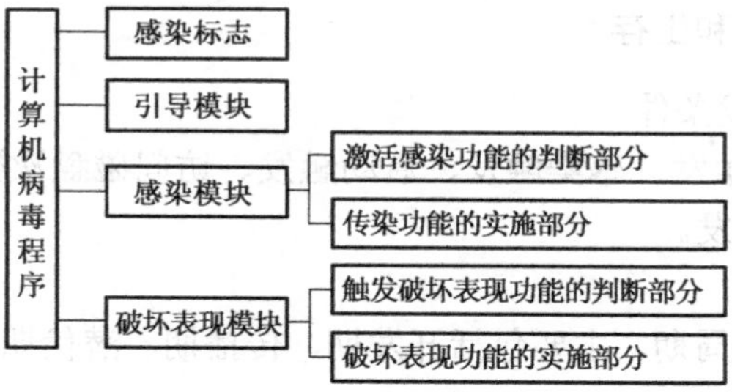

图 9-1　计算机病毒程序的构成

（1）引导单元

计算机病毒在感染前，需要先通过识别感染标志判断计算机系统是否被感染，若判断没有被感染，则将病毒程序的主体设法引导安装在计算机系统中，为其感染模块和破坏表现模块的引入、运行和实施做好准备。计算机病毒的基本流程与状态转换，如图 9-2 所示。

（2）感染模块

主要包括两部分：一是具有激活感染功能的判断部分，二是具有感染功能的实施部分。

（3）破坏表现模块

主要包括两部分：一是具有触发破坏表现功能的判断部分，主要判断病毒是否满足触发条件且适合破坏表现；二是具有破坏表现功能的实施部分。

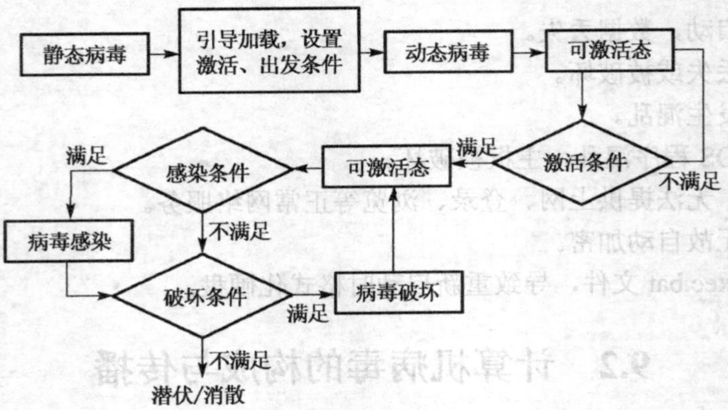

图 9-2 计算机病毒的基本流程与状态转换

2. 计算机病毒的传播和扩散

计算机病毒的传播感染性是最危险的特点之一，**传播方式**包括：

（1）移动式存储介质

主要包括软盘、光盘、DVD、硬盘、闪存、U 盘、CF 卡、SD 卡、记忆棒、移动硬盘等。移动存储介质以其便携性和大容量存储性为病毒的传播带来了极大的便利，这也是它成为目前主流病毒传播途径的重要原因。

（2）网络传播和扩散

包括浏览不明网站传播、电子邮件扩散、下载文件传播、即时通信传播、移动通信终端传播等借助网络进行传播和扩散的方式。

3. 计算机病毒的触发和生存

（1）计算机病毒的触发条件

包括时间触发、键盘触发、感染触发、启动触发、访问磁盘次数触发、调用中断功能触发、CPU 型号/主板型号触发。

（2）计算机病毒的生存

① 计算机病毒的生存周期。主要包括开发期、传播期、潜伏期、发作期、发现期、消化期、消亡期。

② 计算机病毒的寄生对象。两种：一是磁盘引导区；二是可执行文件，如.exe 文件。

③ 计算机病毒的生存方式。两种：替代式生存方式和链接式生存方式。

4. 特种及新型病毒实例

（1）木马病毒

木马（Trojan）是特洛伊木马（Trojan horse）的简称，是一种人为编制的具有远程监控功能的计算机病毒程序。据说其名称来源于希腊神话《木马屠城记》。**木马类型**主要包括破坏型木马、密码发送型木马、远程访问型木马、键盘记录木马、DoS 攻击木马、代理木马、FTP 木马、程序杀手木马、反弹端口型木马。

① 冰河木马的主要功能。包括连接自动运行、远程控制、窃取账号密码、远程操作、点对点对话、注册表操作、发送信息。

② 冰河木马的原理。一般完整的木马程序由两部分组成：一是服务器（端）程序，二是

控制器程序。“中了木马”就是指安装了木马的服务器程序，若主机被安装了服务器程序，则拥有控制器程序的攻击者就可以通过网络控制其主机。

（2）蠕虫病毒

蠕虫病毒还具有一些个性特征：不依赖宿主寄生，而通过复制自身在网络环境下进行传播。同时，蠕虫病毒较普通病毒的破坏性更强，借助共享文件夹、电子邮件、恶意网页、存在漏洞的服务器等，伺机传染整个网络内的所有计算机，破坏系统，并使系统瘫痪，如熊猫烧香、网络蠕虫等。

（3）多重新型病毒

CodeRed II 是一种蠕虫与木马双型的病毒。此新病毒极具危险，不仅可修改主页，而且可通过 IIS 漏洞对木马文件进行上载和运行。

（4）CIH 病毒

CIH 病毒属文件型恶性病毒，其别名为 Win95.CIH、Win32.CIH、PE_CIH，主要感染 Windows 可执行文件。

（5）“U 盘杀手”新变种

国家计算机病毒应急处理中心，通过监测发现了一种新型的“U 盘杀手”新变种（Worm_Autorun.LSK），运行后在受感染操作系统的系统目录下释放恶意驱动程序，并将自身图标伪装成 Windows 默认文件夹。

9.3　计算机病毒的防范、检测与清除

9.3.1　学习要求

（1）熟练掌握计算机病毒的防范措施。

（2）理解计算机病毒的检测方法。

（3）掌握常用计算机病毒的清除方法。

（4）了解病毒和反病毒技术的发展趋势。

9.3.2　知识要点

1．计算机病毒的防范

（1）一般计算机病毒的防范

对于计算机病毒**最好的处理方法是“预防为主”**，查杀病毒不如做好防范。通过采取各种有效的防范措施，加强法制、管理和技术手段，就会更有效地避免病毒的侵害，所以计算机病毒的防范，应该采取预防为主的策略。

（2）木马病毒的防范

由于木马病毒的特殊性，需要**及时有效地进行预防**，做到防患于未然。

① 不单击来历不明的邮件。

② 不下载不明软件。

③ 及时修复漏洞和堵住可疑端口。

④ 使用实时监控程序。

2．计算机病毒的检测

（1）根据异常症状初步检测

一般病毒的初步检测，包括：

① 计算机运行异常。

② 屏幕显示异常。

③ 声音播放异常。

④ 文件/系统异常。

⑤ 外设异常。

⑥ 网络异常。

木马病毒的检测。包括：

① 查看开放端口。

② 查看系统配置文件。

③ 查看系统进程。

④ 查看注册表。

（2）利用专业软件和方法检测

① 特征代码法。采集中毒样本，并抽取特征代码。打开被检测文件，采用检测工具。

② 校验和法。使用文件前或定期检查文件内容前后的校验和变化，发现其是否被感染。

③ 行为监测法。利用病毒的行为特征监测病毒的一种方法。

④ 软件模拟法。借助于软件模拟，进行智能辨识检测。

3．常见病毒的清除方法

（1）常见病毒的清除方法

虽然有多种杀毒软件和防火墙的保护，但计算机中毒情况还是很普遍，如果意外中毒，一定要及时清理病毒。根据病毒破坏系统的程度，可采取以下措施清除病毒：

① 一般的常见流行病毒清除方法。

② 重新安装系统文件。

③ 利用注册表清除。

（2）木马病毒的清除方法

① 手工删除。查看注册表，及时利用手工方式彻底清除处理，以防后患。

② 杀毒软件清除。

4．病毒和反病毒技术的发展趋势

（1）计算机病毒的发展趋势

主要包括计算机病毒种类及数量快速增长、病毒传播手段呈多样化复合化趋势、病毒制作技术水平不断攀升、病毒的危害日益增大。

（2）反病毒技术的发展趋势

由被动防御向主动防御转变势在必行，由被动使用杀毒软件向主动智能新型病毒防范转变，云计算、云安全、云杀毒和主动智能新型病毒防范等新兴概念与新技术应运而生。

云安全（Cloud Security）计划是网络时代信息安全的最新体现，融合了并行处理、网格计算、未知病毒行为判断等新兴技术和概念，通过网状的大量客户端对网络中软件行为的异常监测，获取互联网中木马、恶意程序的最新信息，传送到服务器端进行自动分析和处理，再把病毒和木马的解决方案分发到每一个客户端。

云安全技术应用的最大优势就在于，识别和查杀病毒不再仅仅依靠本地硬盘中的病毒库，而是依靠庞大的网络服务，实时进行采集、分析和处理。

9.4 恶意软件的危害和清除

9.4.1 学习要求

（1）掌握恶意软件的定义和特征。

（2）了解恶意软件的危害与清除。

9.4.2 知识要点

1．恶意软件概述

恶意软件主要是指在未明确提示用户或未经用户许可的情况下，在用户计算机或其他终端上安装运行，侵害用户合法权益的软件。

根据中国互联网协会颁布的《“恶意软件定义”细则》，更加明确细化了恶意软件的定义和范围：满足以下八种情况之一即可被认定为恶意软件：强制安装、难以卸载、浏览器劫持、广告弹出、恶意收集用户信息、恶意卸载、恶意捆绑，以及其他侵犯用户知情权和选择权的恶意行为。

恶意软件通常难以清除，影响计算机用户正常使用，无法正常卸载和删除，给用户造成了巨大困扰，因此又获别名“流氓软件”。

2．恶意软件的危害与清除

（1）恶意软件的危害

① 强制安装、难以卸载。

② 劫持浏览器，单击后进入指定网页。

③ 自动弹出广告。

④ 非正常渠道收集用户信息。

（2）恶意软件的清除

主要利用强力卸载、粉碎机等软件，手工注册表清除等。

9.5 要点小结

计算机病毒的防范，应以预防为主，通过各方面的共同配合解决计算机病毒的问题。本章首先介绍了计算机病毒概述，包括计算机病毒的概念及产生，计算机病毒的特点，计算机病毒的种类，计算机中毒的异常现象；介绍了计算机病毒的构成、计算机病毒的传播方式、计算机病毒的触发和生存条件、特种及新型病毒实例分析等；同时还具体介绍了计算机病毒的检测、清除与防范技术，木马的检测清除与防范技术，以及计算机病毒和反病毒技术的发展趋势；总结了恶意软件的类型、危害、清除方法和防范措施；最后，针对 360 安全卫士新版软件的新功能、特点、操作界面和常用工具，以及实际应用和具体的实验目的、内容进行了介绍，便于学生理解具体实验过程，掌握方法。

第 10 章　防火墙技术

防火墙技术是一种比较常用的重要网络安全防护技术，可以根据设定的安全规则，保护内部网络安全和内外部网络络之间的通信。通过内部网络与外部网络的有效隔离，可以保护内部网络系统免受来自外部网络的攻击。

重点	防火墙的概念和功能 SYN Flood 攻击的方式和利用防火墙阻止其攻击的方法
难点	防火墙的不同分类方式 SYN Flood 攻击的方式和利用防火墙阻止其攻击的方法
关键	防火墙的概念和功能 利用防火墙阻止攻击的方法
教学目标	掌握防火墙的概念和功能 了解防火墙的不同分类方式 掌握 SYN Flood 攻击的方式和利用防火墙阻止其攻击的方法

10.1　防火墙概述

10.1.1　学习要求

（1）熟悉防火墙的概念和部署。

（2）掌握防火墙的主要功能。

（3）掌握防火墙的主要优点和缺陷。

10.1.2　知识要点

1．防火墙的概念

防火墙（Firewall）是指设置在内部网络与外部网络或不同网络安全区域之间的安全过滤隔离系统，是一种常用的对内部网和公众访问网进行安全过滤的隔离技术，它按照特定的规则，允许或限制传输的数据通过，是不同网络或网络安全域之间信息的唯一出入口，它根据企业的安全策略控制（允许、拒绝、监测）出入网络的信息流，且本身具有较强的抗攻击能力。防火墙是提供信息安全服务，实现网络和信息安全的基础设施。根据已经设置好的安全规则，防火墙决定是允许（Allow）还是拒绝（Deny）内部网络和外部网络的连接。

防火墙通常被部署在内部网络与外部网络的连接处，通过执行特定的访问规则和安全策略来保护与外部网络相连的内部网络。

2．防火墙的功能

防火墙的主要功能包括：

（1）建立一个集中的监视点。
（2）隔绝内、外部网络，保护内部网络。
（3）强化网络安全策略。
（4）对网络存取和访问进行监控审计。
（5）是实现网络地址变换的理想平台。

3. 防火墙的主要优点

防火墙的主要优点：

（1）防火墙能强化安全策略

每时每刻在 Internet 上都有上百万人在收集信息、交换信息，防火墙执行站点的安全策略，仅容许"认可的"和符合规则的请求通过。

（2）防火墙能有效地记录 Internet 上的活动

因为所有进出信息都必须通过防火墙，所以防火墙非常适合收集关于系统和网络使用与误用的信息。作为唯一的访问点，防火墙能在被保护的网络和外部网络之间进行记录。

（3）防火墙限制暴露用户点

防火墙能够用来隔开网络中的一个网段与另一个网段。这样，能够防止影响一个网段的问题通过整个网络传播。

（4）防火墙是一个安全策略的检查站

所有进出的信息都必须通过防火墙，防火墙便成为安全问题的检查点，使可疑的访问被拒之门外。

4. 防火墙的主要缺陷与不足

防火墙的主要缺陷与不足：
（1）不能防范恶意的知情者。
（2）不能防范不通过它的连接。
（3）不能防御全部的威胁。
（4）不能防范病毒。

10.2　防火墙的类型

10.2.1　学习要求

（1）理解防火墙软/硬件形式分类。
（2）掌握防火墙技术分类。
（3）掌握防火墙体系结构分类。

10.2.2　知识要点

1. 按照防火墙软/硬件形式分类

（1）软件防火墙

软件防火墙运行于特定的计算机上，需要客户预先安装好的计算机操作系统的支持。

（2）硬件防火墙

基于 PC 架构，在这些架构的计算机上运行一些经过裁剪和简化的操作系统。

（3）芯片级防火墙

芯片级防火墙基于专门的硬件平台，使用专用的操作系统。

2．按照防火墙技术分类

（1）包过滤防火墙

包过滤防火墙通常根据 IP、TCP 或 UDP 包头信息如源地址、目的地址和端口号、协议类型等标志，来确定是否允许数据包通过，如图 10-1 所示。

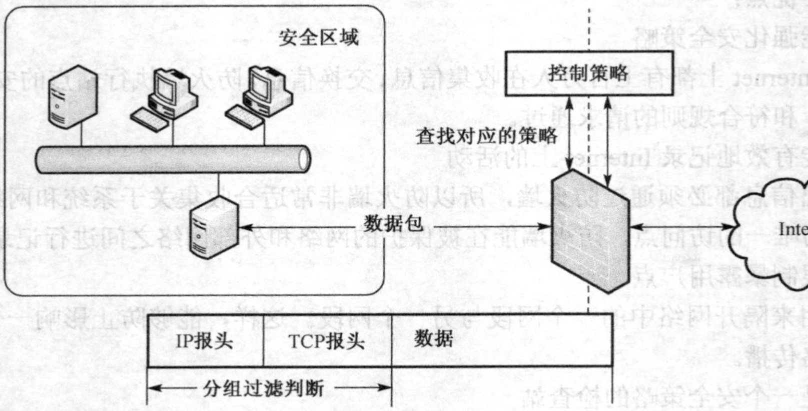

图 10-1 包过滤防火墙

① 无状态数据包过滤。也常称为第一代静态包过滤类型防火墙。无状态数据包过滤在做出是否丢弃一个数据包的决定时，并不关心连接状态。但是无状态数据包过滤在需要完全阻塞从子网络和其他网络的通信时很有用，且数据包转发速度极快。**过滤方法**是建立规则集，这包含如下 6 个方面：按 IP 数据包报头标准过滤、按照 TCP 或 UDP 端口号过滤、按照 ICMP 消息类型过滤、按段标记过滤、按 ACK 标记过滤、按可疑的入站数据包过滤。

② 动态包过滤。试图将数据包的上下文联系起来，建立一种基于状态的包过滤机制。对于新建的应用连接，防火墙检查预先设置的安全规则，允许符合规则的连接通过，并在内存中记录该连接的相关信息，这些相关信息构成一个状态表。

动态包过滤通过在内存中动态地建立和维护一个状态表，数据包到达时，对该数据包的处理方式将综合静态安全规则和数据包所处的状态进行。

③ 深度包检测。深入检测数据包有效载荷，执行基于应用层的内容过滤，以此提高系统应用防御能力。**应用防御的技术问题**主要包括：① 需要对有效载荷知道得更清楚；② 需要高速检查它的能力。

④ 流过滤技术。以状态包过滤的形态实现应用层的保护能力；通过内嵌的专门实现的 TCP/IP 协议栈，实现了透明的应用信息过滤机制。流过滤技术的关键在于其架构中的专用 TCP/IP 协议栈，这个协议栈是一个标准 TCP 协议的实现，依据 TCP 协议的定义对出入防火墙的数据包进行完整的重组，重组后的数据流交给应用层过滤逻辑进行过滤，从而有效地识别并拦截应用层的攻击企图。

（2）应用代理防火墙

应用代理型防火墙工作在 OSI 的应用层。特点是完全“阻隔”了网络通信流，通过对每种应用服务编制专门的代理程序，实现监视和控制应用层通信流的作用，如图 10-2 所示。

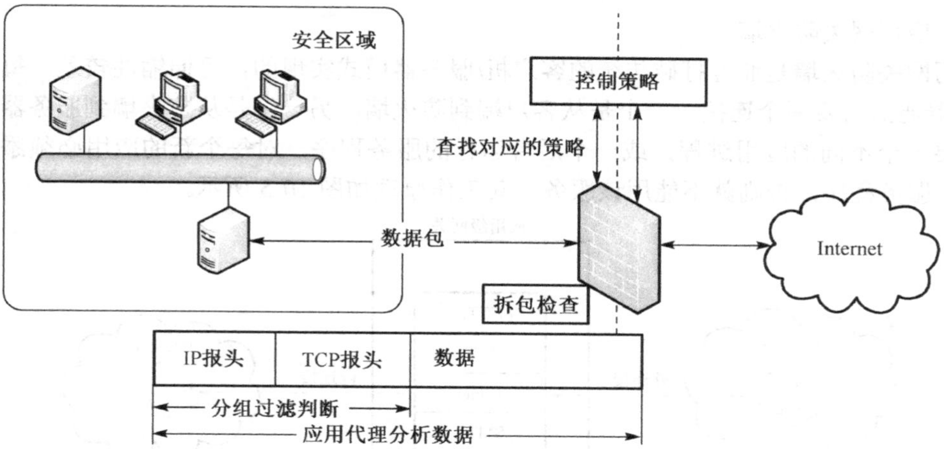

图 10-2　应用代理防火墙

① 第一代应用网关型防火墙。从内部发出的数据包经过其防火墙处理后，如同源于防火墙外部的网卡，达到隐藏内部网结构的作用。此防火墙被网络安全专家和媒体公认为是最安全的防火墙，核心技术就是代理服务器技术，如图 10-3 所示。

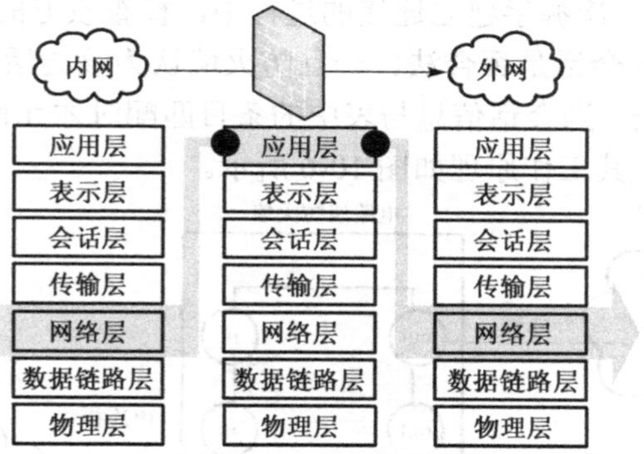

图 10-3　第一代应用网关型防火墙数据通路

② 第二代自适应代理型防火墙。结合代理防火墙的安全性和包过滤防火墙的高速度等优点，在不影响安全性情况下将代理型防火墙性能提高 10 倍多，如图 10-4 所示。组成这种类型防火墙的基本要素有两个：自适应代理服务器与动态包过滤器。

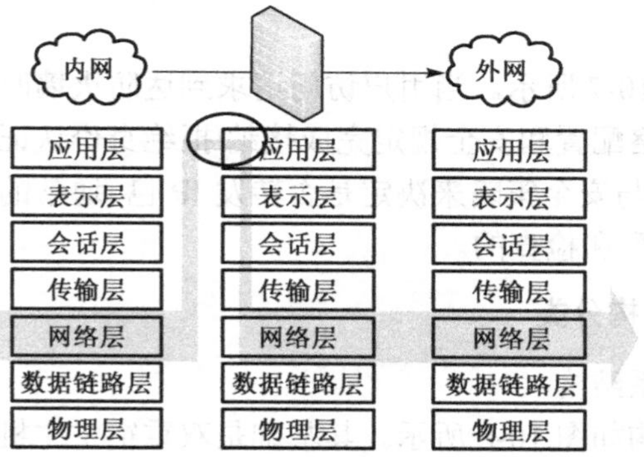

图 10-4　第二代自适应代理型防火墙数据通路

（3）应用网关防火墙

应用网关防火墙是通过打破传统的客户机/服务器模式实现的，可伸缩性较差。每个客户机/服务器通信需要两个连接：一个是从客户端到防火墙，另一个是从防火墙到服务器。每个代理需要一个不同的应用进程，或一个后台运行的服务程序，对每个新的应用必须添加针对此应用的服务程序，否则就不能用该服务。其工作原理如图 10-5 所示。

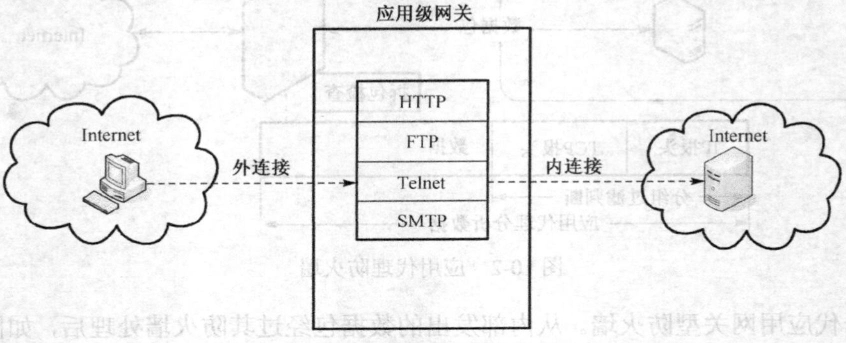

图 10-5 应用网关防火墙工作原理图

（4）电路级防火墙

电路级防火墙在 TCP 三次握手建立连接的过程中，检查双方的 SYN、ACK 和序号是否合乎逻辑，来判断该请求的会话是否合法。一旦防火墙认为该会话合法，就为双方建立连接并维护一张合法会话连接表，当会话信息与表中的条目匹配时才允许数据通过。会话结束后，表中相应的条目就被删除，其工作原理如图 10-6 所示。

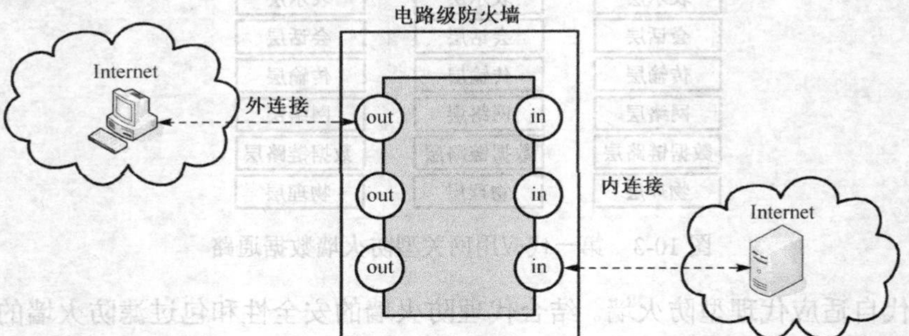

图 10-6 电路级防火墙工作原理图

（5）状态检测防火墙

状态检测防火墙如图 10-7 所示。当用户访问请求到达防火墙时，状态检测器要抽取有关的数据进行分析，结合网络配置和安全规定完成接纳/拒绝身份认证报警或加密等处理动作。防火墙根据 IP 包头的信息与安全策略来决定是否转发 IP 包。通常的包过滤机制在接到每一个 IP 包时，IP 包是被单独匹配和检查的。

3．按照防火墙体系结构分类

（1）双重宿主主机体系结构

双重宿主主机体系结构如图 10-8 所示。其基础是双重宿主主机，双重宿主主机至少有两个网络接口，这样的主机可以充当与这些接口相连的网络之间的路由器。

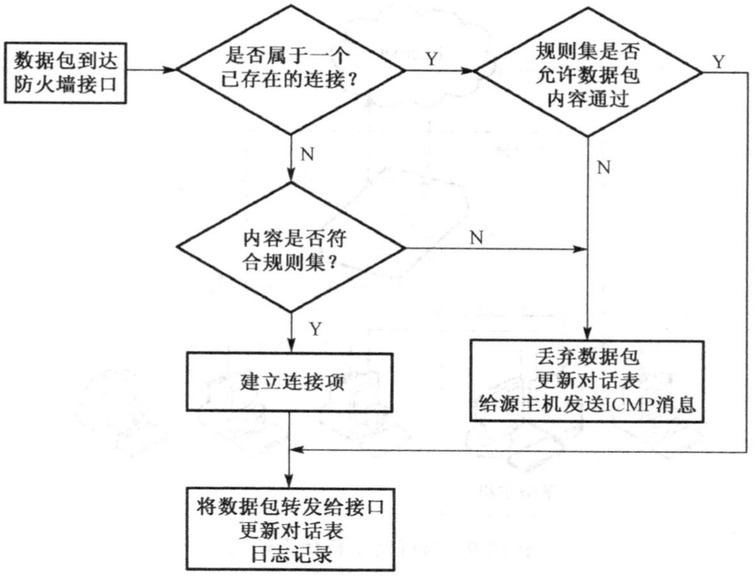

图 10-7　状态检测防火墙的处理过程

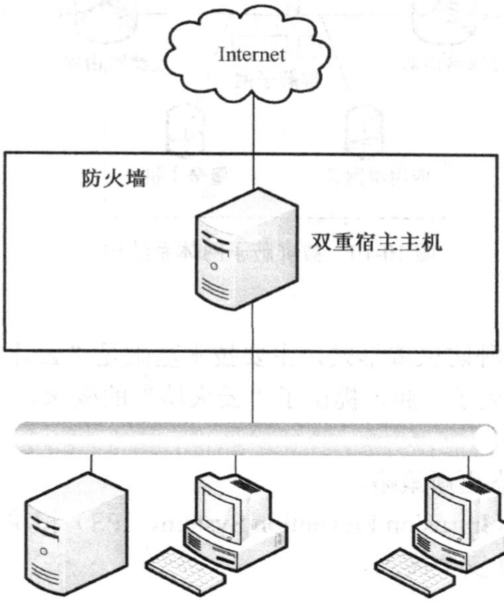

图 10-8　双重宿主主机体系结构

（2）被屏蔽主机体系结构

双重宿主主机体系结构如图 10-9 所示。此防火墙未使用路由器，而被屏蔽主机体系结构防火墙则使用一个路由器把内部网络和外部网络隔离开。

（3）被屏蔽子网体系结构

被屏蔽子网体系结构如图 10-10 所示。添加额外的安全层到被屏蔽主机体系结构，即通过添加周边网络更进一步地把内部网络和外部网络（通常是 Internet）隔离开。

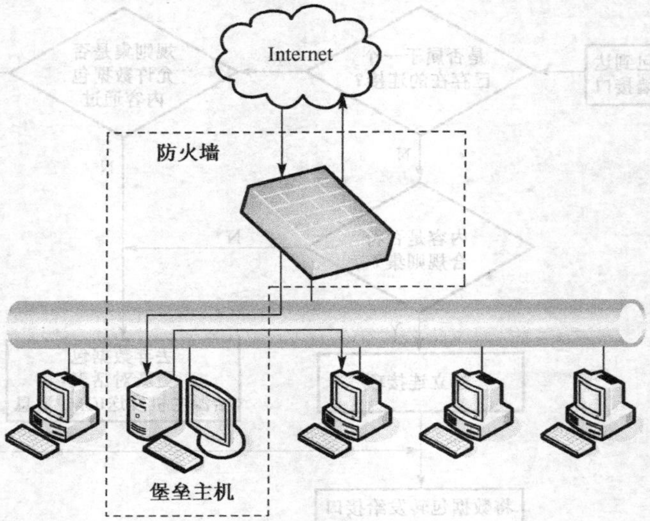

图 10-9 被屏蔽主机体系结构

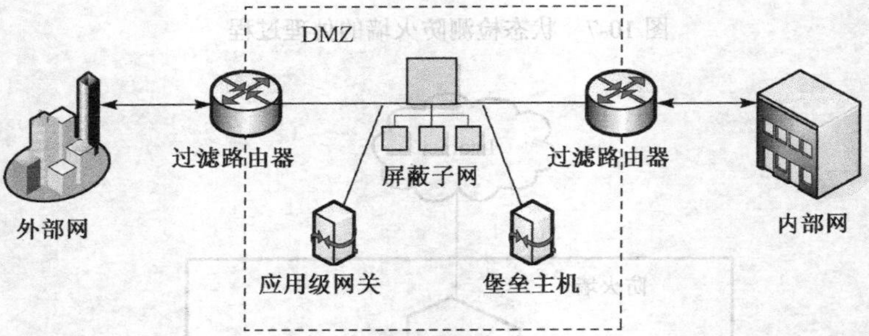

图 10-10 被屏蔽子网体系结构

（4）云火墙

云火墙是目前最新的一种防火墙形式，主要技术基础是“云计算”和“云安全”。思科公司把云安全和防火墙结合到了一起，提出了“云火墙”的概念。

云火墙具有以下特点：

① 基于 SensorBase 动态更新策略。

② 利用入侵防御系统（Intrusion Prevention System，IPS）模块建立信誉的关联协作。

③ 提供虚拟云端的移动安全接入。

10.3 防火墙的主要应用

10.3.1 学习要求

（1）理解企业网络体系结构状况。

（2）掌握内部防火墙系统应用。

（3）理解外围防火墙系统设计方式。

（4）掌握用智能防火墙阻止攻击应用。

10.3.2　知识要点

1. 企业网络体系结构

企业网络体系结构如图 10-11 所示，它通常由三个区域组成。

边界网络：此网络通过路由器直接面向 Internet，应该以基本网络通信筛选的形式提供初始层面的保护。路由器通过外围防火墙将数据一直提供到外围网络。

外围网络：此网络通常称为 DMZ 或边缘网络，它将外来用户与 Web 服务器或其他服务链接起来。然后，Web 服务器通过内部防火墙链接到内部网络。

内部网络：内部网络链接各个内部服务器（如 SQL Server）和内部用户。

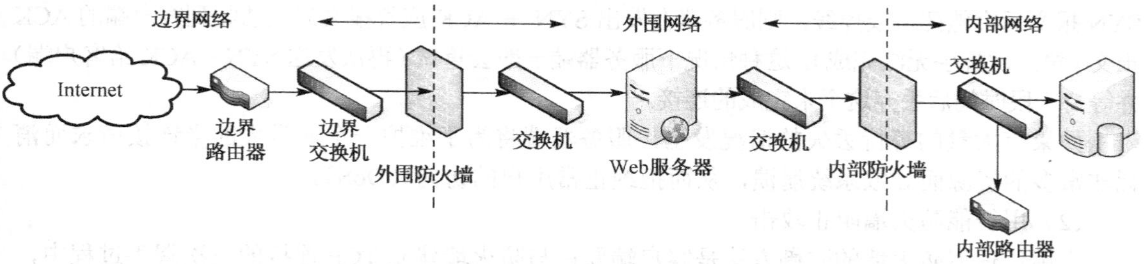

图 10-11　企业网络体系结构

2. 内部防火墙系统应用

（1）内部防火墙规则

内部防火墙规则主要包括：

① 默认情况下，阻止所有数据包。

② 在外围接口上，阻止看起来好像来自内部 IP 地址的传入数据包，以阻止欺骗。

③ 在内部接口上，阻止看起来好像来自外部 IP 地址的传出数据包以限制内部攻击。

④ 允许从内部 DNS 服务器到 DNS 解析程序堡垒主机的基于 UDP 的查询和响应。

⑤ 允许从 DNS 解析程序堡垒主机到内部 DNS 服务器的基于 UDP 的查询和响应。

⑥ 允许从内部 DNS 服务器到 DNS 解析程序堡垒主机的基于 TCP 的查询，包括对这些查询的响应。

⑦ 允许从 DNS 解析程序堡垒主机到内部 DNS 服务器的基于 TCP 的查询，包括对这些查询的响应。

⑧ 允许从内部 SMTP 邮件服务器到出站 SMTP 堡垒主机的传出邮件。

⑨ 允许从入站 SMTP 堡垒主机到内部 SMTP 邮件服务器的传入邮件。

⑩ 允许来自 VPN 服务器上后端的通信到达内部主机并且允许响应返回到 VPN 服务器。

⑪ 允许验证通信到达内部网络上的 RADUIS 服务器并且允许响应返回到 VPN 服务器。

⑫ 来自内部客户端的所有出站 Web 访问将通过代理服务器，并且响应将返回客户端。

⑬ 在所有连接的网段之间路由通信，而不使用网络地址转换。

（2）内部防火墙的可用性

主要包括单一防火墙、容错防火墙。

3. 外围防火墙系统设计

外围防火墙的目的是为保护企业基础结构不受来自 Internet 的不安全网络流量威胁而设计的防火墙解决方案。外围防火墙部署位置如图 10-11 所示，入侵者必须破坏该防火墙才能进一步进入内部网络，因此将成为明显的攻击目标，特别容易受到外部攻击。

边界位置中使用的防火墙是通向外部世界的通道。在很多大型组织中，此处实现的防火墙类别通常是高端硬件防火墙或服务器防火墙，但是某些组织使用的是路由器防火墙。

4. 用智能防火墙阻止攻击

（1）SYN Flood 攻击原理

SYN Flood 攻击所利用的是 TCP 协议存在的漏洞即三次握手。假设一个用户向服务器发送 SYN 报文后突然死机或掉线，则服务器在发出 SYN + ACK 应答报文后无法收到客户端的 ACK 报文（第三次握手无法完成），这种情况下服务器端一般会重试（再次发送 SYN＋ACK 给客户端）并等待一段时间后丢弃这个未完成的连接。

如果有大量的等待丢失的情况发生，服务器端将为了维护一个非常大的半连接请求而消耗非常多的资源而导致系统崩溃，从而拒绝正常用户的访问（DoS）。

（2）用智能防火墙阻止攻击

应用代理型防火墙的防御方法是客户端要在与防火墙建立 TCP 连接的三次握手过程中，因为它位于客户端与服务器端（通常分别位于外、内部网络）中间，充当代理角色，这样客户端要与服务器端建立一个 TCP 连接，就必须先与防火墙进行三次 TCP 握手，当客户端和防火墙三次握手成功之后，再由防火墙与客户端进行三次 TCP 握手，完成后再进行一个 TCP 连接的三次握手，如图 10-12 所示。

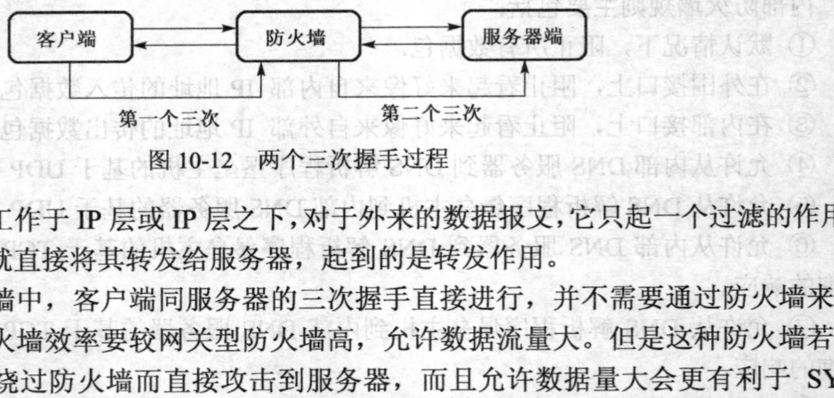

图 10-12 两个三次握手过程

包过滤型防火墙工作于 IP 层或 IP 层之下，对于外来的数据报文，它只起一个过滤的作用。当数据包合法时，它就直接将其转发给服务器，起到的是转发作用。

在包过滤型防火墙中，客户端同服务器的三次握手直接进行，并不需要通过防火墙来代理进行。包过滤型防火墙效率要较网关型防火墙高，允许数据流量大。但是这种防火墙若配置不当，会让攻击者绕过防火墙而直接攻击到服务器，而且允许数据量大会更有利于 SYN Flood 攻击。这种防火墙适合于大流量的服务器，但需要设置妥当才能保证服务器具有较高的安全性和稳定性。

（3）防御 SYN Flood 攻击的防火墙设置

① SYN 网关：这种方式的防火墙收到客户端的 SYN 包时，直接转发给服务器；防火墙收到服务器的 SYN/ACK 包后，一方面将 SYN/ACK 包转发给客户端，另一方面以客户端名义给服务器回送一个 ACK 包，完成一个完整的 TCP 三次握手，让服务器端由半连接状态进入连接状态。当客户端真正的 ACK 包到达时，有数据则转发给服务器，否则丢弃该包。由于服务器在连接状态要比在半连接状态能承受得更多，故这种方法能有效地减轻对服务器的攻击。

② 被动式 SYN 网关：在这种方式中，设置防火墙的 SYN 请求超时参数，让它远小于服

务器的超时期限。防火墙负责转发客户端发往服务器的 SYN 包，包括服务器发往客户端的 SYN/ACK 包和客户端发往服务器的 ACK 包。这样，如果客户端在防火墙计时器到期时还未发送 ACK 包，防火墙将往服务器发送 RST 包，以使服务器从队列中删去该半连接。由于防火墙的超时参数远小于服务器的超时期限，因此这样也可有效防止 SYN Flood 攻击。

③ SYN 中继：在这种方式中，防火墙在收到客户端的 SYN 包后，并不向服务器转发而是记录该状态信息，然后主动给客户端回送 SYN/ACK 包。若收到客户端的 ACK 包，表明是正常访问，由防火墙向服务器发送 SYN 包并完成三次握手。这样由防火墙作为代理来实现客户端和服务器端的连接，可以将发往服务器的不可用连接完全过滤。

10.4　要点小结

本章主要简要介绍了常用防火墙的相关基本知识和技术，通过深入了解防火墙的分类以及各种防火墙类型的优缺点，有助于更好地分析和配置各种防火墙策略。重点阐述了企业防火墙的体系结构及配置策略，同时通过对 SYN Flood 等攻击方式的分析，给出了解决此类攻击的一般性原理和方法。

*第 11 章　电子商务及网站安全

电子商务及网站的安全问题已成为世界经济一体化和电子商务系统中不可或缺的重要组成部分。进入 21 世纪信息化现代社会后，电子商务得到了快速发展和广泛应用，同时电子商务安全和网站安全问题不断出现。为保障电子商务系统、服务和用户的安全，使其可持续地安全、稳定和发展，必须高度重视并解决电子商务的安全问题。

重点	电子商务安全技术的相关概念 电子商务安全管理制度制定的原则 电子商务安全管理实施方法 运用电子支付安全解决实际问题
难点	电子商务安全协议和证书 运用电子支付安全解决实际问题
关键	电子商务安全技术的相关概念 电子商务安全管理实施方法 运用电子支付安全解决实际问题
教学目标	了解电子商务安全协议和证书 掌握电子商务安全技术的相关概念 理解电子商务安全管理制度制定的原则 掌握电子商务安全管理实施方法 学会运用电子支付安全解决方案

11.1　电子商务安全概述

11.1.1　学习要求

（1）熟悉电子商务安全技术的相关概念。

（2）理解电子商务安全的层次划分。

（3）掌握电子商务安全问题的特征。

11.1.2　知识要点

1．电子商务概述

（1）电子商务概念

电子商务通常被划分为广义和狭义的电子商务。广义上讲，电子商务一词源自于 Electronic Business，即通过电子手段进行的商业事务活动。通过使用互联网等电子工具，使公司内部、供应商、客户和合作伙伴之间，利用电子业务共享信息，实现企业间业务流程的电子化，配合企业内部的电子化生产管理系统，提高企业的生产、库存、流通和资金等各个环节的效率。

狭义上讲，**电子商务**（Electronic Commerce，EC）是指：通过使用互联网等电子工具（这些工具包括电报、电话、广播、电视、传真、计算机、计算机网络、移动通信等）在全球范围内进行的商务贸易活动。它是以计算机网络为基础所进行的各种商务活动，包括商品和服务的提供者、广告商、消费者、中介商等有关各方行为的总和。人们一般理解的电子商务是指狭义上的电子商务。

（2）电子商务的交易模式

包括企业对企业（Business to Business，B2B）模式，企业对消费者（Business to Customer，B2C）模式，消费者对消费者（Customer to Customer，C2C）模式，消费者对企业（Customer to Business，C2B）模式。

（3）电子商务的交易流程

电子商务交易涉及商品持有者、消费者、银行或金融机构、企业或政府、认证机构和物流中心等很多部门，交易流程可分为以下 5 个环节：交易前期准备、交易商谈和签订合同、正式交易前的手续办理、交易合同的履行、索赔和复议。

2. 电子商务安全的层次划分

电子商务的安全管理，主要划分为以下几个层次的内容。

（1）物理层的安全管理。

（2）软件层的安全管理。

（3）人事层的安全管理。

（4）信用层的安全管理。

（5）立法层的安全管理。

3. 电子商务安全问题的特征

电子商务安全问题的特征归纳为以下 5 个方面：

（1）数据有效性。

（2）信息保密性。

（3）数据完整性。

（4）系统可靠性。

（5）不可否认性（可审查性）。

11.2 电子商务的安全防范制度

11.2.1 学习要求

（1）理解电子商务安全防范的原则。

（2）了解电子商务安全管理制度的内涵。

（3）掌握电子商务系统的安全维护制度。

11.2.2 知识要点

1. 电子商务安全防范的原则

（1）专职管理原则。

（2）安全责任到人原则。

（3）减少人为因素原则。

（4）多人或交叉负责和人员轮岗原则。

（5）最小权限原则。

2．电子商务安全管理制度的内涵

电子商务安全管理制度的内涵主要针对如下四方面做出具体的规范和制约。

（1）应用系统集成安全。

（2）数据存储安全。

（3）网络传输系统安全。

（4）人员安全管理。

3．电子商务系统的安全维护制度

（1）严格的出入管理制度。

（2）网络系统的日常维护制度。

（3）对支撑软件的日常维护制度。

（4）严格的密码管理规定和保密制度。

（5）运行中心和开发调试机房隔离制度。

（6）操作日志和交接登记制度。

（7）检查考核制度。

11.3 电子商务安全协议和证书

11.3.1 学习要求

（1）了解电子商务安全有关协议。

（2）掌握数字证书的原理和概念。

（3）理解网络安全的常用模型。

11.3.2 知识要点

1．电子商务安全协议概述

网络的安全协议从功能上大体可以分为**三大类功能**：认证功能、控制功能和防御功能。

网络安全协议的设计基本上是按照这三大类功能来设计的，所以很多安全协议都同时具备这三种功能。不过这些协议根据在 OSI 模型中所处的不同层次位置，实现的方式和功能也有所不同，表 11-1 列出了比较常用的一些安全协议及其概要。

表 11-1 常用安全协议概要

协议名称	所属层次	协议概要
S-HTTP	应用层	EIT 公司开发的基于 HTTP 协议的安全协议，仅适用于 HTTP 连接，可提供通信保密、身份识别、可信赖的信息传输服务及数字签名等功能

（续表）

协议名称	所属层次	协议概要
S/MIME	应用层	邮件传输协议 MIME 上实现的邮件传输安全协议，可以实现邮件加密和数字署名。常见的 Windows Live Mail 和 Mozilla Mail 等通信软件都实装此协议
SET	应用层	Visa 和 Master 信用卡组织共同开发的在网上利用信用卡进行安全支付的协议
3D SECURE	应用层	Visa 信用卡组织为克服 SET 协议复杂难用的缺点推出的支付用的新安全协议。比 SET 的安全性稍弱，但大大提高了易用性
SSL/TLS	传输层	SSL 是 Netscape 公司开发的用于对互联网上数据进行加密传输的协议。IETF 在 SSL 3.0 的基础上进行了标准化，被称为 TLS 协议
IPsec	网络层	IETF 制定的一组基于 IP 网络的安全通信协议，包括数据格式协议、密钥交换和加密算法等
PPTP	链路层	由微软公司开发的安全协议，除了建立在数据链路层上之外，功能和 IPsec 基本相同，这使得它在一些不能使用 IPsec 的网络中也可以用该协议来建立 VPN

2．数字证书的原理和概念

为验证电子商务的买方和卖方的合法性，数字证书被广泛使用。简单地说，数字证书就是由具有公信力的认证机构（CA）发行的用来证明其中包含的公钥的真实有效性的一组数据。这组数据中包含有公钥、加密算法信息、所有者的数据、证明机关的数字签名和证明书的有效期间等信息。

11.4　电子商务网站安全解决方案

11.4.1　学习要求

（1）理解电子商务网站常见的漏洞及对策。

（2）了解云计算的有关安全策略。

（2）理解 SIEM 技术在电子商务安全管理中的应用。

11.4.2　知识要点

1．电子商务网站常见的漏洞及对策

网站设计时，针对漏洞应该采取的对策简单归纳如下。

（1）SQL 注入漏洞。

（2）OS 命令注入漏洞。

（3）跨站脚本漏洞。

（4）CSRF 漏洞。

（5）会话管理漏洞。

（6）路径遍历漏洞。

（7）HTTP 头和邮件头注入漏洞。

2．云计算的安全策略

（1）云服务下的用户身份管理

简化的 OpenID 认证概念如图 11-1 所示，Oauth 认证概念如图 11-2 所示。

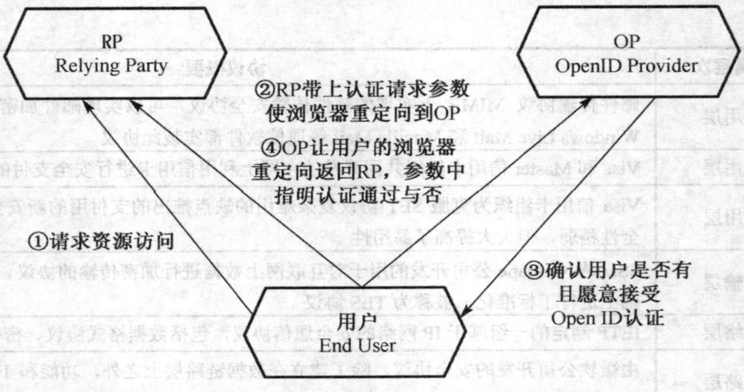

图 11-1　OpenID 认证概念图

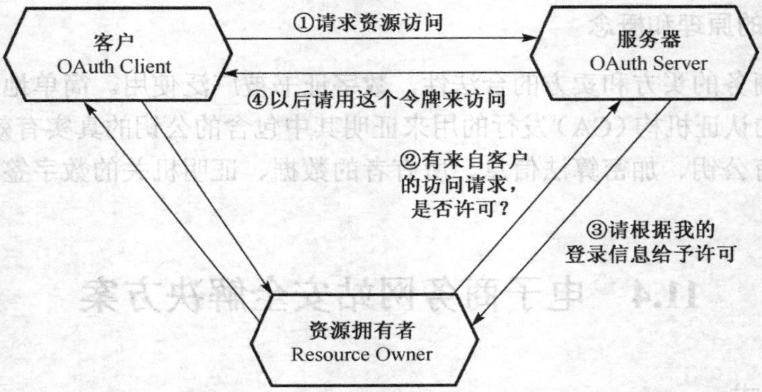

图 11-2　OAuth 认证概念图

用图示简单说明 SAML 用于单点登录时的利用方法，如图 11-3 和图 11-4 所示。

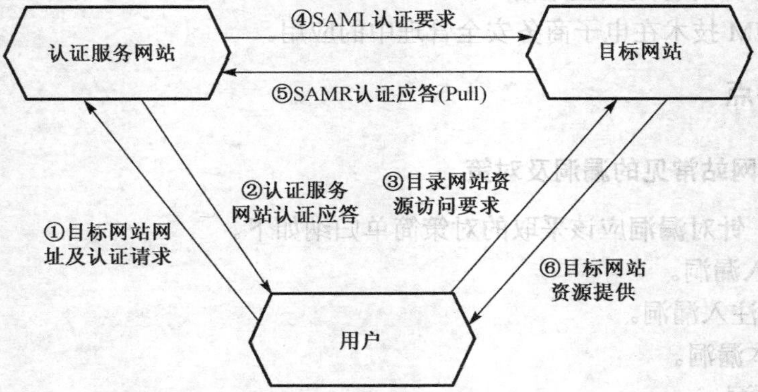

图 11-3　利用 SAML 的 SSO（Pull 模式）

（2）虚拟环境下的安全对策

英特尔可信执行技术（Trusted Execute Technology，TXT）通过改造芯片组和 CPU，增加安全特性，结合一个基于硬件的安全设备——可信平台模块（Trusted Platform Module，TPM），提供完整性度量、密封存储、受保护的 I/O 等功能。在 Hypervisor 安全方面，Hypervisor 的完整性监控是防范基于 Hypervisor 的 rootkit 的关键步骤，而 TXT 技术的启动和策略执行过程能够保证 Hypervisor 的完整性，从而大大提升 Hypervisor 的安全性。

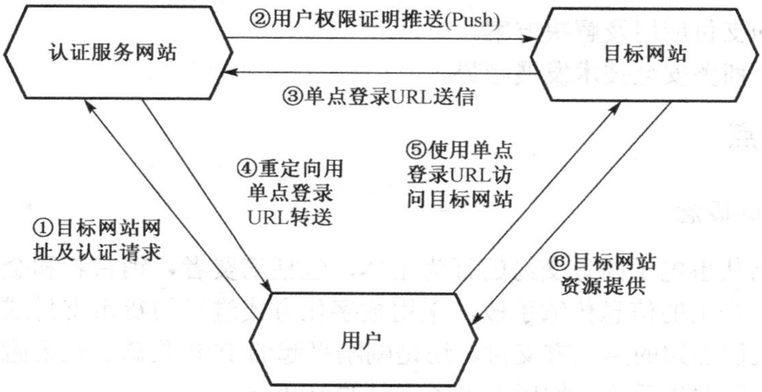

图 11-4　利用SAML的SSO（Push模式）

虚拟机的锁定和过滤虚拟机间的通信都比较困难，因此，除了要严密监视来自外部网络的危险外，还要强化监视虚拟机间的数据传输，随时阻断有威胁的通信，建立一套有效的以虚拟机为单位的操作系统和应用程序保护机制。

3．SIEM 技术在电子商务安全管理中的应用

SIEM 技术是早期的 SIM 和 SEM 的结合，SIEM 为来自企业和组织中所有 IT 资源产生的安全信息进行统一的实时监控、历史分析，对来自外部的入侵和内部的违规、误操作行为进行监控、审计分析、调查取证、出具各种报表报告，实现 IT 资源合规性管理的目标，同时提升企业和组织的安全运营、威胁管理和应急响应能力。

SIEM 的功能示意图如图 11-5 所示。

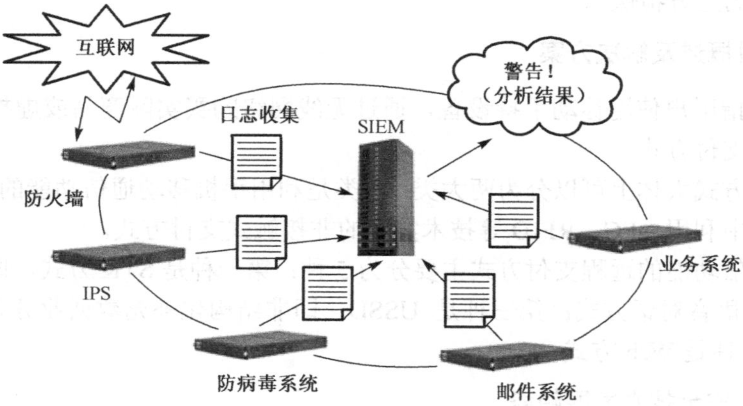

图 11-5　SIEM 的功能示意图

11.5　电子支付安全解决方案

11.5.1　学习要求

（1）理解电子支付的有关概念。

（2）了解第三方支付概述及解决方案。

（3）掌握移动支付应用及解决方案。

（4）了解电子商务安全技术发展趋势。

11.5.2 知识要点

1. 电子支付的概念

电子支付是指从事电子商务交易的行为主体，包括消费者、销售者和金融机构等，通过计算机网络，使用安全的信息传输手段，采用数字化方式进行的货币支付或资金流转。从广义上讲，不论是人们熟知的第三方支付，还是刚刚兴起的 P2P 贷款、众筹融资、互联网整合销售金融产品和互联网货币等，均属于电子支付的范畴。

2. 第三方支付概述及解决方案

第三方支付是指由第三方机构为买方和卖方顺利实现交易提供支付中介服务的支付方式，第三方机构是独立于电子商务中买方和卖方而存在的。第三方机构往往是由具有良好信誉和技术支持能力的机构或企业担任的。第三方支付大体上有两种方式。

目前中国国内的第三方支付产品主要有 PayPal、支付宝、财付通、快钱、百付宝、环迅支付和汇付天下，其中用户数量最大的是 PayPal 和支付宝，前者主要在欧美国家流行，后者在中国国内市场独领风骚。

支付宝是阿里巴巴 2003 年 10 月创建的第三方支付平台，目前已经和国内各大主要银行、各大信用卡组织等建立战略合作关系，成为全国最大的独立第三方电子支付平台。简单来说，它的功能就是为淘宝网的交易者及其他网络交易的双方乃至线下交易者，提供“代收代付的中介服务”和“第三方担保”。

3. 移动支付概述及解决方案

移动支付是指用户使用移动手持设备，通过无线网络购买实际商品或虚拟物品以及各种服务的一种新型支付方式。

移动支付的方式大体上可以分为两大类：一类是利用手机移动通信功能的远程支付方式，另一类是在手机中利用 NFC、RFID 等技术实现的非接触式支付方式。

利用移动通信功能的远程支付方式主要分为 5 种：第一种是 STK 方式，即短信方式；第二种是 IVR，即语音对话方式；第三种是 USSD，即非结构化补充数据业务方式；第四种是 WAP 方式；第五种是 Web 方式。

4. 电子商务安全技术发展趋势

（1）生物认证技术

生物认证是利用人体器官及行动特征进行个人识别的技术。这种技术通常事先取得人体的一些特征信息，认证时和传感器取得的信息进行比较。认证方法有图像比较，也有利用生物反应等的其他方法。可被用来做认证的人体特征有指纹、掌纹、视网膜、虹膜、脸部、静脉、声音、耳朵和 DNA 等。

（2）量子加密技术

量子加密是利用量子技术来传送密钥的加密技术。在量子力学的世界，想完全不改变粒子的状态而对其进行观测被认为是不可能的，一旦两个粒子相互作用，随后即使被分开，对其中一个粒子的任何作用都会影响到另一个粒子。在使用量子加密法的两个用户之间，会各自产生一个私有的随机数字符串，除了发件人和收件人之外，任何人都无法掌握量子的状态，也无法复制量子。

（3）IPv6 技术

IPv6 是用于替代 IPv4 的下一代 IP 协议。由于我国的 IPv4 地址资源严重不足，除了采用 CIDR、VLSM 和 DHCP 技术缓解地址紧张问题外，更多的是采用私有 IP 地址结合网络地址转换（NAT/PAT）技术来解决这个问题。这不仅大大降低了网络传输速度，而且安全性等方面也难以得到保障。例如，互联网上的身份伪装问题、端到端连接特性遭受窃听破坏问题、网络没有强制采用 IPSec 而带来的安全性问题等，使 IPv4 网络面临各种威胁。

11.6　要点小结

本章介绍了电子商务及网站的安全技术的概念、特征及层次划分，总结归纳了电子商务安全防范的原则和内涵。在此基础上讲述了电子商务网站常见的漏洞及防范方法，云计算中的安全问题和 SIEM 技术在企业安全管理中的应用。本章还对电子商务支付中很有实践价值的第三方支付、发展迅速的移动支付以及未来的电子商务技术发展趋势进行了概要论述和分析探讨。最后，以动手实验的方式巩固和加深对数字证书的获取和管理方法的理解。

*第 12 章　网络安全新技术及解决方案

为了更加全面、系统、综合地运用网络安全新技术，更好地解决企事业机构的信息化建设和网络安全中的实际应用问题，还需要理解和掌握网络安全新技术，以及对网络安全解决方案的分析、设计、实施和编制等，它们对于进一步深入探究网络安全技术、管理和实际应用都有着极其重要的意义。

重点	安全解决方案的概念、要点、要求和任务 安全解决方案设计原则和质量标准 安全解决方案的分析与设计、案例与编写
难点	网络安全新技术的概念、特点和应用 网络安全解决方案设计原则和质量标准 网络安全解决方案的分析与设计、编写
关键	安全解决方案的概念、要点、要求和任务 安全解决方案设计原则和质量标准 安全解决方案的分析与设计、编写
教学目标	了解网络安全新技术的概念、特点和应用 理解安全解决方案的概念、要点、要求和任务 理解安全解决方案设计原则和质量标准 掌握安全解决方案的分析与设计、案例与编写

12.1　网络安全新技术概述

12.1.1　学习要求

（1）了解可信计算的相关概念、平台和应用。
（2）理解云安全的概念、关键技术和应用案例。
（3）了解网格安全技术的概念、特点、关键技术。

12.1.2　知识要点

1. 可信计算概述

以密码技术为支持、以安全操作系统为核心的可信计算技术，已成为国家信息安全领域的发展要务。为确保可信计算技术的发展，由 16 家企业、安全机构和大学发起的中国可信计算联盟于 2008 年 4 月 25 日成立。目前，我国关键信息产品大部分采用国外产品，对于金融、政府、军队、通信等重要部门以及广大用户，可信计算产品的应用将为解决安全难题打下坚实基础，对构建我国自主产权的可信计算平台起到巨大推动作用。

（1）可信计算的相关概念及核心

可信计算（Trusted Computing）是一种基于可信机制的计算方式，用于提高系统整体的安全性。可信计算也称为可信用计算，是一项由可信计算组推动和开发的技术。

可信计算可从多方面理解。用户身份认证，是对使用者的信任；平台软/硬件配置的正确性，体现了使用者对平台运行环境的信任；应用程序的完整性和合法性，体现了应用程序运行的可信；平台之间的可验证性，指网络环境下平台之间的相互信任。

可信计算技术的核心是可信平台模块（TPM）的安全芯片。TPM 是一个含有密码运算部件和存储部件的小型片上系统，以 TPM 为基础。可信机制主要体现在三个方面：可信的度量、度量的存储、度量的报告。

（2）可信计算的产生与发展

为了实现信息机密性、完整性、真实性目标，20 世纪 70 年代后开始研究可信计算平台，最实用的是以硬件平台为基础的可信计算平台，包括安全协处理器、密码加速器、个人令牌、软件狗、可信平台模块、增强型 CPU、安全设备和多功能设备。目标是实现数据的真实性、机密性、数据保护及代码的真实性、代码的机密性和代码的保护。这些平台的实现目的包括：保护指定的数据存储区，防止不法者实施特定类型的物理访问；赋予所有在计算平台上执行的代码，以证明其在一个未被篡改环境中运行的能力。

（3）可信计算的典型应用

可信计算的典型应用包括数字版权管理、身份盗用保护、保护系统不受病毒和间谍软件危害、保护生物识别身份验证数据、核查远程网格计算的计算结果、防止在线模拟训练或作弊等。

2．云安全技术

（1）云安全的概念

云安全（Cloud Security）融合了并行处理、网格计算、未知病毒行为判断等新兴技术和概念，是云计算技术在信息安全领域的应用，是网络时代信息安全的最新体现。它通过网状的大量客户端对网络中软件行为的异常进行监测，获取互联网中木马、恶意程序的最新信息，传送到服务器端进行自动分析和处理，再把病毒和木马的解决方案分发到每个客户端，构成整个网络系统的安全体系。

（2）云安全关键技术

可信云安全的关键技术主要包括：可信密码学技术、可信模式识别技术、可信融合验证技术、可信“零知识”挑战应答技术、可信云计算安全架构技术等。

云安全技术应用案例。在最近几年的新技术成果中，可信云电子证书发放过程如图 12-1 所示。可信云端互动的端接入过程如图 12-2 所示。

（3）云安全技术应用案例

趋势科技在 Web 安全威胁方面，利用云安全技术取得很好的效果。云安全 6 大应用：Web 信誉服务、电子邮件信誉服务、文件信誉服务、关联分析技术、自动反馈机制、威胁信息汇总。

3．网格安全技术

（1）网格安全技术的概念

网格技术是一种虚拟计算环境，它利用计算机网络将分布于异地的计算、存储、网络、软件、信息、知识等资源连成一个逻辑整体，如同一台超级计算机为用户提供一体化的信息应用服务，实现互联网上所有资源的全面连通与共享，消除信息孤岛和资源孤岛。网格作为一种先进的技术和基础设施，已经得到广泛应用。同时，由于其动态性和多样性的环境特点带来新的安全挑战，需要新的安全技术解决方案，并考虑兼容流行的各种安全模型、安全机制、协议、平台和技术，通过某种方法实现多种系统间的互操作安全。

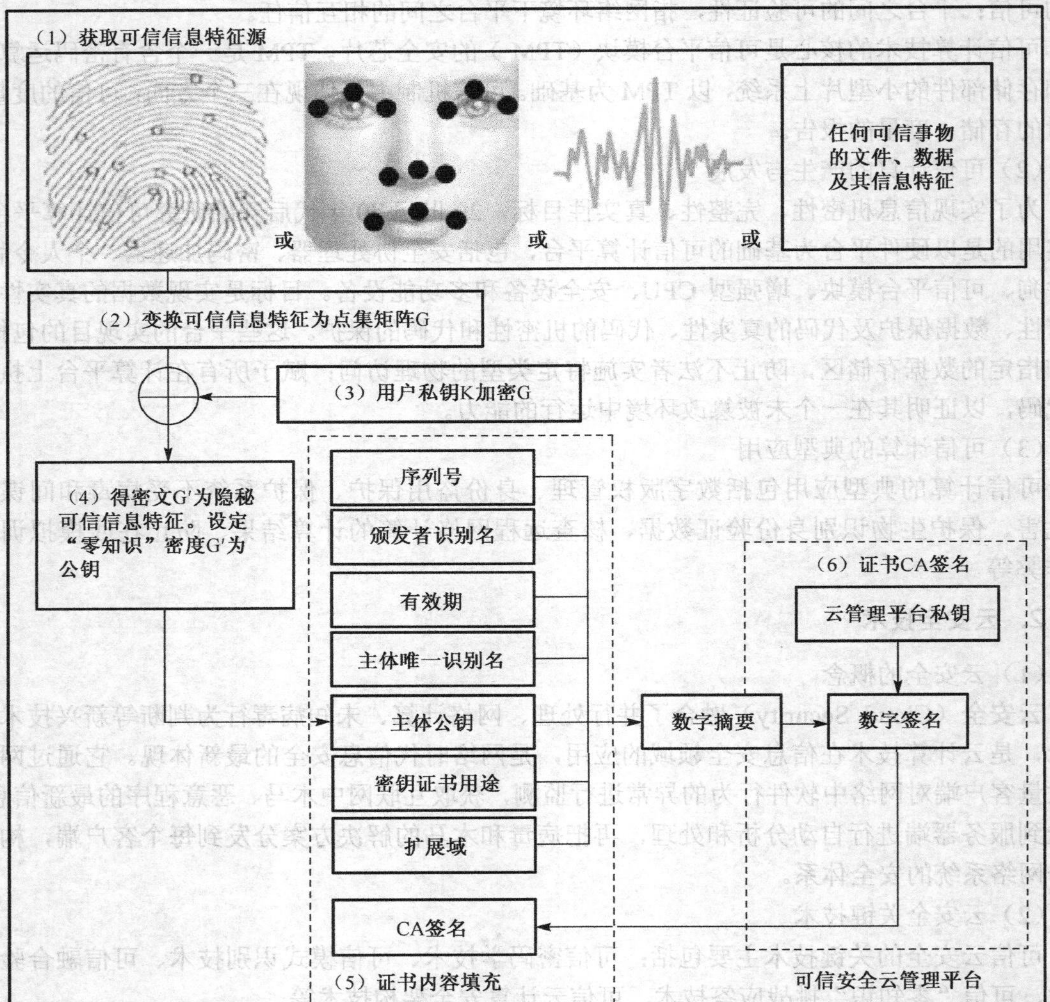

图 12-1　可信云电子证书应用

网格安全技术是指保护网格安全的技术、方法、策略、机制、手段和措施。

（2）网格安全技术的特点

网格安全技术的主要特点为异构资源管理、可扩展性、结构不可预测性、多级管理域。

（3）网格安全技术的需求

网格安全技术的需求主要包括认证需求、安全通信需求、灵活的安全策略等。

（4）网格安全关键技术

网格安全关键技术主要包括安全认证技术、格中的授权、网格访问控制、网格安全标准。

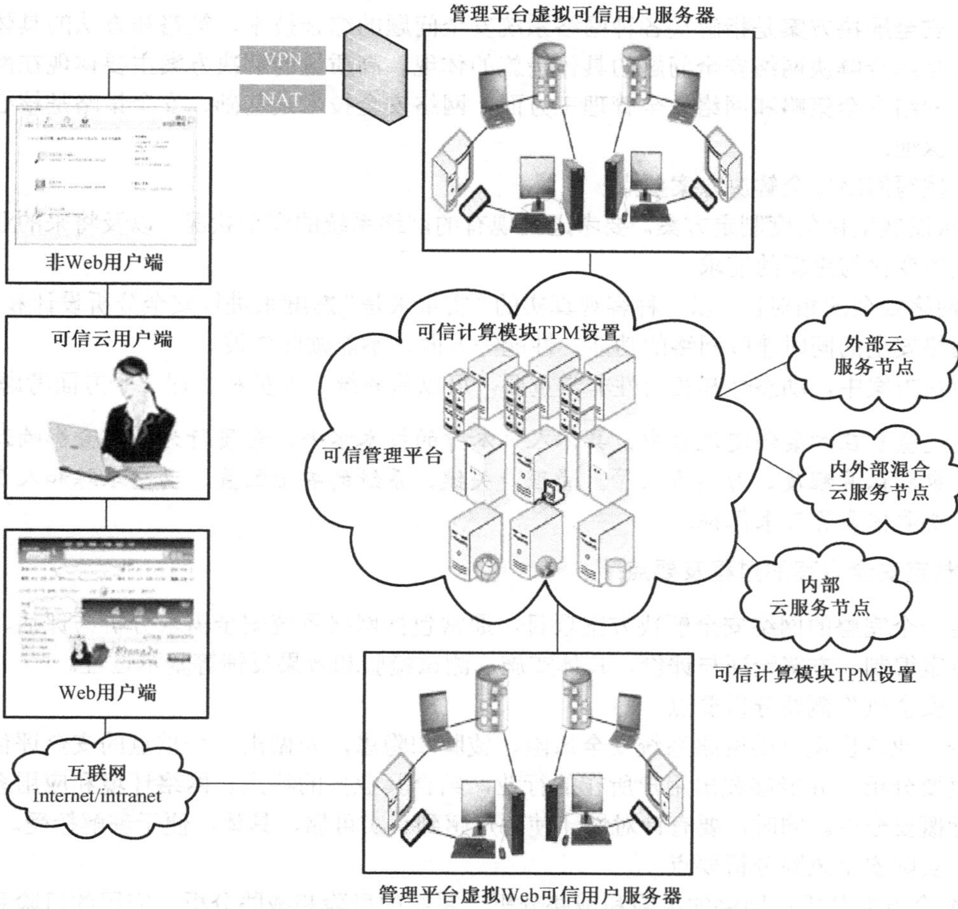

图 12-2　可信云端互动的端接入过程

12.2　网络安全解决方案概述

12.2.1　学习要求

（1）掌握网络安全解决方案的概念和撰写要点。
（2）熟练掌握制定安全方案的过程及要点。

12.2.2　知识要点

1. 网络安全解决方案的概念及撰写要点

（1）网络安全解决方案的概念

网络安全方案是指网络安全工程中，针对网络安全存在的具体问题，在网络系统的安全性分析、设计和具体实施过程中，所采用的各种安全技术、方法、策略、措施、安排、管理和文档等。网络安全方案具有整体性、动态性和相对性的特点，分为网络安全设计方案、网络安全建设方案、网络安全解决方案、网络安全实施方案等。

网络安全解决方案是指解决各种网络系统安全问题的综合技术、策略和方法的具体实际运用，也是综合解决网络安全问题的具体措施的体现。高质量的解决方案主要体现在网络安全技术、网络安全策略和网络安全管理三方面，网络安全技术是基础、安全策略是核心、安全管理是保证。

（2）撰写网络安全解决方案要点

① 从发展变化角度制定方案。要考虑到现有的网络系统的安全状况，以及将来的业务发展和系统的变化与更新的需求。

② 网络安全的相对性。以一种客观真实的“实事求是”态度来进行安全分析设计和编制。在注重网络安全的同时兼顾网络的功能、性能等方面，不能顾此失彼。

在解决方案中，动态性和相对性非常重要，可以从系统、人员和管理三个方面考虑。

🔔【注意】在方案制定过程中，具体人员本身的技术水平、素质行为等都会影响到项目的质量，包括认真程度、习惯方式等。管理是关键，系统的安全配置、动态跟踪和人员的有效管理，都要依靠管理来保证。

2．制定安全方案的过程及要点

制定一个完整的网络安全解决方案项目，通常包括网络系统安全需求分析与评估、方案设计、方案编制、方案论证与评价、具体实施、测试检验和效果反馈等基本过程。

（1）安全风险概要分析要点

对企事业单位现有的网络系统安全风险、威胁和隐患，先做出一个重点的安全评估和安全需求概要分析，并能够突出用户所在的行业，结合其业务的特点、网络环境和应用系统等要求进行概要分析。同时，要有针对性，使用户感到真实可靠、具体，便于理解接受。

（2）实际安全风险分析要点

从 4 个方面分析：网络的风险和威胁分析、系统的风险和威胁分析、应用的风险和威胁分析、对网络系统和应用风险及威胁的具体详尽的实际分析。**安全风险分析**要点包括：网络风险分析、系统风险分析、应用安全分析、对系统和应用的安全分析。

利用网络安全检测工具和实用安全技术手段进行的测评和估计，通过综合评估掌握具体安全状况和隐患，可有针对性地采取有效措施，也给用户一种很实际的感觉，愿意接受解决方案。

（3）网络系统风险评估

网络系统风险评估主要包括：身份认证与访问控制技术、防火墙技术、防病毒技术、传输加密技术、入侵检测技术、应急备份与恢复技术。

（4）制定网络安全解决方案的原则

动态性原则、严谨性原则、唯一性原则、整体性原则、专业性原则。

（5）优选网络安全技术

优选网络安全技术包括网络拓扑安全、系统安全、应用安全、紧急响应、灾难恢复、安全管理规范、服务体系和培训体系。

（6）安全管理与服务的技术支持

主要包括网络的拓扑结构、系统安全加固、应用安全、紧急响应、灾难恢复、安全管理规范、服务体系和培训体系。

12.3　网络安全需求分析及任务

12.3.1　学习要求

（1）掌握网络安全需求分析的具体要求。
（2）掌握网络安全解决方案主要任务。

12.3.2　知识要点

1．网络安全需求分析概述

网络安全需求定义包括三个方面：网络安全硬件、网络安全软件和网络安全服务。

（1）网络安全需求分析要求

网络安全需求分析的具体要求：安全性要求、合法性要求、可控性和可管理性要求、可用性及恢复性要求、可扩展性要求。

（2）网络安全需求分析内容

① 需求分析要点

在需求分析时，需要注重 6 个方面：网络安全体系、可靠性、安全性、开放性、可扩展性、便于管理。

② 需求分析案例。初步概要分析包括机构概况、网络系统概况、主要安全需求、网络系统管理概况等。

③ 网络安全需求分析。主要包括 5 个方面：物理层安全需求、网络层安全需求、系统层安全需求、应用层安全需求、管理层安全需求。

2．网络安全解决方案主要任务

制定网络安全解决方案的主要任务：
（1）调研网络系统。
（2）分析评估网络系统。
（3）分析评估应用系统。
（4）提出网络系统安全策略和解决方案。

12.4　网络安全解决方案设计

12.4.1　学习要求

（1）理解网络安全解决方案设计目标及原则。
（2）了解评价方案的质量标准。

12.4.2　知识要点

1．网络安全解决方案设计目标及原则

（1）网络安全方案的设计目标

设计网络安全解决方案的目标：

① 机构各部门、各单位局域网得到有效的安全保护。

② 保障与 Internet 相连的安全保护。

③ 提供关键信息的加密传输与存储安全。

④ 保证应用业务系统的正常安全运行。

⑤ 提供安全网的监控与审计措施。

⑥ 最终目标：机密性、完整性、可用性、可控性与可审查性。

方案设计重点有三个方面：访问控制、数据加密、全审计。在具体方案的设计过程中，需要注意几个方面：

① 网络系统的安全性和保密性有效增强。

② 保持网络原有功能、性能及可靠性等特点，对协议和传输安全保障好。

③ 安全技术方便操作与维护，便于自动化管理，而不增加或少增加附加操作。

④ 尽量不影响原网络拓扑结构，并便于系统及功能的扩展。

⑤ 安全保密系统性能价格比高，可一次性投资长期使用。

⑥ 用国家有关管理部门认可/认证的安全与密码产品，并具有合法性。

⑦ 注重质量，分步实施分段验收。

（2）网络安全解决方案设计原则

网络安全解决方案设计原则主要包括：① 安全性原则，② 可靠性原则，③ 先进性原则，④ 可推广性原则，⑤ 可扩展性原则，⑥ 可管理性原则。

2．评价方案的质量标准

（1）确切唯一性。

（2）综合把握和预见性。

（3）评估结果和建议应准确。

（4）针对性强且安全防范能力提高。

（5）切实体现对用户的服务支持。

（6）以网络安全工程的思想和方式组织实施。

（7）网络安全是动态的、整体的、专业的工程。

（8）方案中采用的安全产品、技术和措施，应经得起验证、推敲、论证和实施，应有理论依据、坚实基础和标准准则。

*12.5 金融网络安全解决方案

12.5.1 学习要求

（1）理解金融网络安全需求分析。

（2）初步掌握金融网络安全解决方案设计。

（3）了解网络安全方案的实施与技术支持。

12.5.2 知识要点

1．金融网络安全需求分析

网络系统安全解决方案包括 8 项**主要内容**：信息化现状分析、安全风险分析、完整网络安全实施方案的设计、实施方案计划、技术支持和服务、项目安全产品、检测验收报告和安全技术培训。

（1）金融行业信息化现状分析

金融行业信息化建设已达到了较高水平，业务系统对网络高度依赖，针对金融信息网络的计算机犯罪案件呈逐年上升趋势，特别是银行全面进入业务系统整合、数据大集中的新发展阶段，以及银行卡、网上银行、电子商务、网上证券交易等新的产品和新业务系统迅速发展，对安全性提出了更高要求，迫切需要建设主动的、深层的、立体的信息安全保障体系。

（2）金融网络系统面临的风险

金融网络系统存在安全风险的主要原因有三个：

① 防范和化解风险成了备受关注的问题。

② 网络快速发展和广泛应用，系统安全漏洞增加。

③ 金融行业网络系统正在向国际化方向发展。

网络系统面临的风险有三个方面：组织方面的风险、技术方面的风险、管理方面的风险。

常用网络安全解决方案 PPDRRM 包括 6 个方面：

① 综合的网络安全策略（Policy）。

② 全面的网络安全保护（Protect）。

③ 连续的安全风险检测（Detect）。

④ 及时的安全事故响应（Response）。

⑤ 快速的安全灾难恢复（Recovery）。

⑥ 优质的安全管理服务（Management）。

（3）网络安全风险分析内容

网络安全风险分析内容主要包括现有网络物理结构安全分析、网络系统安全分析、网络应用的安全分析。

（4）承接公司实力及工程意义

承接公司实力及工程意义部分的内容主要包括：承接公司技术实力、人员层次结构、典型成功案例、产品许可证或服务认证、实施网络安全工程意义等。

2．金融网络安全解决方案设计

（1）金融系统安全体系结构

某银行制定的信息系统安全性总原则是：制度防内，技术防外。“制度防内”是指建立健全严密的安全管理规章制度、运行规程，形成内部各层人员、各职能部门、各应用系统的相互制约关系，杜绝内部作案和操作失误的可能性，并建立良好的故障处理反应机制，保障银行信息系统的安全正常运行。“技术防外”主要是指从技术手段上加强安全措施，防止外部黑客的入侵。在不影响银行正常业务与应用的基础上建立银行的安全防护体系，从而满足银行网络系统环境要求。需要从 6 个方面**重点综合考虑**：① 网络安全问题，② 系统安全问题，③ 访问安全问题，④ 应用安全问题，⑤ 内容安全问题，⑥ 管理安全问题。

（2）技术实施策略及安全方案

技术实施策略及安全方案主要包括网络系统结构安全、主机安全加固、计算机病毒防范、访问控制、传输加密措施、身份认证、入侵检测防御技术、风险评估分析。

（3）网络安全管理技术

（4）紧急响应与灾难恢复

（5）网络安全解决方案

网络安全解决方案包括实体安全解决方案、链路安全解决方案、网络安全解决方案。

广域网络系统安全解决方案的 8 个特点：用专用网络提供服务；在保证系统内部网络安全的同时与 Internet 或其他网络安全互联；利用防火墙技术；利用隔离与访问控制，统一的地址和域名分配办法；网络系统内部各局域网之间信息传输的安全；网络用户的接入安全问题；网络监控与入侵防范；网络安全检测，增强网络安全性。

数据安全解决方案主要指用户对数据访问的身份鉴别、数据传输的安全、数据存储的安全，以及对网络传输数据内容的审计等几方面。数据安全主要包括数据传输安全（动态安全）、数据加密、数据完整性鉴别、防抵赖（可审查性）、数据存储安全（静态安全）、数据库安全、终端安全、数据的防泄密、数据内容审计、用户鉴别与授权、数据备份与恢复等。

3．网络安全方案的实施与技术支持

（1）网络安全解决方案的实施

对于网络安全解决方案的实施，主要包括项目管理和项目质量保证。其中，安全项目管理包括项目流程、项目管理制度、项目进度，项目质量保证包括执行人员的质量职责、项目质量的保证措施、项目验收。

（2）主要技术支持

网络安全解决方案技术支持的内容包括：在安装调试网络安全项目中所涉及的安全产品和技术；采用的安全产品及技术的所有文档；提供安全产品和技术的最新信息；服务期内免费产品升级情况。

技术支持方式包括：提供客户现场 24 小时技术支持服务事项及承诺情况；提供客户技术支持中心热线电话；提供客户技术支持中心 E-mail 服务；提供客户技术支持中心具体的 Web 服务。

（3）项目安全产品

① 网络安全产品报价。网络安全项目涉及的所有安全产品和服务的各种具体详实报价，最好列出各种报价清单。

② 网络安全产品介绍。网络安全项目中所涉及的所有安全产品重点概要介绍，主要是使用户清楚所选择的具体安全产品的种类、功能、性能和特点等，要求描述清楚准确，但不必太详细周全。

（4）网银安全解决方案的实施

① 网络结构调整与安全域划分。

② 详细网络架构及产品部署。

③ 网络安全方案建设过程。

*12.6 电力网络安全解决方案

12.6.1 学习要求

（1）理解电力网络安全实际需求分析。

（2）初步掌握电力网络安全解决方案设计。

（3）了解网络安全方案的实施与技术支持。

12.6.2　知识要点

1．电力网络安全现状概述

（1）网络安全问题对电力系统的影响

电力网络业务数据安全解决方案。由于省（直辖市）级电力行业网络信息系统相对比较特殊，涉及的各种类型的业务数据广泛且很庞杂，而且内部网络与外部网络在体系结构等方面差别很大，在此仅概述一些省（直辖市）级电力网络业务数据安全解决方案。

省（直辖市）级电力网络系统一般是一个覆盖全省的大型广域网络，其基本功能包括 FTP、Telnet、Mail 及 WWW、News、BBS 等客户机/服务器方式的服务。省电力公司信息网络系统是业务数据交换和处理的信息平台，在网络中包含有各种各样的设备：服务器系统、路由器、交换机、工作站、终端等，并通过专线与 Internet 互联网相连。各地市电力公司/电厂的网络基本采用 TCP/IP 以太网星形拓扑结构，而它们的外连出口通常为上一级电力公司网络。

（2）省（直辖市）级电力系统网络应用和现状

2．电力网络安全需求分析

（1）网络系统边界风险分析

（2）系统层安全分析

对于系统层的安全分析，主要包括：

① 主机系统风险分析。省（直辖市）级电力网络中存在大量不同操作系统的主机，如 UNIX、Windows Server 2012，这些操作系统自身也存在许多安全漏洞。

② 系统传输的安全风险，包括系统传输协议、过程、媒介、管控等，以及数据传输风险。

③ 病毒入侵风险分析。病毒具有非常强的破坏力和传播能力。越是网络应用水平高，共享资源访问频繁的环境中，计算机病毒的蔓延速度就会越快。

（3）应用层安全分析

网络系统的应用层安全主要涉及业务安全风险，是指用户在网络上的应用系统的安全，包括 Web、FTP、邮件系统、DNS 等网络基本服务系统、业务系统等。各应用包括对外部和内部的信息共享以及各种跨局域网的应用方式，其安全需求是在信息共享的同时，保证信息资源的合法访问及通信隐秘性。

（4）管理层安全分析

在网络安全中安全策略和管理扮演着极其重要的角色，如果没有制定非常有效的安全策略，没有进行严格的安全管理制度，来控制整个网络的运行，那么这个网络就很可能处在一种混乱的状态。

（5）安全需求分析

3．电力网络安全方案设计

（1）网络系统安全策略要素

网络信息系统安全策略模型有三个要素：

① 网络安全管理策略。

② 网络安全组织策略。

③ 网络安全技术策略。

（2）网络系统总体安全策略

4. 网络安全解决方案的实施

（1）总体方案的技术支持。
（2）网路的层次结构。
（3）电力信息网络安全体系结构。
（4）电力信息网络中的安全机制。

12.7 要点小结

网络安全解决方案的制定，直接影响到整个网络系统安全建设的质量，关系到机构网络系统的安危，以及用户的信息安全，因此意义重大。本章主要概述了网络安全工程的“网络安全解决方案”。在需求分析、方案设计、实施和测试检验等过程中，主要涉及的网络安全解决方案的基本概念、方案的过程、内容要点、安全目标及标准、需求分析、主要任务等，并且通过结合实际的案例具体介绍了安全解决方案分析与设计、安全解决方案案例、实施方案与技术支持、检测报告与培训等，同时讨论了如何根据企事业机构用户的实际安全需求进行调研分析和设计，并能够写出一份完整的网络安全解决方案。

最后，通过金融及电力网络安全解决方案和电力网络安全解决方案的实际应用案例，以金融及电力网络安全现状概况、内部网络安全需求分析和安全解决方案设计等具体建立过程，较详尽地概述了安全解决方案的制定及编写的主要内容、要素和过程。

第二篇

实验与课程设计指导

第 13 章　网络安全应用实验指导

网络安全课程的实践教学与训练，对于加强学习内容的理解与知识素质能力的培养非常重要。主要包括：网络安全漏洞扫描、构建虚拟局域网、常用网络安全命令、无线网络安全设置、服务器安全设置、统一威胁管理（UTM）操作、密码及加密实验、黑客攻防与检测防御实验、身份认证与访问控制实验、操作系统及站点安全实验、数据库安全实验、计算机病毒防范实验、防火墙安全设置实验等可操作性同步实验及选做实验指导。为更好地提高网络安全实践教学效果，借助中软吉大网络安全实践教学系统，注重“攻（攻击）、防（防范）、测（检测）、控（控制）、管（管理）、评（评估）”等多方面的同步实践。力求通过全方位、立体化实践教学资源，培养实际操作能力、工程实践能力和可持续发展能力。

教学目标

- 加深理解和掌握网络安全的基本知识与内容
- 掌握网络安全技术的实际应用和具体操作步骤
- 掌握运用网络安全技术的思路、过程和方法
- 提高运用网络安全技术分析并解决问题的能力
- 能够综合运用网络安全技术提出具体解决方案

13.1　实验一　网络安全初步实验

在网络安全实验中，一些攻防实验对计算机系统具有一定的破坏性风险，所以在正式实验之前，最好构建一个虚拟局域网。也可以根据情况选做网络安全漏洞扫描测试实验。

13.1.1　任务一　构建虚拟局域网实验

虚拟局域网（Virtual Local Area Network，VLAN）是一种将局域网设备从逻辑上划分为多个网段，从而实现虚拟工作组的数据交换技术。主要应用于交换机和路由器。**虚拟机**（Virtual Machine，VM）是运行于主机中模拟计算机的硬件控制模式的虚拟系统，具有系统运行的大部分功能和部分扩展功能，可用于模拟具有攻击性的网络安全实验。

1．实验目的

通过安装和配置虚拟机，并建立一个虚拟局域网，主要有三个目的：

（1）为网络安全攻防实验做准备。利用虚拟机软件可以构建虚拟网，模拟复杂的网络环境，可以让用户在单机上实现多机协同作业，进行网络协议分析等功能。

（2）网络安全实验可能对系统具有一定破坏性，虚拟局域网可以保护物理主机和网络的安全。而且一旦虚拟系统瘫痪后，也可以在数秒内得到恢复。

（3）利用 VMware Workstation 8.0 for Windows 虚拟机安装 Windows 8，可以实现在一台机器上同时运行多个操作系统，以及一些其他操作功能，如屏幕捕捉、历史重现等。

2．实验要求及方法

实验要求主要包括如下几方面。

（1）预习准备

由于本实验内容是为了后续网络安全实验做准备的，因此最好提前做好虚拟局域网“预习”或对有关内容进行一些了解。

① Windows 8 原版光盘镜像：Windows 8 开发者预览版下载（微软官方原版）。

② VMware 8 虚拟机软件下载：VMware Workstation 8 正式版发布下载（支持 Windows 8，For Windows 主机）。

（2）注意事项及特别提醒

安装 VMware 时，需要将设置中的软盘移除，以免影响 Windows 8 的声音或网络。

由于网络安全技术更新快，技术、方法和软/硬件产品种类繁多，可能具体版本和界面等方面不尽一致或有所差异。特别是在具体实验步骤中，更应当多注重关键的技术方法，做到“举一反三、触类旁通”，不要钻“牛角尖”而过分重视细节。

（3）注意实验步骤和要点

安装完成虚拟软件和设置以后，需要重新启动才可正常使用。

建议实验用时：2 学时（90～100 分钟）

本次实验的**主要方法**包括：

构建虚拟局域网（VLAN）具有多种方法。可在 Windows Server 2012 运行环境下，安装虚拟机软件建立虚拟机，也可用 Windows 自带的连接设置方法，通过“网上邻居”建立。主要利用虚拟存储空间和操作系统提供的技术支持，使虚拟机上的操作系统通过网卡和实际操作系统进行通信，并且真实机和虚拟机可以通过以太网进行通信，形成一个小型的局域网环境。

① 利用虚拟机软件在一台计算机中安装多台虚拟主机，构建虚拟局域网，可以模拟复杂的真实网络环境，让用户在单机上实现多机协同作业。

② 由于虚拟局域网是个“虚拟系统”，所以一旦遇到网络攻击甚至造成系统瘫痪，实际的物理网络系统并未受到影响和破坏，所以虚拟局域网可在较短时间内得到恢复。

③ 在虚拟局域网络上，可以实现在一台机器上同时运行多个操作系统。

3．实验内容及步骤

VMware Workstation 是常用的、功能强大的桌面虚拟软件，可在安全、可移植的虚拟机中运行多种操作系统和应用软件，为用户提供同时运行不同操作系统和进行开发、测试、部署新应用程序的最佳解决方案。每台虚拟机相当于包含网络地址的 PC 建立 VLAN。

VMware 基于 VLAN，可为分布在不同范围、不同物理位置的计算机组建虚拟局域网，形成一个具有资源共享、数据传送、远程访问等功能的局域网。

利用 VMware 8 虚拟机安装 Windows 8，并可以建立虚拟局域网（VLAN）。

（1）安装 VMware 8 虚拟机。安装虚拟机界面如图 13-1 和图 13-2 所示。

（2）使用 VMware 安装 Windows 8，开始创建一个新虚拟机，并选择默认安装。

（3）选择第三个设置，稍后再进行配置。然后，选择 Windows。分别如图 13-3 和图 13-4 所示。

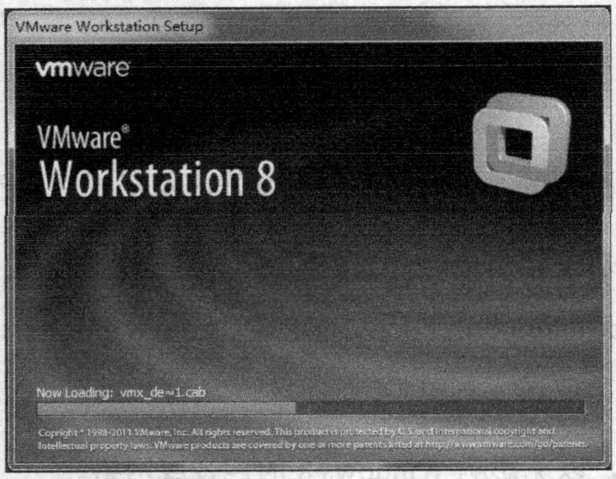

图 13-1 VMware 8 虚拟机安装界面

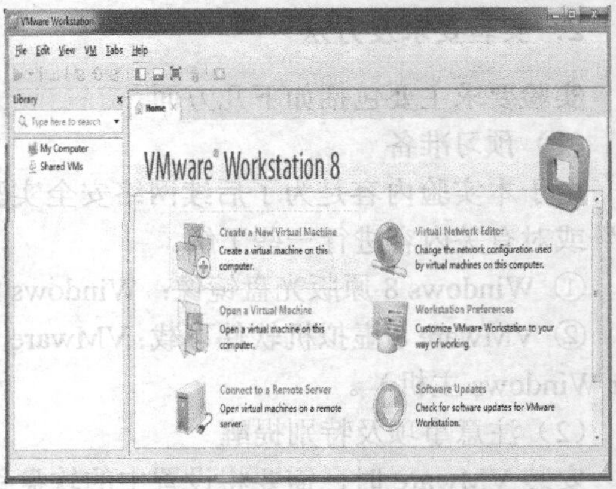

图 13-2 选择新建虚拟机等界面

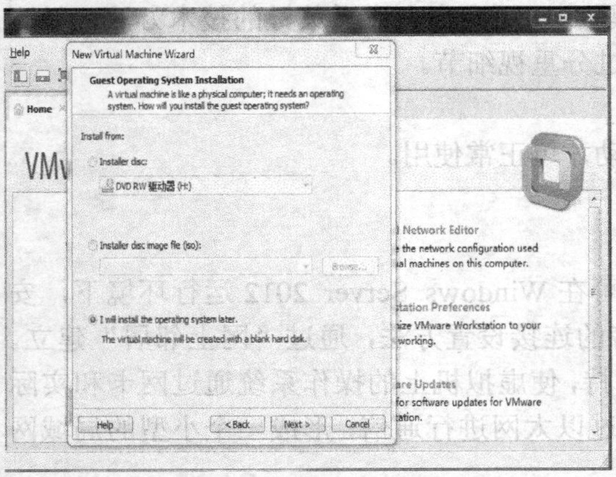

图 13-3 选择第三个设置

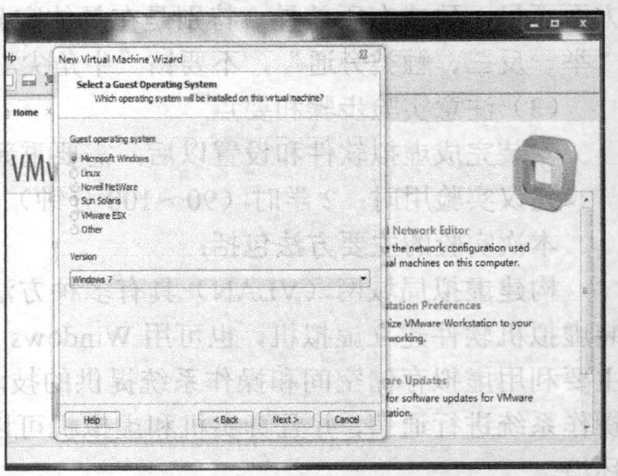

图 13-4 选择 Windows 界面

（4）设置虚拟机名称和安装位置，如图 13-5 所示。还可以设置虚拟机的处理器，如图 13-6 所示。

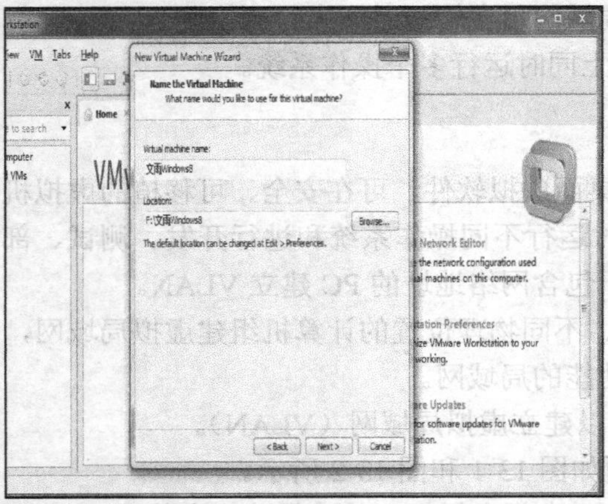

图 13-5 设置虚拟机名称和安装位置

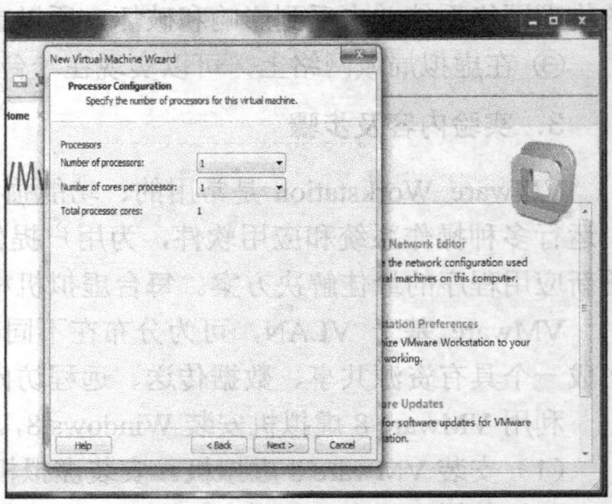

图 13-6 设置虚拟机的处理器

（5）设置虚拟机内存，对于 2GB 或 4GB 内存，建议设置为 1GB，如图 13-7 所示。虚拟机中的网络连接配置，如图 13-8 所示。

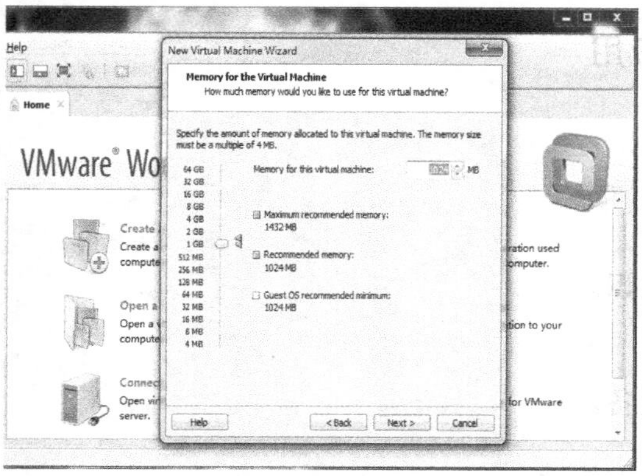

图 13-7　设置虚拟机内存

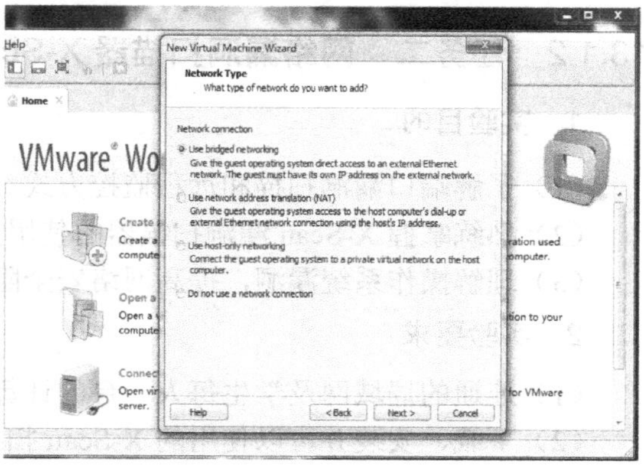

图 13-8　配置虚拟机中的网络连接

（6）选择 I/O 控制器类型为“默认”，如图 13-9 所示。根据需要可以创建一个新的虚拟硬盘，并选择默认 SCSI，如图 13-10 所示。进行虚拟硬盘设置，并在自定义具体的存储位置后，完成虚拟机配置。

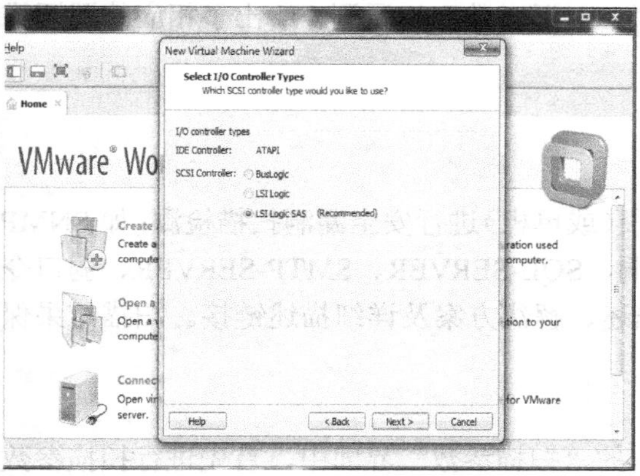

图 13-9　选择 I/O 控制器类型

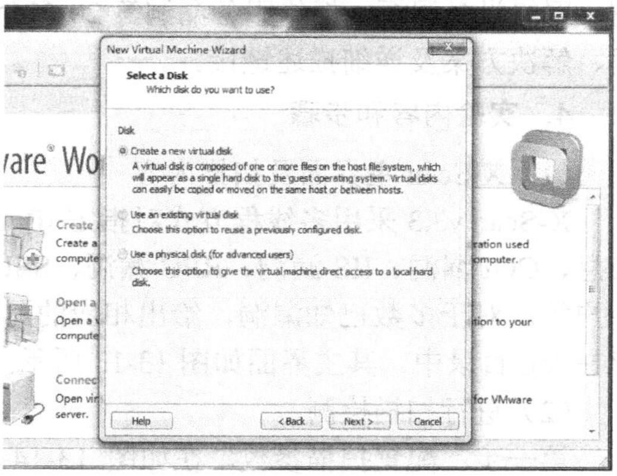

图 13-10　新建一个虚拟硬盘

（7）加载 Windows 8 ISO 镜像及相关设置。单击图 13-11 中的 CD/DVD(IDE)，在弹出的窗口中，选择加载 Windows 8 ISO 镜像。安装 Windows 8 前，在设置中移去软盘，以免影响 Windows 8 的声音或网络，如图 13-12 所示，单击开始运行。

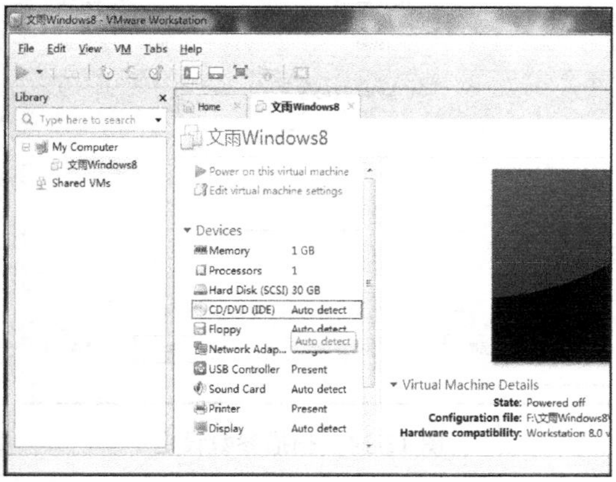

图 13-11　选择加载 Windows 8 ISO 镜像

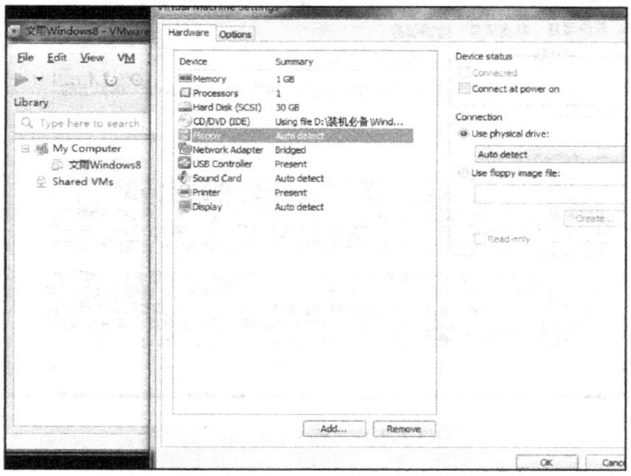

图 13-12　在设置中移去软盘

13.1.2　任务二　网络漏洞扫描器 X-Scan 应用

1．实验目的

（1）了解端口漏洞扫描和远程监控方式。

（2）熟练掌握 X-Scan 漏洞扫描器的使用方法。

（3）理解操作系统漏洞，提高网络安全隐患意识。

2．实验要求

（1）连通的局域网及学生每人一台的计算机设备。

（2）下载、安装并可以使用的 X-Scan 扫描器。

建议实验学时：2 学时。

3．实验原理

X-Scan 采用多线程方式对指定 IP 地址段（或单机）进行安全漏洞检测，支持插件功能。扫描内容包括：远程服务类型、操作系统类型及版本，各种弱口令漏洞、后门、应用服务漏洞、网络设备漏洞、拒绝服务漏洞等 20 多个大类。对于多数已知漏洞，给出了相应的漏洞描述、解决方案及详细描述链接。

4．实验内容和步骤

（1）X-Scan 主界面及扫描内容

X-Scan v3.3 采用多线程方式对指定 IP 地址段（或单机）进行安全漏洞扫描检测，如 SNMP 信息、CGI 漏洞、IIS 漏洞、RPC 漏洞、SSL 漏洞、SQL-SERVER、SMTP-SERVER、弱口令用户等。对于多数已知漏洞，给出相应的漏洞描述、解决方案及详细描述链接。扫描结果保存在/log/目录中。其主界面如图 13-13 所示。

（2）进行扫描检测

第一步：配置扫描参数。在如图 13-14 所示的“扫描参数”界面中，首先进行扫描参数设定，在指定 IP 范围中输入要扫描主机的 IP 地址（或是一个范围），设置为目标机服务器的 IP 地址 172.16.167.195，单击“确定”后进入如图 13-15 所示的界面继续设置。

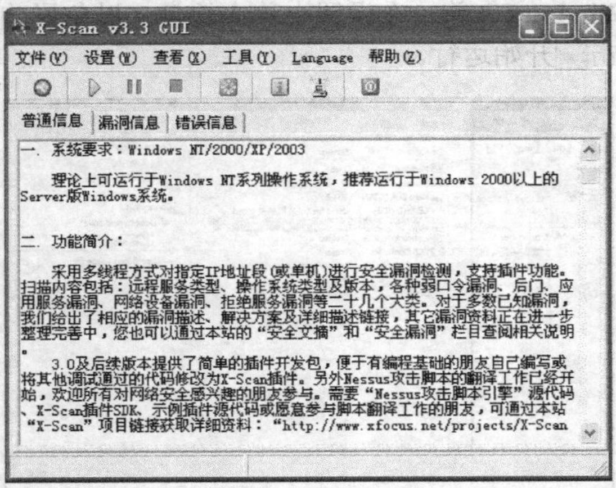

图 13-13　X-Scan 主界面

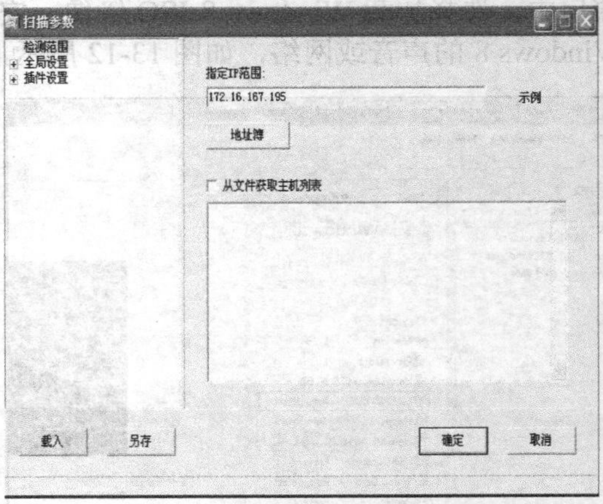

图 13-14　扫描参数设定

为大幅度提高扫描的效率，选择跳过 ping 不通的主机，跳过未开放端口的主机。其他的如“端口相关设置”等可以进行扫描，如扫描某一特定端口等特殊操作（X-Scan 默认只扫描一些常用端口），如图 13-16 所示。

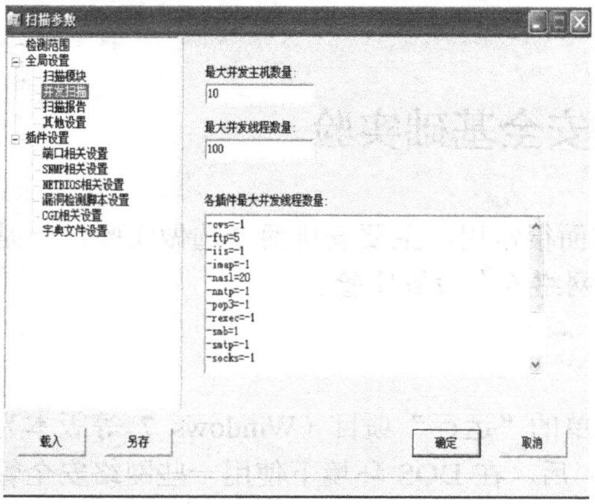

图 13-15　扫描参数设定（1）

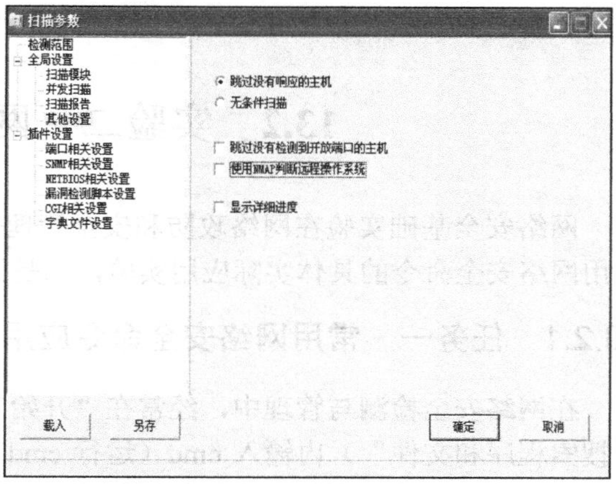

图 13-16　扫描参数设定（2）

第二步，选择需要扫描的项目，单击扫描模块可以选择扫描的项目，如图 13-17 所示。

第三步，开始扫描，如图 13-18 所示。该扫描过程较长，需要耐心等待，并思考各种漏洞的含义。扫描结束后自动生成检测报告，单击“查看”，选择检测报表为 HTML 格式，如图 13-19 所示。

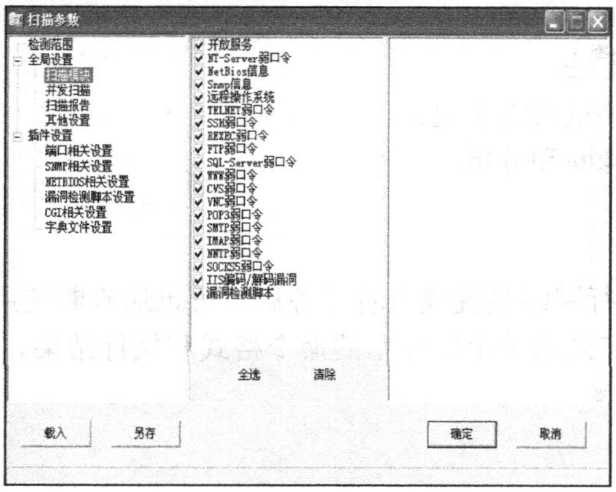

图 13-17　选择扫描项目

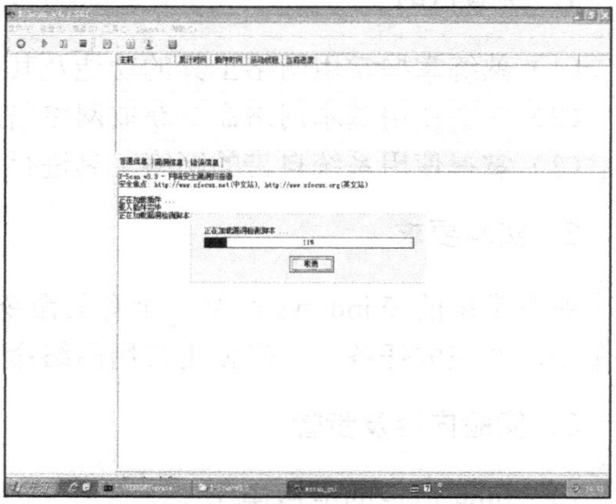

图 13-18　开始扫描界面

第四步，生成报表类型，如图 13-20 所示。

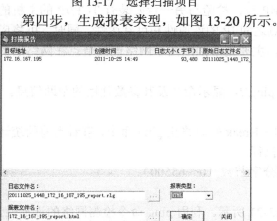

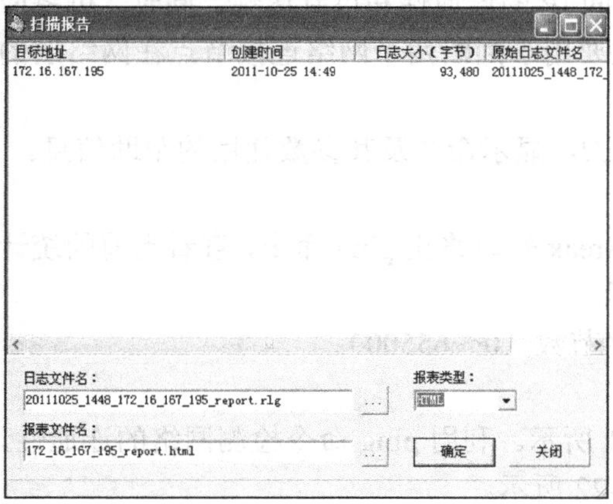

图 13-19　扫描报表内容

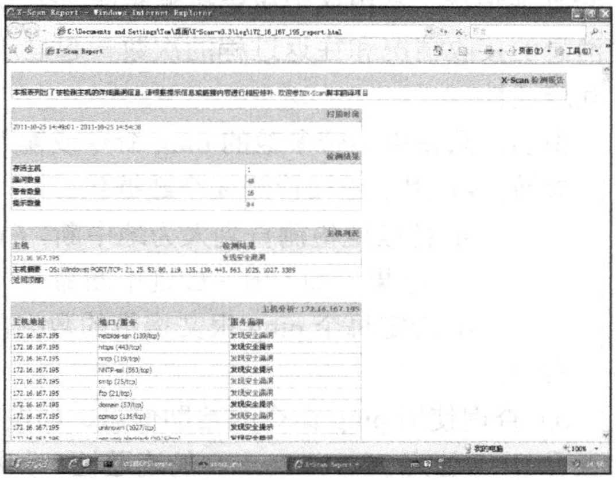

图 13-20　选择报表类型

从扫描结果可以看出，测试服务器存在大量的安全漏洞。在此之后可用相同的方法扫描靶机服务器上的虚拟机。经过对比结果后，可以针对其中的两种漏洞进行详细分析，并找出防范该漏洞的方法。

13.2 实验二 网络安全基础实验

网络安全基础实验在网络攻防和安全管理等方面很常用，主要安排两个选做实验：一是常用网络安全命令的具体实际应用实验，二是无线网络安全设置实验。

13.2.1 任务一 常用网络安全命令应用

在网络安全检测与管理中，经常在“开始”菜单的“运行”项目（Windows 7 等版本为“搜索程序和文件”）内输入 cmd（运行 cmd.exe）后，在 DOS 环境下使用一些网络安全管理工具和命令方式，直接查看和检测网络的有关信息。常用的网络安全命令包括：判断主机是否连通的 ping 命令，查看 IP 地址配置情况的 ipconfig 命令，查看网络连接状态的 netstat 命令，进行网络操作的 net 命令和进行定时器操作的 at 命令等。

1. 实验目的

（1）熟练掌握常用网络工具的功能及其使用方法。
（2）学会使用基本网络命令获取网络信息，测试网络状况。
（3）掌握使用系统自带的网络工具进行网络诊断和分析。

2. 实验要求

熟悉常用的 Windows 网络安全有关命令，进行网络设置或查看任务后，可迅速判断使用的命令，并完成任务。正确使用常用网络命令，记录实验中所使用的命令格式和执行结果。

3. 实验内容及步骤

（1）ping 命令的应用操作

功能：通过发送 Internet 控制报文协议 ICMP 包，检验与另一台安装有 TCP/IP 的主机的 IP 级连通情况。常用这个命令检测验证两个节点之间 IP 的连通性和可到达性。同时，可将应答消息的接收情况和往返过程的次数一起显示，主要用于判断两个网络连接节点在网络层的相互连通性。

说明：只使用不带参数的 ping 命令或输入 ping/?，显示命令及其参数使用的帮助信息。

参数：-n 用于连续检测 *n* 个数据包。

-t 持续地检测直到人为地中断，Ctrl + Break 暂时终止 ping 命令，查看当前的统计结果，而 Ctrl + C 则中断命令的执行。

-l 指定每个 ping 报文携带的数据部分字节数（0～65500）。

实例：

① 查询使用 ping 命令的帮助信息，如图 13-21 所示。利用 ping 命令检测网络的连通性，如查看 IP 地址为 172.18.25.109 的连通性，如图 13-22 所示。

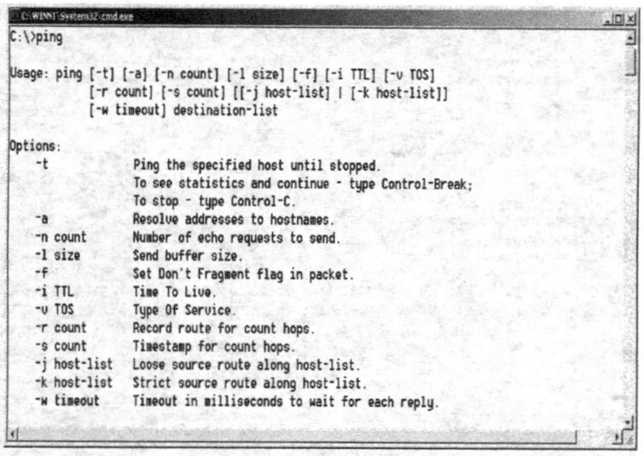

图 13-21 使用 ping 命令的帮助信息

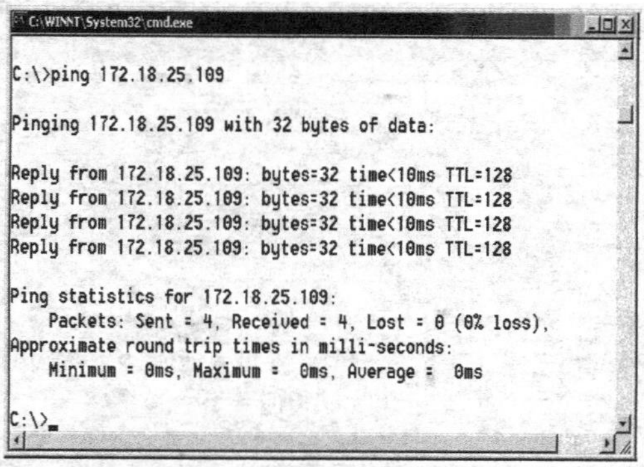

图 13-22 利用 ping 命令检测网络的连通性

② ping -l 应用操作。具体应用操作如图 13-23 和图 13-24 所示。

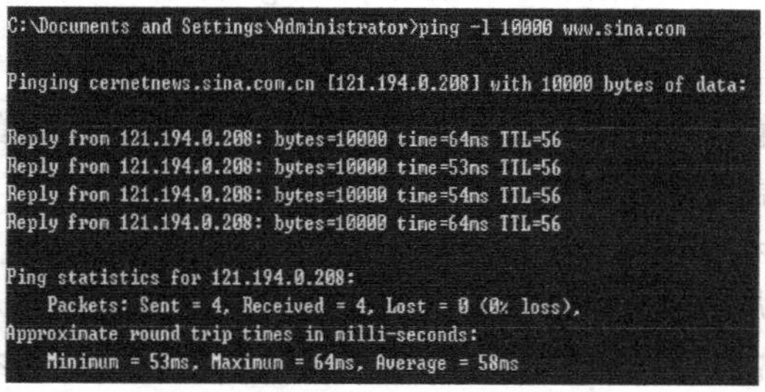

图 13-23 利用 ping -l 操作（1）

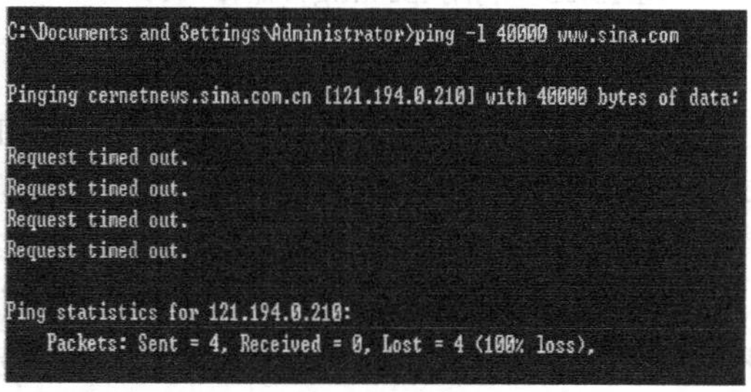

图 13-24 利用 ping -l 操作（2）

由此可见，ping 不通发送包长度太大的情况，可按服务器安全考虑进行相应的设置。

（2）ipconfig 命令的应用

功能：获得目标主机的配置信息，包括 IP 地址、子网掩码和默认网关，以及所有 TCP/IP 网络配置信息，刷新动态主机配置协议 DHCP 和域名系统 DNS 设置。

格式：ipconfig [/? | /all | /release [adapter] | /renew [adapter]
| /flushdns | /registerdns
| /showclassid adapter
| /setclassid adapter [classidtoset]]

说明：使用不带参数的 ipconfig 可显示所有适配器的 IP 地址、子网掩码和默认网关。

实例：

① ipconfig /?。具体应用的实际操作，如图 13-25 和图 13-26 所示。

② ipconfig /all。利用此命令可以查看所有完整的 TCP/IP 配置信息。

由此可见所有网卡的连接配置情况，在此截取两个网卡，包括 DNS、网关情况、网卡信息、MAC 地址和型号等信息。

③ ipconfig /release 和 ipconfig /renew。对此两个附加选项，只能在向 DHCP 服务器使用其 IP 地址的主机上起作用。若输入 ipconfig /release，则所有接口的 IP 地址便重新交付给 DHCP 服务器（归还 IP 地址）。若输入 ipconfig /renew，则本地计算机便设法与 DHCP 服务器取得联系，并使用一个 IP 地址。需要注意，多数情况下网卡将被重新赋予和以前相同的 IP 地址。

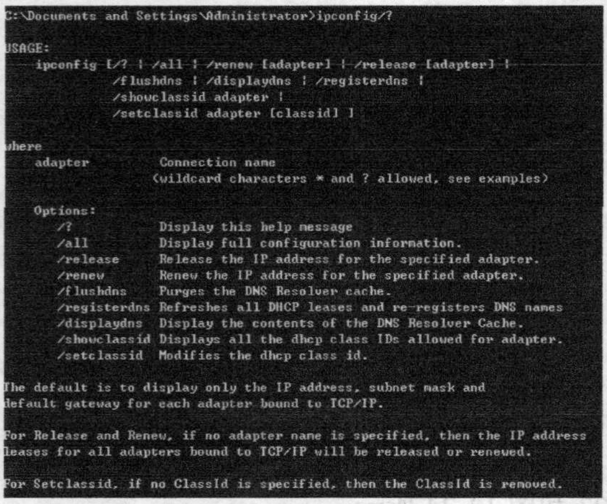

图 13-25 利用 ipconfig /?操作（1）

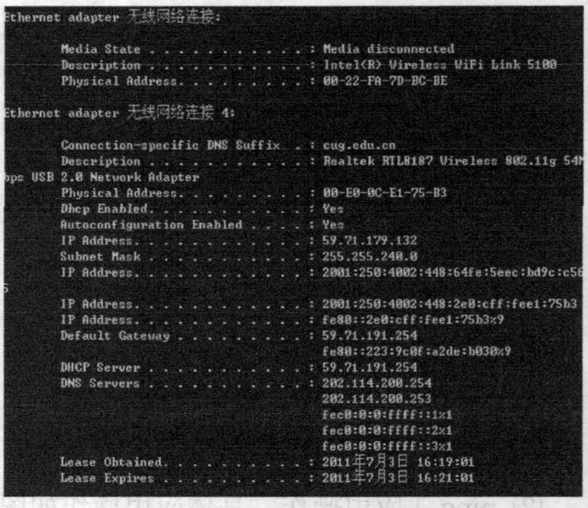

图 13-26 利用 ipconfig /?操作（2）

（3）netstat 命令的应用

功能：显示协议统计信息和当前的 TCP/IP 连接。包括：显示活动的连接、计算机监听的端口、以太网统计信息、IP 路由表、IPv4 统计信息（IP、ICMP、TCP 和 UDP 协议）。

说明：*该命令只有在安装了 TCP/IP 协议后才可使用。*

参数：使用 netstat -an 命令可以查看目前活动的连接和开放的端口，是查看网络是否被入侵的最简方法。若状态为 LISTENING，则表示端口正在被监听，还未与其他主机相连，若状态为 ESTABLISHED，则表示正在与某主机连接并通信，同时显示该主机的 IP 地址和端口号。

-a 显示所有连接和侦听端口。服务器连接通常不显示。

-e 显示以太网统计。该参数可以与-s 选项结合使用。

-n 以数字格式显示地址和端口号（而不是尝试查找名称）。

-s 显示每个协议的统计。默认情况下，显示 TCP、UDP、ICMP 和 IP 的统计。

-p 该选项可以用来指定默认的子集。-p protocol 显示由 protocol 指定的协议的连接。

-r 显示关于路由表的内容。

① 使用 netstat -an 命令可以查看目前活动的连接和开放的端口，如图 13-27 所示。

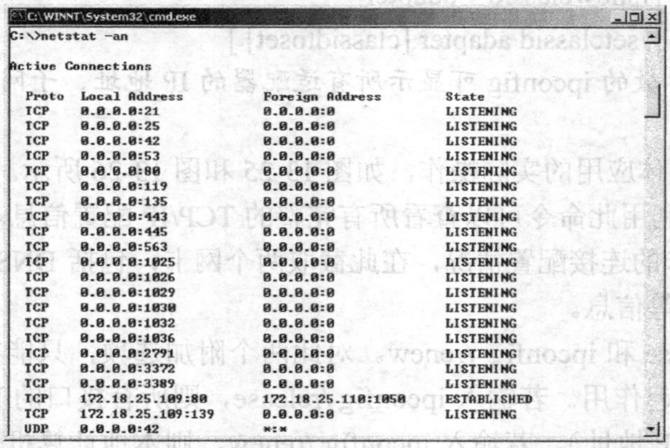

图 13-27 用 netstat -an 命令查看连接和开放的端口

② netstat -r 的具体实际应用操作如图 13-28 所示。

```
C:\Documents and Settings\Administrator> netstat -r

Route Table
===========================================================================
Interface List
0x1 ........................... MS TCP Loopback interface
0x2 ...00 50 56 c0 00 01 ...... VMware Virtual Ethernet Adapter for VMnet1
0x3 ...00 50 56 c0 00 08 ...... VMware Virtual Ethernet Adapter for VMnet8
0x4 ...00 23 5a 16 70 a9 ...... Broadcom NetLink (TM) Fast Ethernet - 数据包计划
程序微型端口
0x5 ...00 22 fa 7d bc be ...... Intel(R) WiFi Link 5100 AGN - 数据包计划程序微型
端口
0x10007 ...00 e0 0c e1 75 b3 ...... Realtek RTL8187 Wireless 802.11g 54Mbps USB
2.0 Network Adapter - 数据包计划程序微型端口
===========================================================================
===========================================================================
Active Routes:
Network Destination        Netmask          Gateway       Interface  Metric
          0.0.0.0          0.0.0.0    59.71.191.254   59.71.179.132       25
       10.10.10.0    255.255.255.0       10.10.10.1      10.10.10.1       20
       10.10.10.1  255.255.255.255        127.0.0.1       127.0.0.1       20
     ------------    -------------    -------------   -------------       --
      59.71.176.0    255.255.240.0    59.71.179.132   59.71.179.132       25
Default Gateway:     59.71.191.254
===========================================================================
Persistent Routes:
  None_---------    -------------    -------------   -------------       --
```

图 13-28　利用 netstat -r 操作界面

可以看到具体详细的路由表信息。

③ netstat -n 实际操作应用。具体案例如图 13-29 所示。

```
C:\Documents and Settings\Administrator>netstat -n

Active Connections

  Proto  Local Address          Foreign Address        State
  TCP    59.71.179.132:2794     121.194.0.133:80       ESTABLISHED
  TCP    59.71.179.132:3549     121.194.0.133:80       LAST_ACK
  TCP    59.71.179.132:3561     183.60.48.175:443      ESTABLISHED
  TCP    59.71.179.132:3562     183.60.48.175:80       TIME_WAIT

C:\Documents and Settings\Administrator>netstat -n

Active Connections

  Proto  Local Address          Foreign Address        State
  TCP    59.71.179.132:2794     121.194.0.133:80       ESTABLISHED
  TCP    59.71.179.132:3561     183.60.48.175:443      ESTABLISHED
```

图 13-29　利用 netstat -n 操作案例

（4）net 命令的应用

功能：查看计算机上的用户列表、添加和删除用户、与对方计算机建立连接、启动或者停止某网络服务等。包括：管理网络环境、服务、用户、登录等 Windows 中大部分重要的管理功能。可以轻松地管理本地或远程计算机的网络环境，以及各种服务程序的运行和配置。也可进行用户和登录管理等。

参数说明：

net view：net view IP 用于显示一台计算机上的共享资源列表。当不带选项使用本命令时，它会显示当前域或网络上的计算机上的列表。任何局域网中的人都可以发出此命令，而且不需要提供用户 ID 或口令。

net use：把远程主机的某个共享资源映射为本地盘符，图形界面方便使用。命令格式为 net use x: \\IP\sharename。建立 IPC$连接（net use \\IP\IPC$ "password" /user:"name"）。

net start：用来启动远程主机上的服务，如图 13-30 所示。

net user：查看和账户有关的情况，包括新建账户、删除账户、查看特定账户、激活账户、账户禁用等。该命令为克隆账户提供了前提。键入不带参数的 net user，可查看所有用户，含已经禁用的用户。

net localgroup：查看所有和用户组有关的信息并进行相关操作。键入不带参数的 net localgroup 即列出当前所有的用户组。可以用于将某个账户提升为 administrator 组账户，如图 13-31 所示。

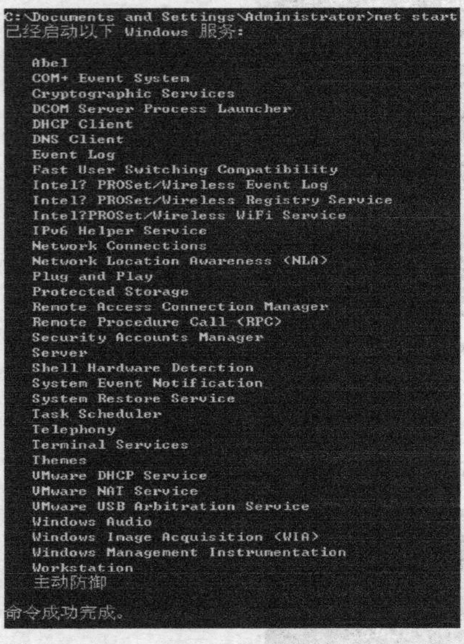

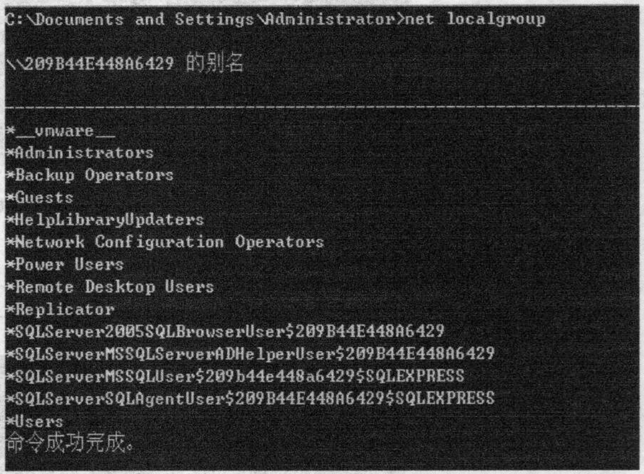

图 13-30 利用 net start 操作界面　　　　图 13-31 利用 net localgroup 操作状况

由此可见本机开启的所有服务，从中可以判断是否存在安全威胁和隐患。

（5）at 命令的应用

主要功能是在与对方建立信任连接以后，创建一个计划任务，并设置执行时间。

【案例 13-1】 在对方主机创建一个“定时器”任务。

在得知对方系统管理员的密码为 123456 并与对方建立信任连接以后，在对方主机建立一个任务。执行结果如图 13-32 所示。

文件名称：13-1.bat

```
net use * /del
net use \\172.18.25.109\ipc$ 123456 /user:administrator
net time \\172.18.25.109
at 8:40 notepad.exe
```

4．实验小结

常用网络命令虽然使用起来很简单方便，但也能透露出很多安全信息，甚至被黑客用于入侵。例如，ping 命令不仅能用于快速查找局域网故障，还能对别人进行攻击，对多台主机同时 ping 一台服务器的话，就构成了 DoS 攻击。

还可以通过 netstat 命令查询 QQ 好友的 IP 地址，其流程如下：给对方发送一张图片，然后执行 netstat -n 命令，在弹出的界面中能看到当前究竟有哪些地址和自身计算机建立了连接。如果对应某个连接的状态为 ESTABLISHED，表明彼此计算机之间的连接已经成功。此时计算机连接如图 13-33 所示。

```
C:\WINNT\System32\cmd.exe

C:\>net use * /del
您有以下的远程连接:

                \\172.18.25.109\ipc$
继续运行会取消连接。

是否继续此操作? (Y/N) [N]: y
命令成功完成。

C:\>net use \\172.18.25.109\ipc$ 123456 /user:administrator
命令成功完成。

C:\>net time \\172.18.25.109
\\172.18.25.109 的当前时间是 2013/08/14 上午 08:31

命令成功完成。

C:\>at 8:40 notepad.exe
新加了一项作业，其作业 ID = 1

C:\>_
```

图 13-32　创建定时器界面

```
C:\Documents and Settings\Administrator>netstat -n

Active Connections

  Proto  Local Address          Foreign Address        State
  TCP    59.71.179.132:3693     183.60.48.175:80       ESTABLISHED
  TCP    59.71.179.132:3821     183.60.48.175:80       CLOSE_WAIT
  TCP    59.71.179.132:3839     115.68.76.16:80        ESTABLISHED
  TCP    59.71.179.132:4007     119.75.219.36:80       ESTABLISHED
  TCP    59.71.179.132:4061     123.125.115.170:80     ESTABLISHED
  TCP    59.71.179.132:4076     27.19.249.253:3354     ESTABLISHED
```

图 13-33　利用 netstat -n 建立连接

总共可以看到 6 个连接，其中开放 80 端口的主机是腾讯服务器或其他服务器，以及 27.19.249.253，在 www.123cha.com 等网址上查询该地址，就可看到其物理地址。

这样的应用还有很多，像 netstat 和 net 命令中含有大量的查询功能，可以查看当前主机开放的服务或者建立的连接等。这样，当有可疑服务被开启或有可疑连接时，就能很快被发现，从而采取相应的措施。

【注意】通常，利用一些基本的网络命令和操作，也可以通过网络侵入别人的主机。要注意做好防范，做好安全设置并加固自身主机安全。

13.2.2　任务二　无线网络安全设置实验

1．实验目的

无线网络技术的应用非常广泛，在上述无线网络安全基本技术及应用的基础上，还要掌握小型无线网络的构建及其安全设置方法，进一步了解无线网络的安全机制，理解以 WEP 算法为基础的身份验证服务和加密服务。

2．实验要求

（1）实验设备

本实验需要使用至少两台安装有无线网卡和 Windows 操作系统的连网计算机。

（2）预习及注意事项

① 预习准备。本实验内容是对 Windows 操作系统进行无线网络安全配置，因此需要提前熟悉 Windows 操作系统的相关操作。

② 注意理解实验原理和各步骤的含义及实际应用。对于操作步骤要着重理解其原理，对于无线网络安全机制要充分理解其作用和含义。

③ 实验学时：2 学时（90～100 分钟）

3．实验内容及步骤

（1）无线网 SSID（Service Set Identifier，服务集标识）和 WEP（Wired Equivalent Privacy，有线等效保密协议）的设置

① 在配备无线网卡的计算机上，从“控制面板”中打开“网络连接”（新版的 Windows 操作系统为“网络和 Internet”，操作类似）窗口，如图 13-34 所示。

② 右键单击“无线网络连接”图标，在弹出的快捷菜单中选择“属性”选项，打开“无线网络属性”对话框，选中“无线网络配置”选项卡中的“用 Windows 配置我的无线网络设置”复选框，如图 13-35 所示。

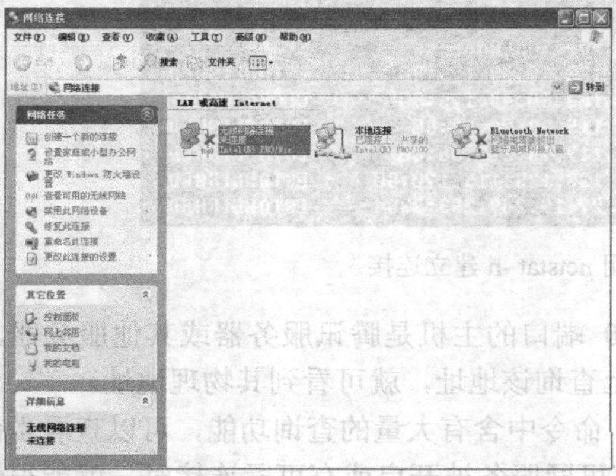

图 13-34 “网络连接”窗口

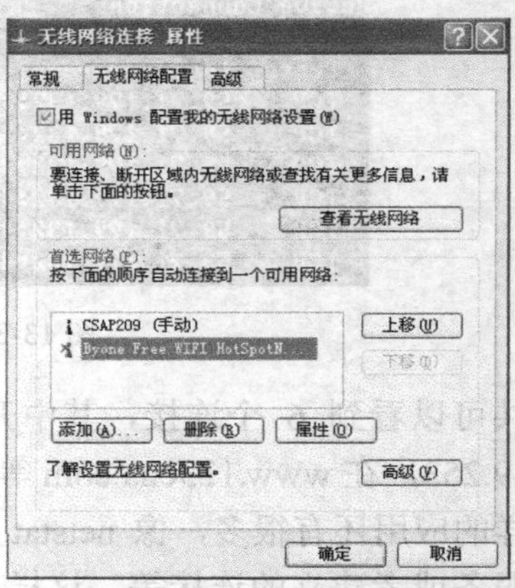

图 13-35 “无线网络连接属性”对话框

③ 单击“首选网络”选项组中的“添加”按钮，显示“无线网络属性”对话框，如图 13-36 所示。该对话框用来设置网络。

- 在“网络名（SSID）”文本框中输入一个名称，如 hotspot，无线网络中的每台计算机都需要使用该网络名进行连接。
- 在“网络验证”下拉列表中选择网络验证的方式，建议选择“开放式”。
- 在“数据加密”下拉列表中选择是否启用加密，建议选择 WEP 加密方式。

④ 单击“确定”，返回“无线网络配置”选项卡，所添加的网络显示在“首选网络”选项组中。

⑤ 单击“高级”，打开“高级”对话框，如图 13-37 所示。选中“仅计算机到计算机（特定）”单选按钮。

⑥ 单击“关闭”返回，再单击“确定”按钮关闭。按照上述步骤，在其他计算机上也做同样的设置，计算机便会自动搜索网络进行连接。

打开“无线网络连接”窗口，单击“刷新网络列表”按钮，即可看到已连接的网络，还

可以断开或连接该网络。由于 Windows 可自动为计算机分配 IP 地址，即使没有为无线网卡设置 IP 地址，计算机也将自动获得一个 IP 地址，并实现彼此之间的通信。

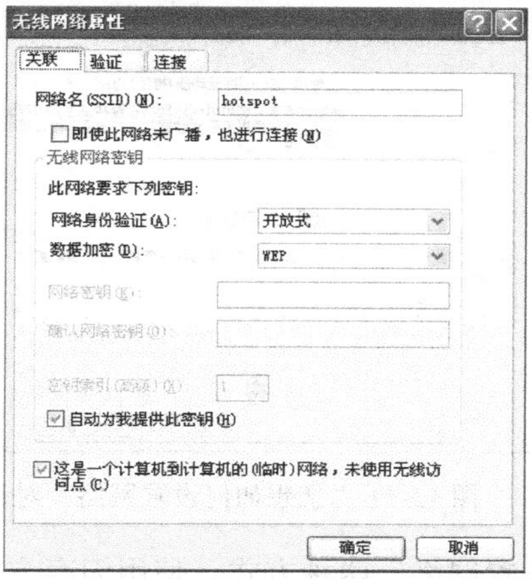

图 13-36 “无线网络属性”对话框

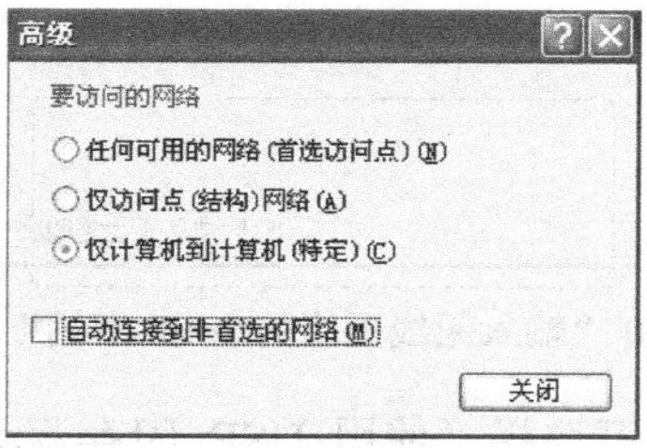

图 13-37 “高级”对话框

（2）运行无线网络安全向导

Windows 提供了“无线网络安全向导”来设置无线网络，以将其他计算机加入该网络。

① 在“无线网络连接”窗口中单击“为家庭或小型办公室设置无线网络”，显示“无线网络安装向导”对话框，如图 13-38 所示。

② 单击“下一步”按钮，显示“为您的无线网络创建名称”对话框，如图 13-39 所示。在“网络名（SSID）”文本框中为网络设置一个名称，如 lab。然后选择网络密钥的分配方式，默认为“自动分配网络密钥”。

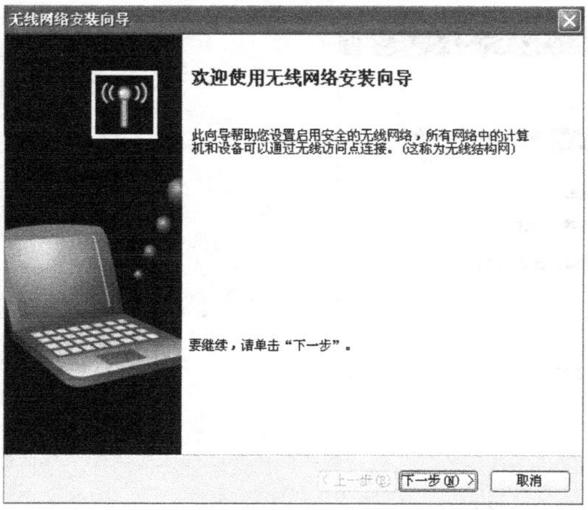

图 13-38 “无线网络安全向导”对话框

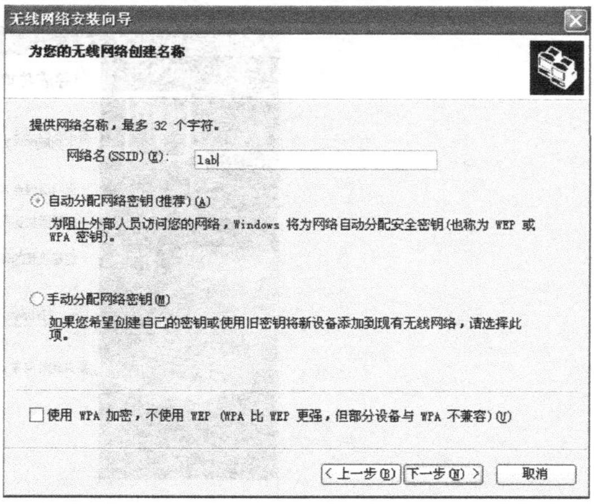

图 13-39 “为您的无线网络创建名称”对话框

如果希望用户必须手动输入密码才能加入网络，可选中“手动分配网络密钥”单选按钮，然后单击“下一步”按钮，在如图 13-40 所示的“输入无线网络的 WEP 密钥”对话框中，可以设置一个网络密钥。密钥必须符合以下条件：一是需要 5 或 13 个字符；二是 10 或 26 个字符，并使用 0～9 和 A～F 之间的字符。

③ 单击“下一步”按钮，在如图 13-41 所示的“您想如何设置网络？”对话框中，可以选择创建无线网络的方法。

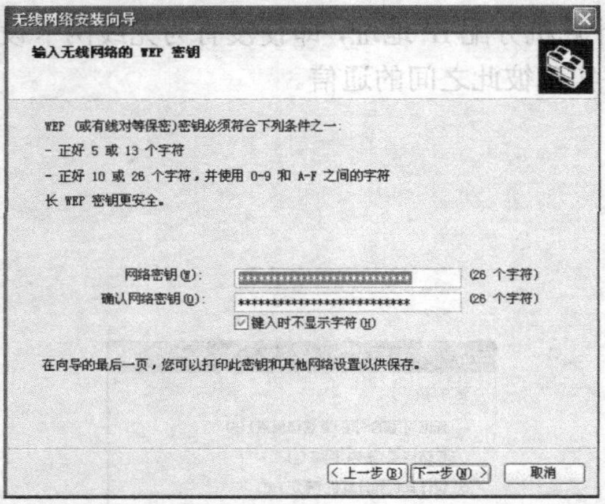

图 13-40 “输入无线网络的 WEP 密钥”对话框

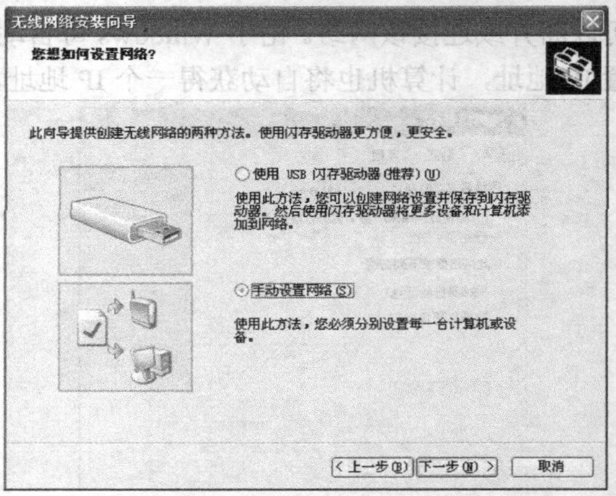

图 13-41 “您想如何设置网络”对话框

④ 可选择“使用 USB 闪存驱动器”和“手动设置网络”两种方式。使用闪存方式比较方便，但如果没有闪存盘，则可选中“手动设置网络”单选按钮，自己动手将每一台计算机加入网络。单击“下一步”，显示“向导成功地完成”对话框，如图 13-42 所示，单击“完成”按钮完成安装向导。

按上述步骤在其他计算机中运行“无线网络安装向导”并将其加入 lab 网络。不用无线 AP 也可将其加入该网络，多台计算机可组成一个无线网络，从而可以互相共享文件。

⑤ 单击“关闭”和“确定”按钮。

在其他计算机中可以进行同样的设置（须使用同一服务名），然后在“无线网络配置”选项卡中重复单击“刷新”按钮，建立计算机之间无线网络的连接，表示无线网络连接已成功。

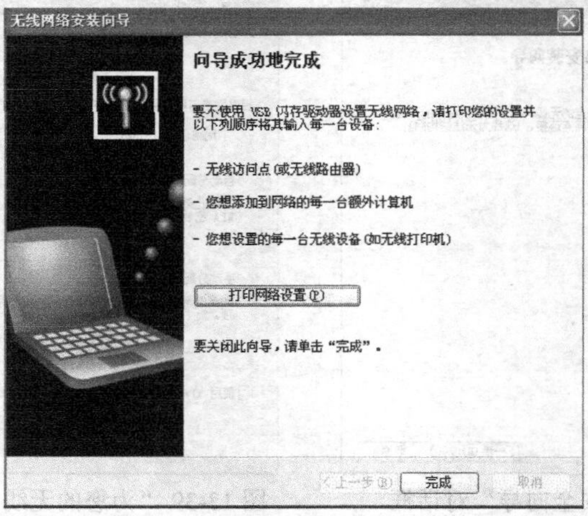

图 13-42　向导成功完成

13.3　实验三　网络检测及统一威胁管理实验

网络安全管理部分的实验主要安排选做网络安全检测实验和统一威胁管理（UTM）平台应用实验。为掌握网络的安全情况，需要利用网络安全检测工具进行检测，同时应当预防被黑客利用作为攻击前探寻漏洞的检测工具。统一威胁管理（UTM）安全平台是网络安全技术的一项新应用，可以应用相应软件进行实际演练和操作。

13.3.1 任务一　Sniffer 网络检测实验

Sniffer 软件是 NAI 公司研发的功能强大的协议分析软件。利用这个工具，可以监视网络的状态、数据流动变动情况和网络上传输的信息等。

1．实验目的

（1）利用 Sniffer 软件捕获网络信息数据包，然后通过解码进行检测分析。

（2）学会网络安全检测工具的实际操作方法，具体进行检测并写出结论。

2．实验要求及方法

（1）实验环境要求

① 硬件：三台 PC。单机基本配置见表 13-1。

② 软件：操作系统 Windows 2003 Server SP4 以上，Sniffer 软件。

🔔【注意】本实验是在虚拟实验环境下完成的，如要在真实的环境下完成，则网络设备应该选择集线器或交换机。如果是交换机，则在 C 机上要做端口镜像。

（2）实验方法

三台 PC 的 IP 地址及任务分配见表 13-2。实验用时：2 学时（90～100 分钟）。

表 13-1　设备基本配置

设　备	名　称
内存	1 GB 以上
CPU	2 GB 以上
硬盘	40 GB 以上

表 13-2　三台 PC 的 IP 地址及任务分配

设　备	IP 地址	任 务 分 配
A 机	10.0.0.3	用户 Zhao 利用此机登录到 FTP 服务器
B 机	10.0.0.4	已经搭建好的 FTP 服务器
C 机	10.0.0.2	用户 Tom 在此机利用 Sniffer 软件捕获 Zhao 的账号和密码

3．实验内容及步骤

（1）实验内容

三台 PC，其中用户 Zhao 利用已建好的账号在 A 机上登录到 B 机已经搭建好的 FTP 服务器，用户 Tom 在此机利用 Sniffer 软件捕获 Zhao 的账号和密码。

（2）实验步骤

① 在 C 机上安装 Sniffer 软件。启动 Sniffer 进入主窗口，如图 13-43 所示。

② 在进行流量捕捉之前，首先选择网卡，确定从计算机的哪个网卡接收数据，并将网卡设成混杂模式。网卡混杂模式，就是将所有数据包接收下来放入内存进行分析。设置方法：单击 File→Select Settings 命令，在弹出的对话框中进行设置，如图 13-44 所示。

③ 新建一个过滤器。

设置具体方法为：

- 单击 Capture→Define Filter 命令，进入 Define Filter – Capture 窗口界面。
- 单击 Profiles 命令，打开 Capture Profiles 对话框，单击 New 按钮。在弹出对话框的 New Profiles Name 文本框中输入 ftp_test，单击 OK 按钮。在 Capture Profiles 对话框中单击 Done 按钮，如图 13-45 所示。

④ 在 Define Filter 对话框的 Address 选项卡中，设置地址的类型为 IP，并在 Station 1 和 Station 2 中分别制定要捕获的地址对，如图 13-46 所示。

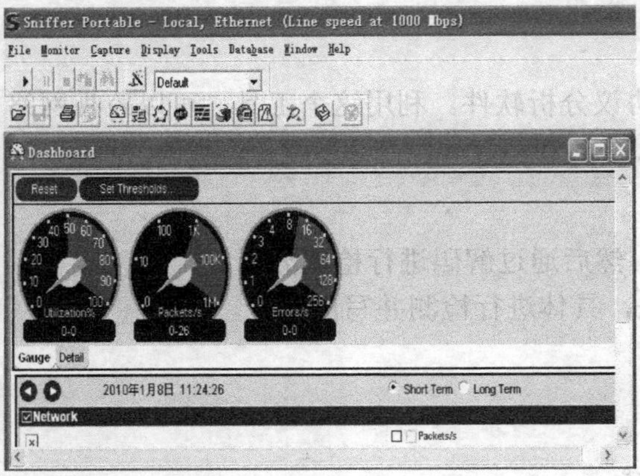

图 13-43 启动 Sniffer 主窗口

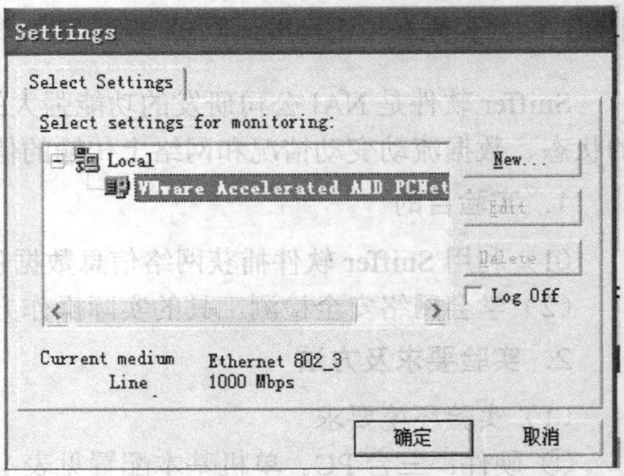

图 13-44 设置计算机的网卡

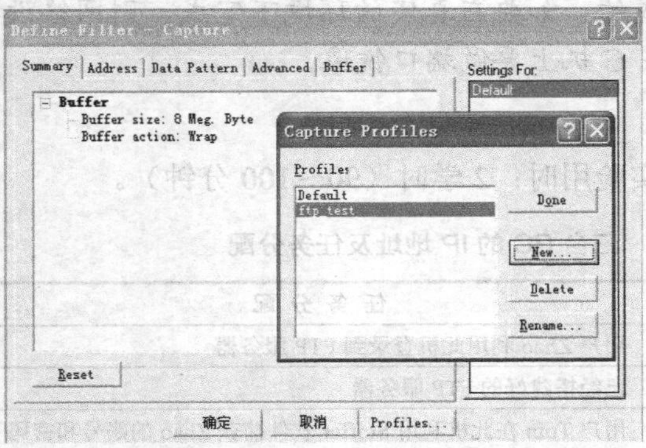

图 13-45 新建过滤器窗口之一

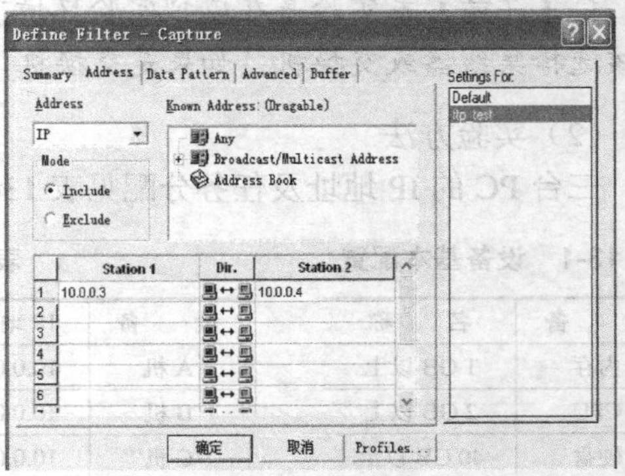

图 13-46 设置地址类型为 IP

⑤ 在 Define Filter 对话框的 Advanced 选项卡中，指定要捕获的协议为 FTP。

⑥ 主窗口中，选择过滤器为 ftp_test，然后单击 Capture→Start，开始进行捕获。

⑦ 用户 Zhao 在 A 机上登录到 FTP 服务器。

⑧ 当用户用名字 Zhao 及密码登录成功时，Sniffer 的工具栏会显示捕获成功的标志。

⑨ 利用专家分析系统解码分析，可得到基本信息，如用户名、客户端 IP 等。

13.3.2 任务二 统一威胁管理实验

1. 实验目的

统一威胁管理（Unified Threat Management，UTM）平台，实际上类似一多功能安全网关，与路由器和三层交换机不同的是，UTM 不仅可以连接不同的网段，在数据通信过程中还提供了丰富的网络安全管理功能。掌握 UTM 功能、设置与管理的方法和过程，增强利用 UTM 进行网络安全管理、分析问题和解决问题的实际能力，有助于以后更好地从事网络安全管理员或信息安全员的工作。具体介绍可参考贾铁军主编的《网络安全技术与实践》（高等教育出版社）一书中 5.5.5 节的内容。

2. 实验要求及方法

要做好对 UTM 平台功能、设置与管理方法和过程的实验，应当先做好实验的准备工作，实验时注意掌握具体的操作界面、实验内容、实验方法和实验步骤，重点是 UTM 功能、设置与管理方法和实验过程中的具体操作要领、顺序及细节。

3. 实验内容及步骤

（1）UTM 集成的主要功能

种类不同的 UTM 平台对“多功能”定义有所不同。H3C 的 UTM 产品在功能上最全面，特别是具备应用层识别用户的网络应用，控制网络中各种应用的流量，并记录用户上网行为的审计功能，相当于更高集成度的多功能安全网关。不同种类的 UTM 平台功能比较如表 13-3 所示。

表 13-3　种类不同的 UTM 平台功能比较

品牌 / 功能法	H3C	Cisco	Juniper	Fortinet
防火墙功能	√（H3C）	√（Cisco）	√（Juniper）	√（Fortinet）
VPN 功能	√（H3C）	√（Cisco）	√（Juniper）	√（Fortinet）
防病毒功能	√（卡巴斯基）	√（趋势科技）	√（卡巴斯基）	√（Fortinet）
防垃圾邮件功能	√（Commtouch）	√（趋势科技）	√（赛门铁克）	√（Fortinet）
网站过滤功能	√（Secure computing）	√（WebSense）	√（WebSense:SurControl）	○（无升级服务）
防入侵功能	√（H3C）	√（Cisco）	√（Juniper）	○（未知）
应用层流量识别和控制	√（H3C）	×	×	×
用户上网行为审计	√（H3C）	×	×	×

UTM 平台功能丰富，使用简单。UTM 集成的网络安全产品的主要功能包括：访问控制功能、防火墙功能、VPN 功能、入侵防御系统功能、病毒过滤、网站及 URL 过滤、流量管理控制、网络行为审计等。

（2）操作步骤及方法

经过登录并简单配置，即可直接管理 UTM 平台。

① 通过命令行设置管理员账号登录设备方法：选择 console 登录 XX 设备，在命令行设置管理员账号→设置接口 IP→启动 Web 管理功能→设置 Web 管理路径→使用 Web 登录访问，如图 13-47 所示。

② 通过命令行接口 IP 登录设备方法：选择 console 登录 XX 设备，命令行接口 IP→启动 Web 管理功能→设置 Web 管理路径→使用 Web 登录访问，如图 13-47 所示。

③ 利用默认用户名密码登录：H3C 设置管理 PC 的 IP 为 192.168.0.X→默认用户名密码直接登录，如图 13-48 所示。

常用的配置防火墙方法：

① 只要设置管理 PC 的网卡地址，连接 g0/0 端口，就可从此进入 Web 管理界面。

② 配置外网端口地址，将外网端口加入安全域，如图 13-49 所示。

③ 配置内网到外网的静态路由，如图 13-50 所示。

防火墙设置完成后，就可以直接上网。

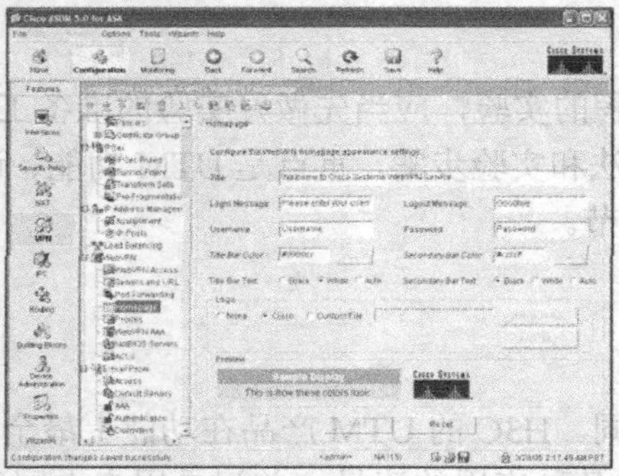

图 13-47 通过命令行登录设备界面

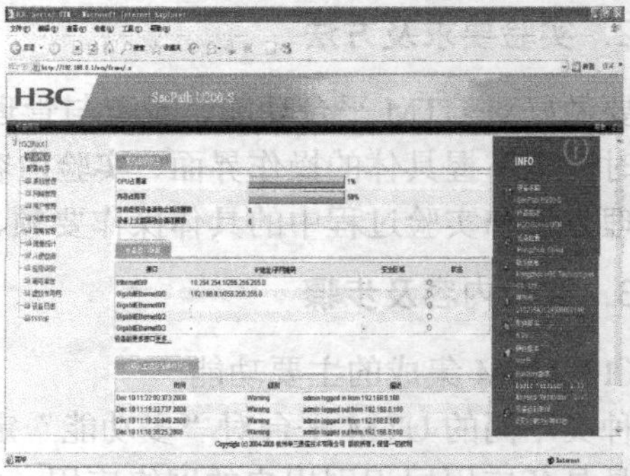

图 13-48 利用默认用户名密码登录

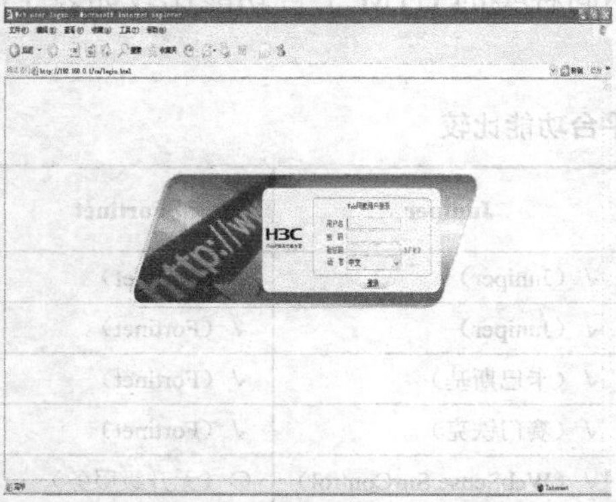

图 13-49 配置外网端口地址并加入安全域

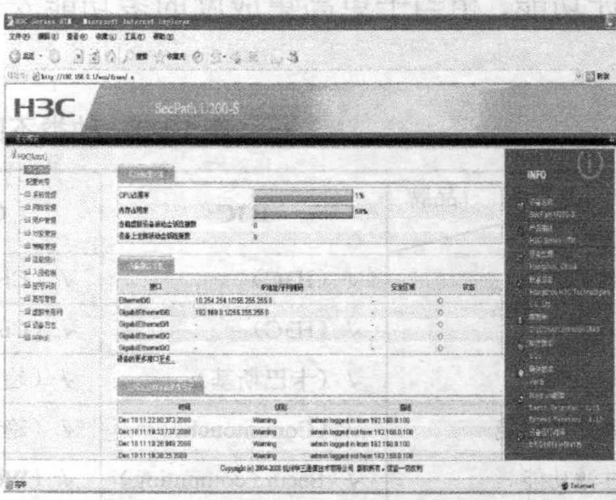

图 13-50 配置内网到外网的静态路由

流量定义和策略设定。激活高级功能，然后设置自动升级，并依此完成：定义全部流量、设定全部策略、应用全部策略，如图 13-51 所示。可以设置防范病毒等 5 大功能，还可管控网络的各种流量，用户应用流量及统计情况，如图 13-52 所示。

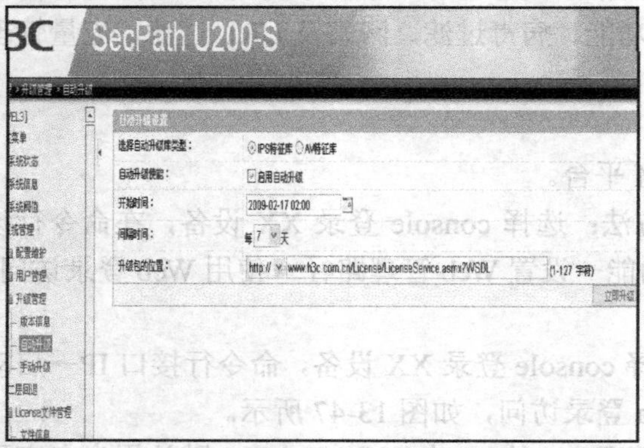

图 13-51 流量定义和策略设定

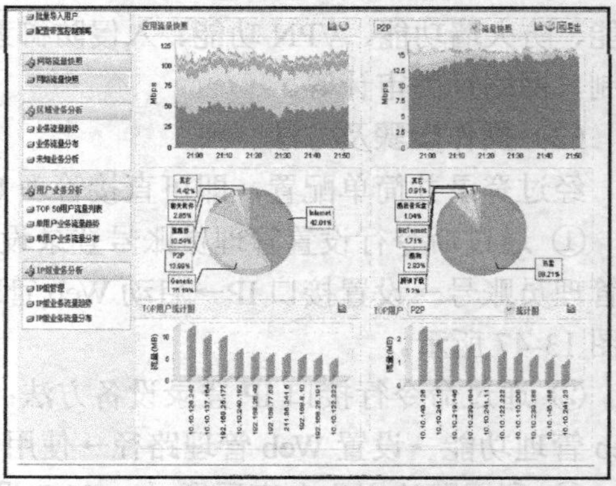

图 13-52 管控和统计网络流量

13.4 实验四 密码及加密技术

13.4.1 任务一 PGP 加密软件应用实验

PGP（Pretty Good Privacy）是一个常用的基于 RSA 公开密钥体制的邮件加密软件，可对用户邮件内容保密，以防止非法授权者阅读。它能对用户的电子邮件加上数字签名和密钥认证管理功能，从而使得收信人可以确信邮件是由真正的用户发来的。它的功能强大，而且源代码是免费的。例如，当用户 Alice 要传送一封保密信或档案给用户 Bob 时，必须先取得用户 Bob 的公钥，并将它加入用户 Alice 的公钥项中，然后使用 Bob 的公钥将信件加密。当用户 Bob 收到用户 Alice 加密的信件后，用户 Bob 必须利用其相对的私钥（Secret Key）进行解密。除非其他用户拥有用户 Bob 的私钥，否则无法解开用户 Alice 所加密的信件。同时，用户 Bob 在使用私钥解密时，还必须输入通行码，如此又可以对加密后的信息多了一层保护。

1．实验目的及要求

通过 PGP 软件的使用，进一步加深对非对称密码算法 RSA 的认识和掌握，熟悉软件的操作及主要功能，使用它加密邮件、普通文件。

2．实验方法

（1）实验环境与设备

网络实验室，每组必备两台装有 Windows 操作系统的 PC。

实验用时：2 学时（90～100 分钟）

（2）实验注意事项

① 实验课前必须预习实验内容，做好实验前准备工作，实验课上实验时间有限。

② 注重技术方法。由于网络安全技术更新快，软/硬件产品种类繁多，可能具体版本和界面等不尽一致或有所差异。在具体实验中应多注重方法。注意实验过程、步骤和要点。

③ 实验方法。建议 2 人一组，每组两台 PC，每人操作一台，相互操作。

3．实验内容及步骤

（1）实验内容

A 机上用户（pgp_user）传送一封保密信给 B 机上用户（pgp_user1）。首先 pgp_user 对这封信用自己的私钥签名，再利用 pgp_user1 的公钥加密后发给 pgp_user1。当 pgp_user1 收到 pgp_user 加密的信件后，使用其相对的私钥（Secret Key）来解密。再用 pgp_user 的公钥进行身份验证。

（2）实验步骤

两台 PC 上分别安装 PGP 软件。实验步骤：

① 运行安装文件 pgp8.exe，出现初始安装提示对话框，如图 13-53 所示。

② 单击 Next 按钮，出现选择用户类型对话框。首次安装用户，选择 No，I'm a New User（新用户）。

③ 单击 Next 按钮，之后不需改动默认设置，直至出现安装结束提示。

④ 单击 Finish 按钮，结束安装并启动计算机，安装过程结束。

以 pgp_user 用户为例，生成密钥对、获得对方公钥和签名。实验步骤：

① 第 1 步：重启软件。单击“开始”，选择“所有程序”→PGP →pgpkeys，见图 13-54。

② 第 2 步：设置姓名和邮箱。在出现的 PGP 软件产生密钥对的对话框中，单击“下一步”按钮，弹出设置姓名和邮箱的对话框，参考图 13-55 所示进行设置。

③ 第 3 步：设置保护用户密钥的密码

在打开的设置密码对话框中，在提示密钥输入的文本框中输入保护 pgp_user 用户密钥的密码（如 123456），并在确认框中再次输入。

图 13-53　安装 PGP 的欢迎界面

图 13-54　启动软件画面

单击“下一步”按钮。其余操作不需改动安装的默认设置，直至安装结束提示。

🔔【注意】最终会自动在“我的文档”文件夹中产生一个名为 PGP 的子文件夹，并产生两个文件：pubring.pkr 和 secring.pkr。

④ 第 4 步：导出公钥

单击任务栏上带锁的图标按钮，选择 pgpkeys 进入 PGPKeys 主界面，右键单击选择 export 选项。导出公钥（注意将导出的公钥放在一个指定的位置，文件的扩展名为.asc）。

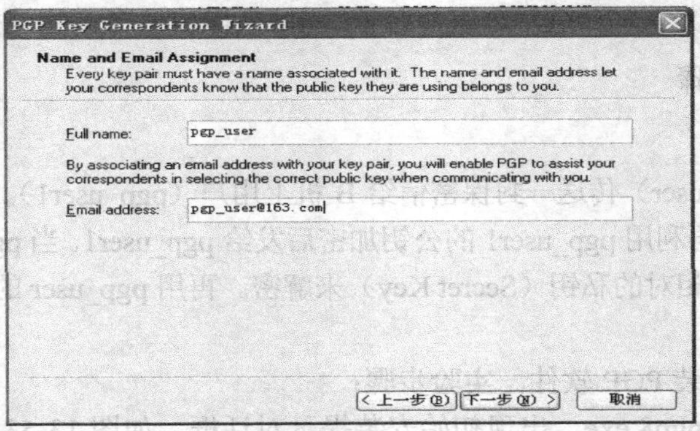

图 13-55　姓名和邮箱设置

⑤ 第 5 步：导入公钥

在 PGPKeys 主界面单击工具栏中的第 9 个图标，选择用户（user1）的公钥并导入，见图 13-56。

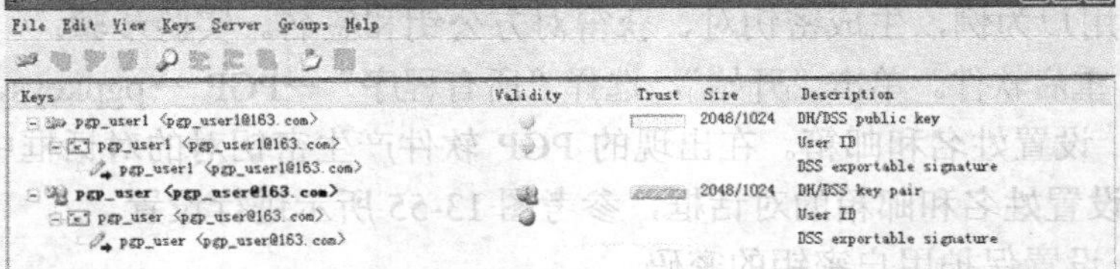

图 13-56　公钥导入

⑥ 第 6 步：文件签名。pgp_user 对导入的公钥进行签名。右键单击选 sign，输入 pgp_user 的密钥。

以上操作，用户 pgp_user1 同样地在 B 机上实现。pgp_user 用私钥对文件签名，再用 pgp_user1 的公钥加密，并传送文件给 pgp_user1。

a）创建一个文档并右键单击，如图 13-57 所示，选择 PGP→Encrypt&Sign 选项。

b）选择接收方 pgp_user1，按照提示输入 pgp_user 私钥。

c）此时将产生一个加密文件，将此文件发送给 pgp_user1。

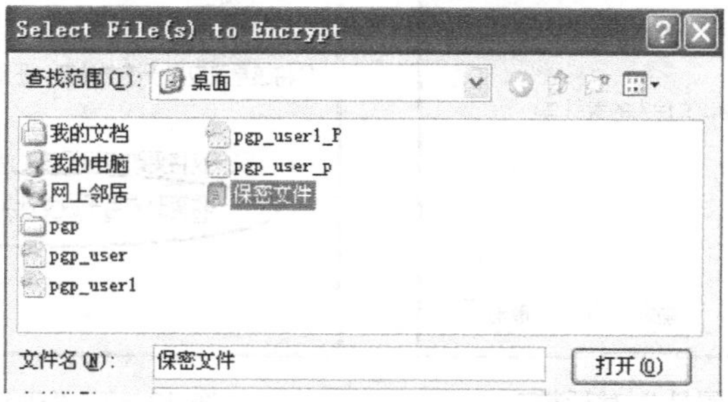

图 13-57　生成加密文件

pgp_user1 用私钥解密，再进行身份验证。

a）pgp_user1 收到文件后右键单击，选择 PGP→Decrypt&Verify 选项。

b）在输入框中根据提示输入 pgp_user1 的私钥解密并验证。

13.4.2 任务二　用 EFS 加密文件的方法

1. 实验目标

（1）掌握利用加密文件系统（Encrypting File System，EFS）加密的方法。

（2）理解加密文件和备份密钥的重要性。

2. 实验内容

（1）用 EFS 加密文件。

（2）进行备份密钥操作。

（3）导入密钥及保存管理。

实验所需的设备和软件为：装有 Windows 操作系统的 PC 一台，有 NTFS 分区。

3. 实验步骤

（1）用 EFS 加密文件

步骤 1：建立两个账户，一个为 liyinhuan1，另一个为 liyinhuan2。

步骤 2：用 liyinhuan1 登录系统。在 NTFS 分区上建立一个 lyhtest 文件夹，在该文件夹中再建立一个 test.txt 文本文件，在该文本文件中任意输入一些内容。

步骤 3：开始利用 EFS 加密 test.txt 文件。右键单击 test 文件夹，在弹出的快捷菜单中选择“属性”命令，打开“test 属性”对话框，在“常规”选项卡中单击“高级”按钮，打开“高级属性”对话框，如图 13-58 所示。

步骤 4：选中“加密内容以便保护数据”复选框，单击“确定”按钮返回“test 属性”对话框，再单击“确定”按钮，打开“确认属性更改”对话框，选中“将更改应用于该文件夹、子文件夹和文件”单选按钮，如图 13-59 所示，单击“确定”按钮。

此时，test 文件夹名和 test.txt 文件名的颜色变为绿色，表示处于 EFS 加密状态。

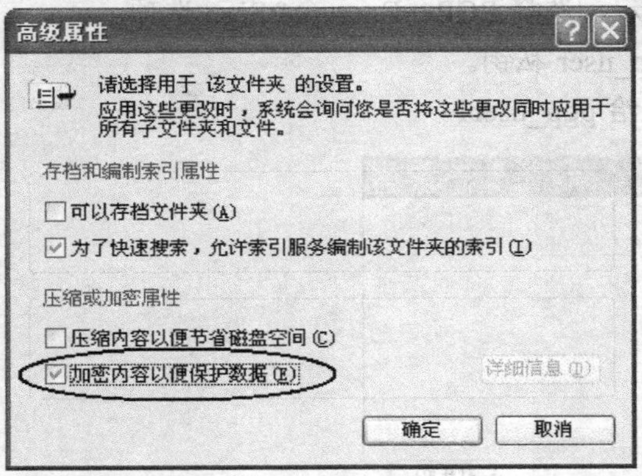

图 13-58 “高级属性”对话框

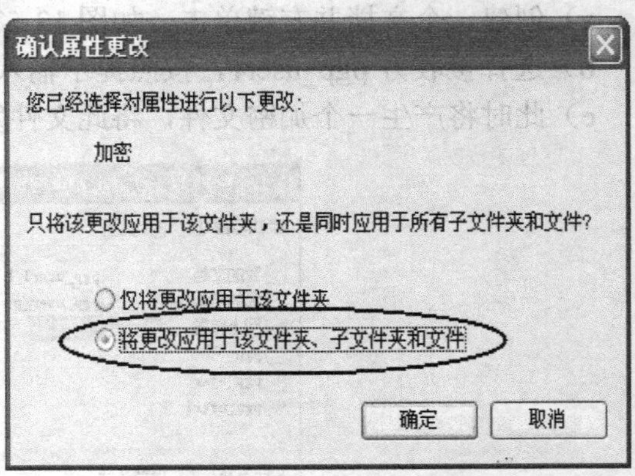

图 13-59 “确认属性更改”对话框

（2）备份密钥

步骤 1：运行 mmc.exe 命令，打开“控制台 1”窗口，选择“文件”→“添加/删除管理单元”命令，打开“添加/删除管理单元”对话框，单击“添加”命令，添加“证书”服务后，单击“确定”按钮。

步骤 2：在“控制台 1”窗口中，展开“证书”→“个人”→“证书”选项，在右侧窗格中右键单击 user1 账户名，在弹出的快捷菜单中选择“所有任务”→“导出”命令，如图 13-60 所示。

步骤 3：在打开的证书导出向导中，单击“下一步”按钮，打开“导出私钥”对话框，选中“是，导出私钥”单选按钮，如图 13-61 所示。

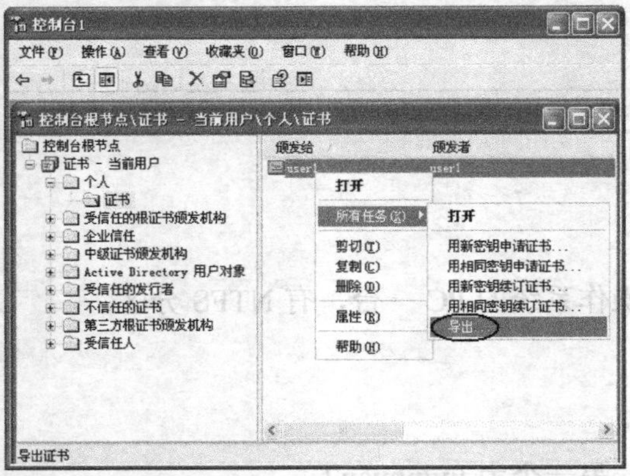

图 13-60 “控制台 1”窗口

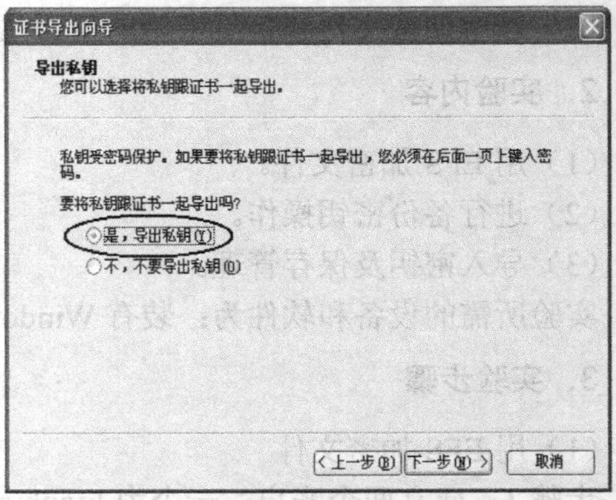

图 13-61 证书导出向导

步骤 4：单击“下一步”按钮，打开“导出文件格式”对话框，选中“如果可能，将所有证书包括到证书路径中”和“启用加强保护”复选框，如图 13-62 所示。

步骤 5：单击“下一步”按钮，打开“密码”对话框，输入密码以保护导出的私钥，如图 13-63 所示。

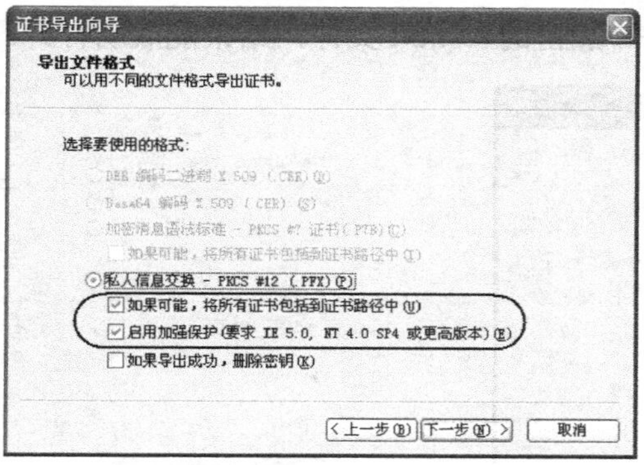

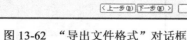

图 13-62　“导出文件格式”对话框

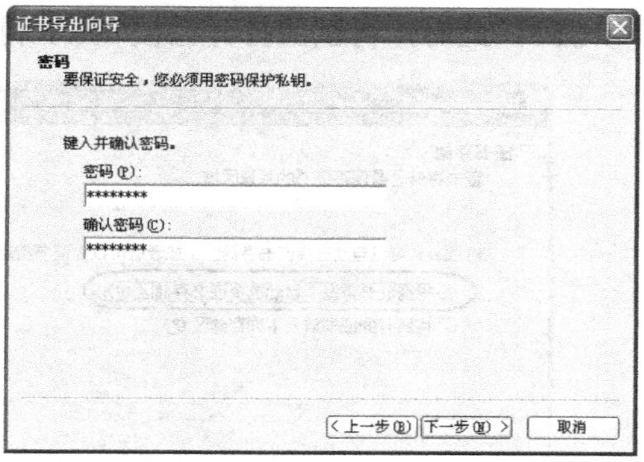

图 13-63　输入确认“密码”对话框

步骤 6：单击“下一步”按钮，打开“要导出的文件”对话框，选择保存证书的路径，如图 13-64 所示，单击“下一步”按钮，再单击“完成”按钮。导出的私钥文件的扩展名为.pfx。

步骤 7：注销用户 user1，以用户 user2 登录系统，并试图打开已被 user1 利用 EFS 加密的 test.txt 文件，结果会出现如图 13-65 所示的结果，无法访问。

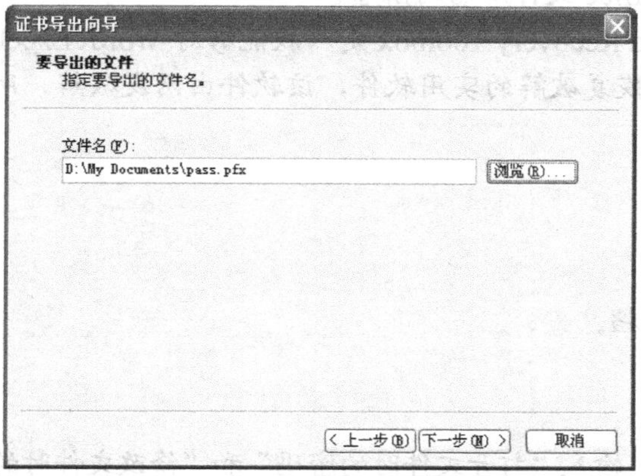

图 13-64　“要导出的文件”对话框

图 13-65　拒绝注销用户访问

（3）导入密钥

事实上本地计算机的管理员（Administrator）也不能打开被 EFS 加密的文件。

如果需要打开被 user1 利用 EFS 加密的文件 test.txt，就必须获得 user1 的私钥。通过导入 user1 的私钥打开 test.txt 文件的操作步骤为：

步骤 1：注销用户 user2，以用户 Administrator 登录系统（模拟系统重装），并试图打开已被 user1 利用 EFS 加密的 test.txt 文件，结果仍会出现如图 13-65 所示的结果，无法访问。

步骤 2：双击刚才导出的私钥文件 pass.pfx，打开证书导入向导，单击“下一步”按钮，确认要导入的文件路径后，再单击“下一步”按钮，出现“密码”对话框，输入刚才设置的私钥保护密码后，单击“下一步”按钮。

步骤 3：在打开的“证书存储”对话框中，选中“根据证书类型，自动选择证书存储区”单选按钮，如图 13-66 所示。

步骤 4：单击“下一步”按钮，再单击“完成”按钮，弹出“导入成功”的提示信息，如图 13-67 所示，单击“确定”按钮。

步骤 5：此时，再试图打开已被 user1 利用 EFS 加密的 test.txt 文件，结果能成功打开。

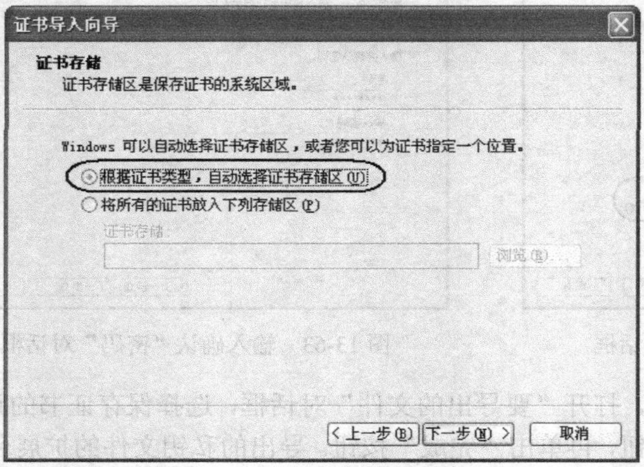

图 13-66 “证书存储”对话框

图 13-67 “导入成功”界面

【知识拓展——实践练习】 Office 文件加密与解密。

文档密码破解工具 Office Password Recovery Toolbox 是一款能够对 Word、Excel、Outlook、Access、PowerPoint 及 VBA 进行密码恢复破解的实用软件，该软件由网友破解，所有功能可以作为实践练习应用。

具体实际操作的方法为：

① 双击运行软件。

② 首先设置软件启动密码。

③ 设置完成后打开需要破解的文档。

④ 最后单击“破解”按钮即可。

（1）“解密”文件操作

① 依次选择“工具”和“选项”，输入“打开文件时的密码”和“修改文件时的密码”。

② 从网上搜索并下载Office 密码破译工具。

③ 下载 Office Password Recovery Toolbox 4.1.0.1.zip 并安装。

④ 运行“移除密码”，然后选择要解密的文件，单击“确定”解密成功。

（2）对于上述相同文件操作对比

① 依次选择“工具”和“选项”，单击“高级”选项，选择 RC4 加密（RC4 加密软件，即基于 RC4 密码算法的加密软件），然后输入“打开文件时的密码”和“修改文件时的密码”。

② 再用Office 密码破译工具Office Password Recovery Toolbox 进行破解。

③ 对比两次实验的效果并进行实际分析。

④ 说明 RC4 加密比 Office 2012 兼容加密安全。

13.5 实验五 黑客攻防与入侵防御实验

黑客攻防与检测防御在网络安全中极为重要，在此主要安排两个可以选做的实验，即 Sniffer 网络检测实验和黑客入侵过程模拟实验。

13.5.1　任务一　黑客入侵攻击模拟实验

1. 实验目的

（1）掌握常用黑客入侵的工具及其使用方法。
（2）理解黑客入侵的基本过程，以便进行防范。
（3）了解黑客入侵攻击的各种危害性。

2. 实验内容

（1）模拟黑客在实施攻击前的准备工作。
（2）利用 X-Scan 扫描器得到远程主机 B 的弱口令。
（3）利用 Recton 工具远程入侵主机 B。
（4）利用 DameWare 软件远程监控主机 B。

3. 实验所需的环境条件

（1）装有 Windows 操作系统的 PC 一台，作为主机 A（攻击机）。
（2）装有 Windows Server 2012 操作系统的 PC 一台，作为主机 B（被攻击机）。
（3）X-Scan、Recton、DameWare 工具软件各 1 套。

4. 实验步骤

（1）模拟攻击前的准备工作

步骤 1：由于本次模拟攻击所用到的工具软件，均可被较新的杀毒软件和防火墙检测出来并自动进行隔离或删除，因此在模拟攻击前，要先将两台主机安装的杀毒软件和 Windows 防火墙等全部关闭。

步骤 2：在默认情况下，两台主机的 IPC$共享、默认共享、135 端口和 WMI（Windows Management Instrumentation，Windows 管理规范）服务均处于开启状态，在主机 B 上禁用 Terminal Services 服务（主要用于远程桌面连接）后重新启动计算机。

步骤 3：设置主机 A（攻击机）的 IP 地址为 192.168.1.101，主机 B（被攻击机）的 IP 地址为 192.168.1.102（IP 地址可根据实际情况自行设定），两台主机的子网掩码均为 255.255.255.0。设置完成后用 ping 命令测试两台主机连接成功。

步骤 4：为主机 B 添加管理员用户 abc，密码为 123。

步骤 5：打开主机 B 的“控制面板”中的“管理工具”，执行“本地安全策略”命令，在“本地策略”的“安全选项”中找到“网络访问：本地账户的共享和安全模式”策略，并将其修改为“经典 － 本地用户以自己的身份验证”，如图 13-68 所示。

（2）利用 X-Scan 扫描器得到远程主机 B 的弱口令

步骤 1：在主机 A 上安装 X-Scan 扫描器。在用户名字典文件 nt_user.dic 中添加由 a、b、c 三个字母随机组合的用户名，如 abc、cab、bca 等，每个用户名占一行，中间不要有空行。

步骤 2：在弱口令字典文件 weak_pass.dic 中添加由 1、2、3 三个数字随机组合的密码，如 123、321、213 等，每个密码占一行，中间不要有空行。

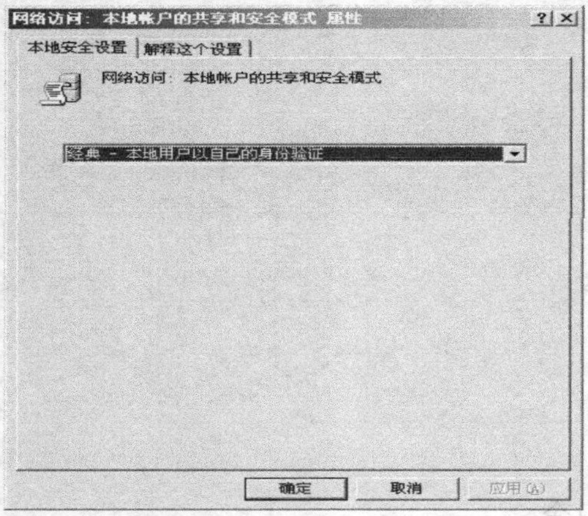

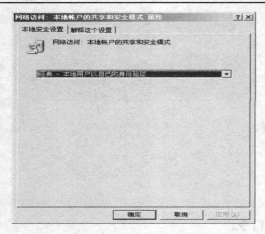

图 13-68　本地安全设置界面

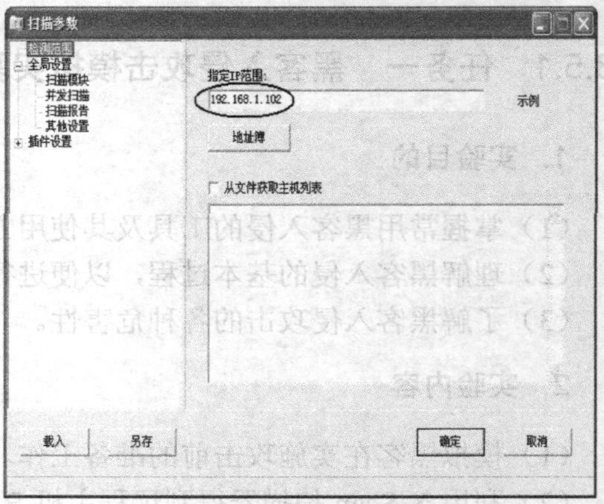

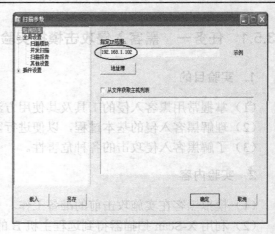

图 13-69　“扫描参数”对话框

步骤 3：运行 X-Scan 扫描器，选择“设置”→“扫描参数”命令，打开“扫描参数”对话框，指定 IP 范围为 192.168.1.102，如图 13-69 所示。

步骤 4：在图 13-69 中，选择左侧窗格中的“全局设置”→“扫描模块”选项，在右侧窗格中，为了加快扫描速度，这里仅选中“NT-Server 弱口令”复选框，如图 13-70 所示，单击“确定”按钮。

步骤 5：在 X-Scan 主窗口界面中，单击上面工具栏中的“开始扫描”按钮后，便开始进行扫描，如图 13-71 所示。

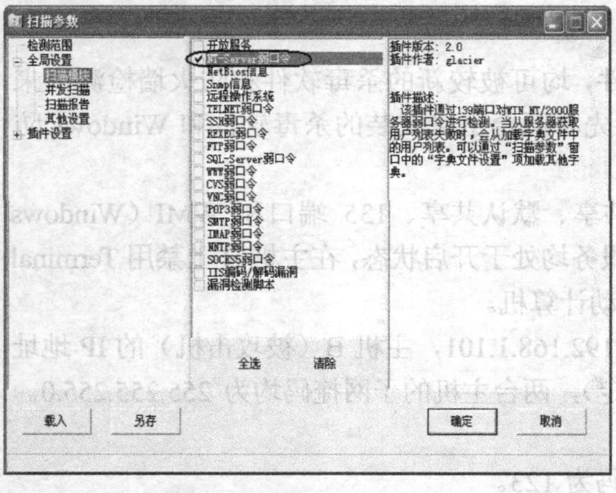

图 13-70　确定“扫描参数”

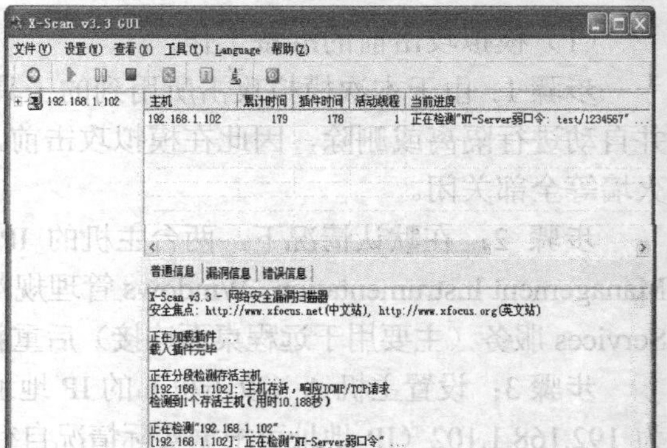

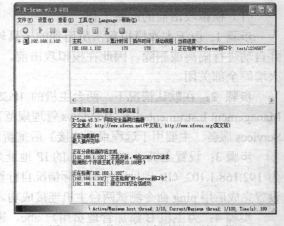

图 13-71　单击工具栏中的开始扫描按钮

步骤 6：经过一段时间后，扫描结束，弹出一个扫描结果报告，如图 13-72 所示，可见已经扫描出用户 abc 的密码为 123。

（3）利用 Recton 工具远程入侵主机 B

① 远程启动 Terminal Services 服务。

步骤 1：在主机 B 上，设置允许远程桌面连接，如图 13-73 所示。在主机 A 中运行 mstsc.exe，设置远程计算机的 IP 地址（192.168.1.102）和用户名（abc）后，再单击“连接”按钮，弹出无法连接到远程桌面的提示信息，如图 13-74 所示，这是因为主机 B 上未开启 Terminal 服务。

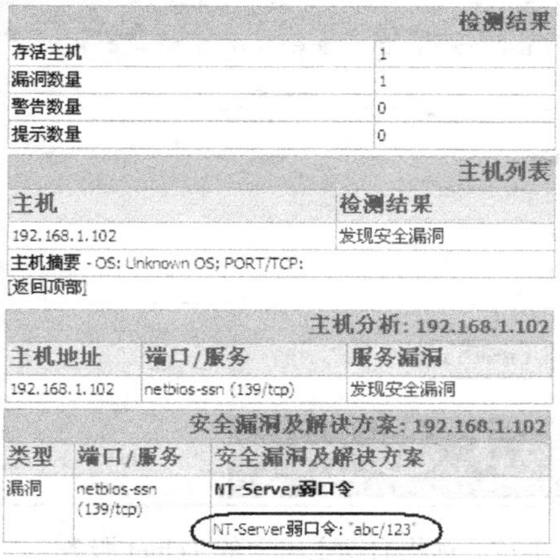

图 13-72　报告扫描结果

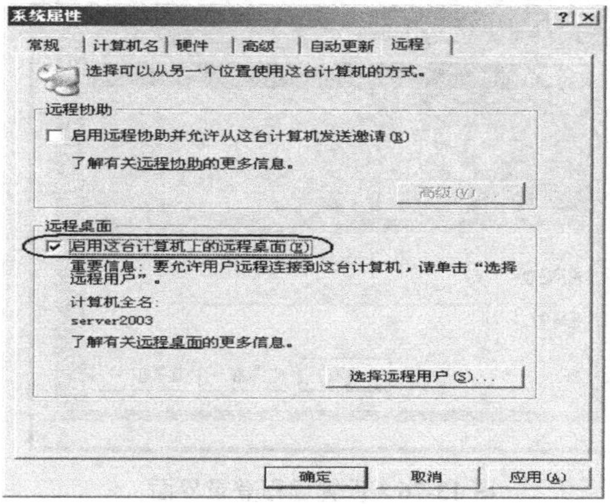

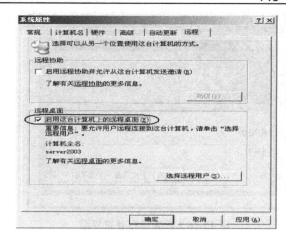

图 13-73　设置允许远程桌面连接

步骤 2：在主机 A 中运行入侵工具 Recton v2.5，在 Terminal 选项卡中，输入远程主机（主机 B）的 IP 地址（192.168.1.102）、用户名（abc）、密码（123），端口（3389）保持不变，并选中"自动重启"复选框，如图 13-75 所示。

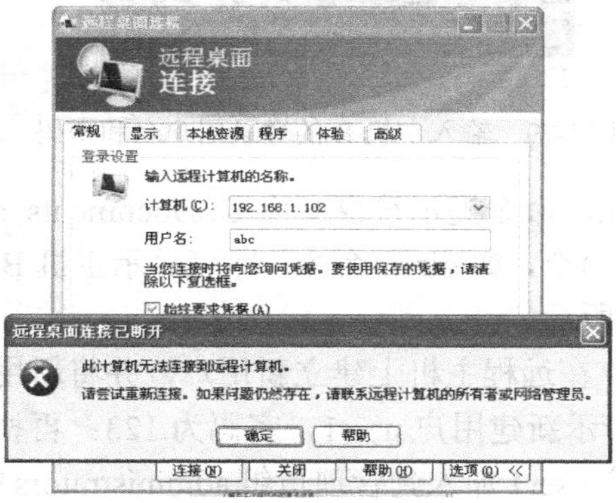

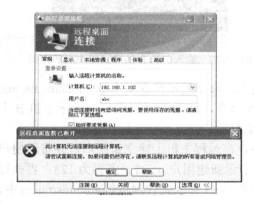

图 13-74　无法连接到远程桌面的信息

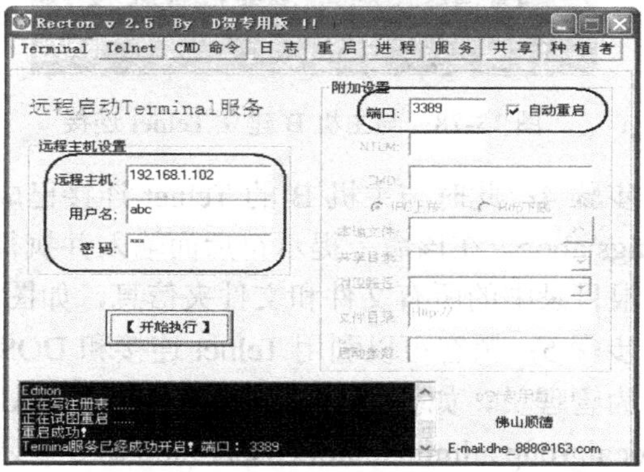

图 13-75　远程启动 Terminal 服务

步骤 3：单击"开始执行"按钮，开启主机 B 上的 Terminal 服务，然后主机 B 会自动重新启动。

步骤 4：主机 B 自动重新启动完成后，在主机 A 上再次运行 mstsc.exe，设置远程计算机的 IP 地址（192.168.1.102）和用户名（abc）后，单击"连接"按钮，此时出现了远程桌面登录界面，如图 13-76 所示，输入密码后即可实现远程桌面登录。

① 远程启动和停止 Telnet 服务。

步骤 1：在 Telnet 选项卡中，输入远程主机的 IP 地址、用户名和密码后，单击"开始执行"按钮，远程启动主机 B 上的 Telnet 服务，如图 13-77 所示。如果再次单击"开始执行"按钮，则会远程停止主机 B 上的 Telnet 服务。

步骤 2：远程启动主机 B 上的 Telnet 服务后，在主机 A 上运行 telnet 192.168.1.102 命令，与主机 B 建立 Telnet 连接，此时系统询问"是否将本机密码信息送到远程计算机（y/n）"，如图 13-78 所示。

图 13-76　设置远程登录界面

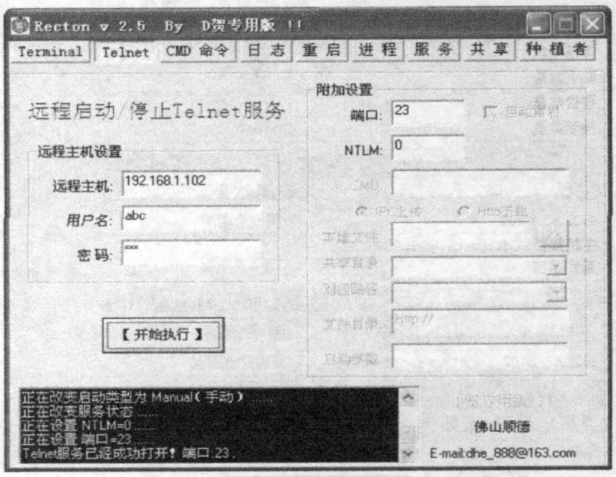

图 13-77　远程启动主机上的 Telnet 服务

步骤 3：输入 n 表示 no，再按回车键。此时系统要求输入主机 B 的登录用户名（login）和密码（password），分别输入 abc 和 123，密码在输入时没有回显，如图 13-79 所示。

图 13-78　与主机 B 建立 Telnet 连接

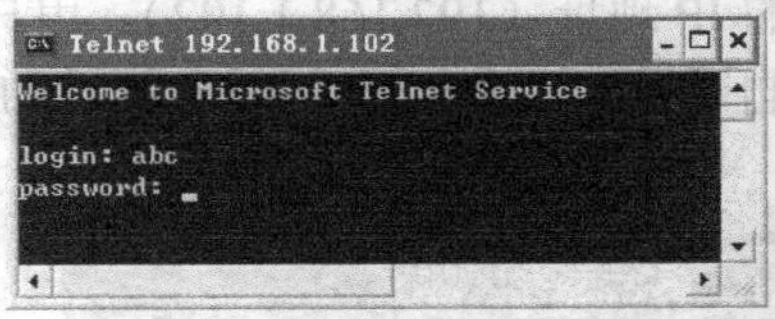

图 13-79　输入主机 B 的登录用户名和密码

步骤 4：此时与主机 B 的 Telnet 连接已成功建立，命令提示符也变为 C:\Documents and Settings\abc>。在该命令提示符后面输入并执行 DOS 命令，如 dir c:\命令，即可显示主机 B 上 C 盘根目录中的所有文件和文件夹信息，如图 13-80 所示。

步骤 5：黑客可以利用 Telnet 连接和 DOS 命令，在远程主机上建立新用户，并将新用户提升为管理员，如执行 net user user1 123 /add 命令表示新建用户 user1，密码为 123；再执行 net localgroup administrators user1 /add 命令表示将用户 user1 加入到管理员组 administrators 中，如图 13-81 所示。

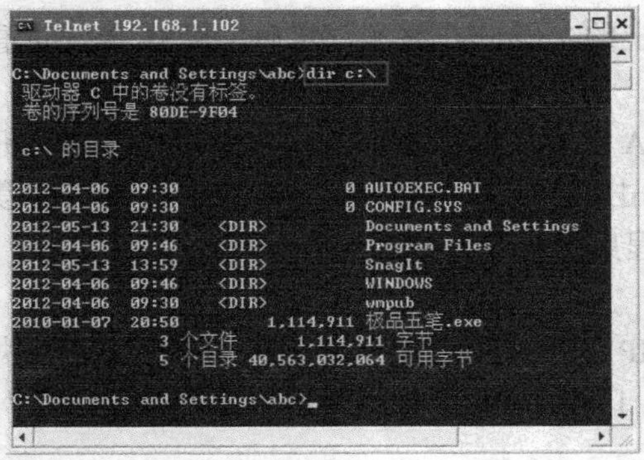

图 13-80　命令提示符后输入 DOS 命令

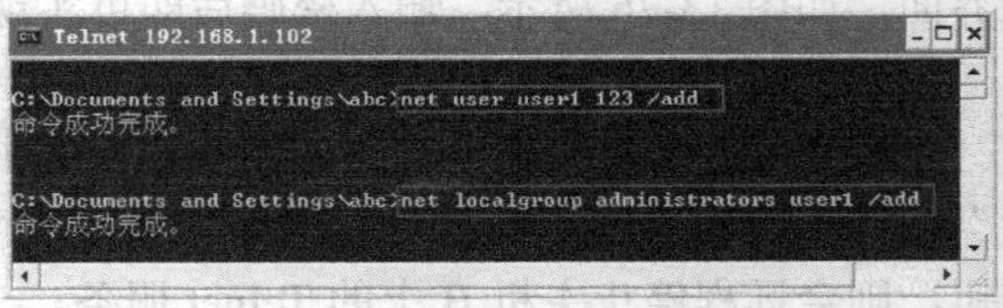

图 13-81　将用户加入到管理员组

步骤 6：此时，可在主机 B 上验证是否新增了用户 user1，并隶属于 administrators 组，如图 13-82 所示。也可在命令提示符后面输入 net user user1 命令来查看验证。

步骤 7：黑客可以利用新建的管理员账号 user1 作为后门，方便下次入侵该计算机。

如果需要远程删除该账号，可输入 net user user1 /del 命令。如果需要断开本次 Telnet 连接，可输入 exit 命令。

② 在远程主机上执行 CMD 命令。

步骤 1：在“CMD 命令”选项卡中，输入远程主机的 IP 地址、用户名和密码后，在 CMD 文本框中输入 net share D$=D:\命令，如图 13-83 所示，单击“开始执行”按钮，即可开启远程主机的 D 盘共享，这种共享方式隐蔽性较高，而且是完全共享，在主机 B 中不会出现一只手托住盘的共享标志。

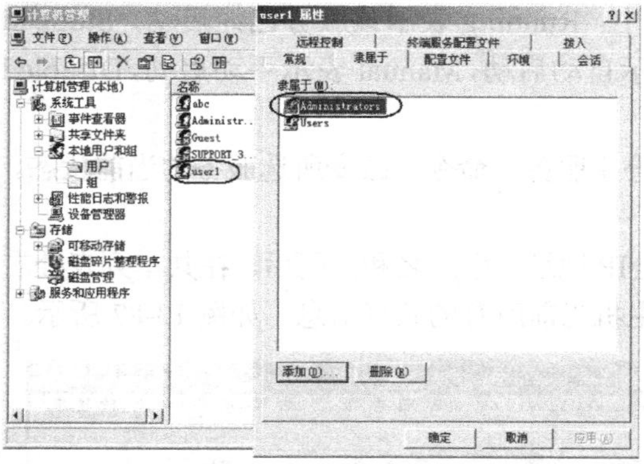

图 13-82　在主机 B 上验证新增用户

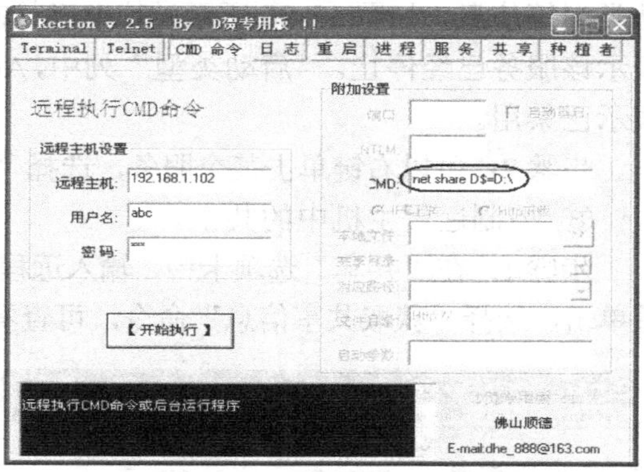

图 13-83　远程执行 CMD 命令

步骤 2：此时若在主机 A 的浏览器地址栏中输入\\192.168.1.102\d$，即可访问主机 B（已开启 Guest 账户）的 D 盘，并可以进行复制、删除等操作，如图 13-84 所示。

步骤 3：若需要关闭远程主机的 D 盘共享，可在 CMD 文本框中输入 net share D$ /delete 命令。当然，可在 CMD 文本框中输入其他命令，达到远程运行各种程序的目的。

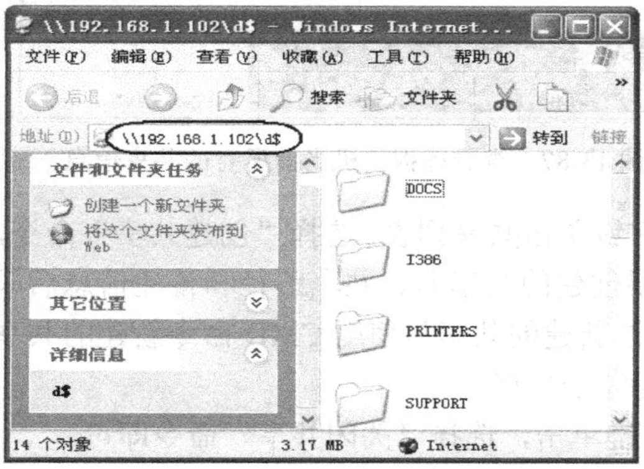

图 13-84　输入浏览器地址

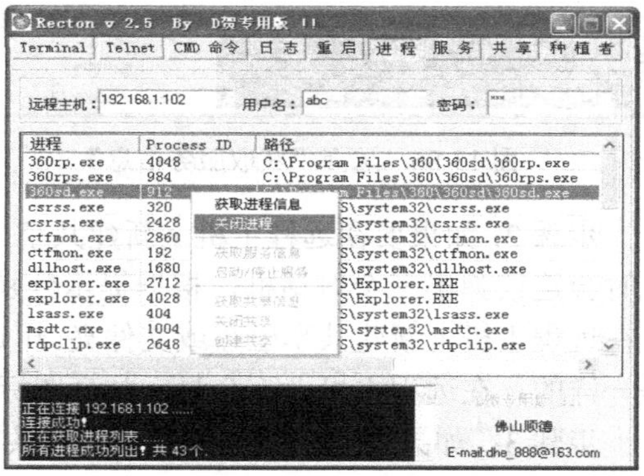

图 13-85　关闭进程界面

④ 清除远程主机上的日志。

黑客为了消除各种入侵痕迹，最后需要清除日志。在“日志”选项卡中，输入远程主机的 IP 地址、用户名和密码后，单击“开始执行”按钮，可以清除远程主机上的日志。

⑤ 重新启动远程主机。

在“重启”选项卡中，输入远程主机的 IP 地址、用户名和密码后，单击“开始执行”按钮，即可重新启动远程主机。

⑥ 控制远程主机中的进程。

步骤 1：在“进程”选项卡中，输入远程主机的 IP 地址、用户名和密码后，在进程列表处右键单击，选择“获取进程信息”命令，可以显示主机 B 上目前正在运行的所有进程。

步骤 2：如果需要关闭某进程，如 360 杀毒进程 360sd.exe，防止以后要上传的木马文件被杀毒软件等杀除，可右键单击该进程，选择“关闭进程”命令即可，如图 13-85 所示。

⑦ 控制远程主机中的服务。

步骤 1：在“服务”选项卡中，输入远程主机的 IP 地址、用户名和密码后，在服务列表处右键单击，选择“获取服务信息”命令，可以显示主机 B 上的所有服务名、当前状态和启动类型等信息，如图 13-86 所示。其中“状态”列中，Running 表示该服务已经启动，Stopped 表示该服务已经停止。“启动类型”列中，Auto 表示自动启动，Manual 表示手动启动，Disabled 表示已禁用。

步骤 2：可以右键单击某个服务，选择“启动/停止服务”命令，改变所选服务的当前状态。

⑧ 控制远程主机中的共享。

步骤 1：在“共享”选项卡中，输入远程主机的 IP 地址、用户名和密码后，在共享列表处右键单击，选择“获取共享信息”命令，可查看远程主机当前所有的共享信息，如图 13-87 所示。

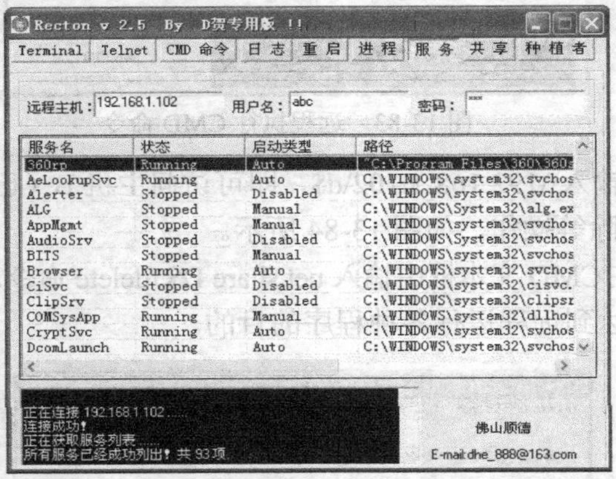

图 13-86 选择“获取服务信息”

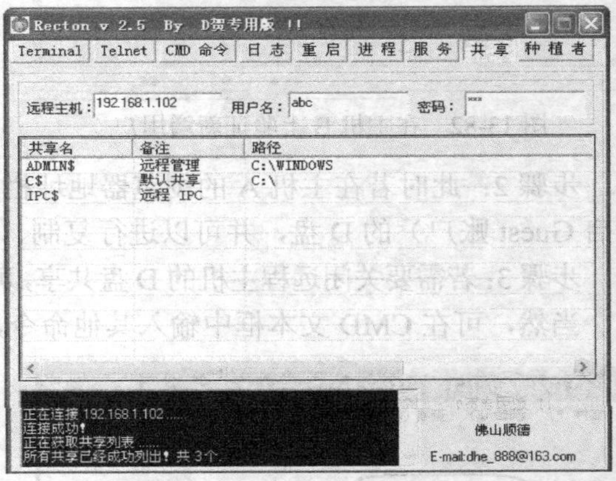

图 13-87 查看远程主机当前所有的共享信息

步骤 2：如果要在远程主机上新建共享，可以右键单击共享列表，选择“创建共享”命令，此时会连续弹出三个对话框，根据提示分别输入要创建的共享名、共享路径和备注信息后即可在远程主机上新建共享磁盘或文件夹。用这种方法新建的共享与使用 CMD 命令新建的共享是一样的，在远程主机上不会显示共享图标，且为完全共享。

步骤 3：如果要关闭某共享，可在该共享上右键单击，选择“关闭共享”命令即可。

⑨ 向远程主机种植木马。

步骤 1：在“种植者”选项卡中，输入远程主机的 IP 地址、用户名和密码。从图 13-88 可以知道，远程主机上已有 IPC$共享，因此在这里可以选中“IPC 上传”单选按钮，单击“本地文件”文本框右侧的按钮，选择要种植的木马程序，如“C:\木马.exe”，该程序必须为可执行文件。

步骤 2：单击“获取共享目录”按钮，再在“共享目录”和“对应路径”下拉列表中选择相应的选项。在“启动参数”文本框中设置木马程序启动时需要的参数，这里不需要设置启动参数。

步骤 3：单击“开始种植”按钮后，所选择的木马程序文件将被复制到远程主机的共享目录中，木马程序还将进行倒计时，60 秒后启动已经种植在远程主机上的木马程序。

（4）利用 DameWare 软件远程监控主机 B

步骤 1：在主机 A 中安装并运行 DameWare（迷你中文版 4.5）软件，如图 13-89 所示，输入远程主机 B 的 IP 地址、用户名和口令（密码）。

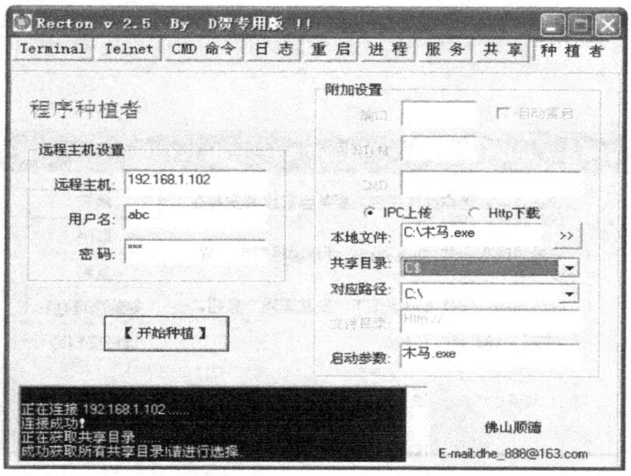

图 13-88　设置木马启动时所需参数

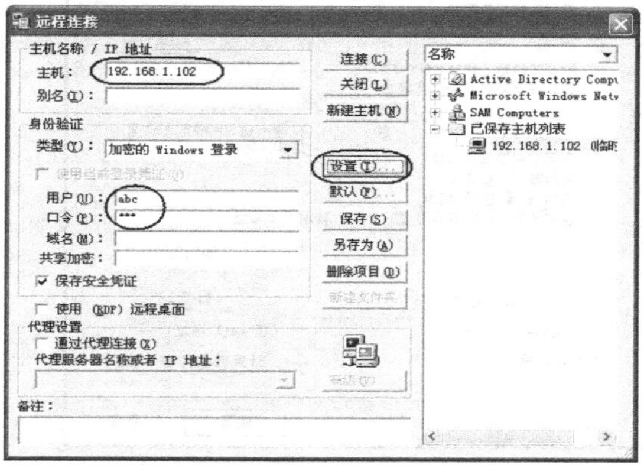

图 13-89　设置远程连接主机

步骤 2：单击“设置”按钮，在打开的对话框中选择“服务安装选项”选项卡，选中“设置服务启动类型为‘手动’－默认为‘自动’”和“复制配置文件 DWRCS.INI”复选框，如图 13-90 所示。

步骤 3：单击“编辑”按钮，在打开的对话框中选择“通知对话框”选项卡，取消选中“连接时通知”复选框，如图 13-91 所示。

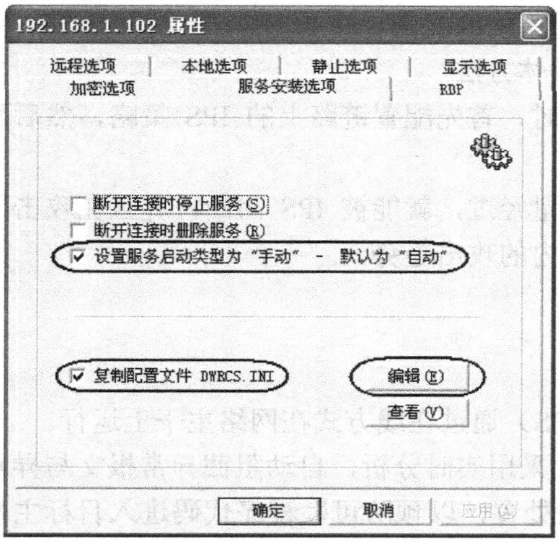

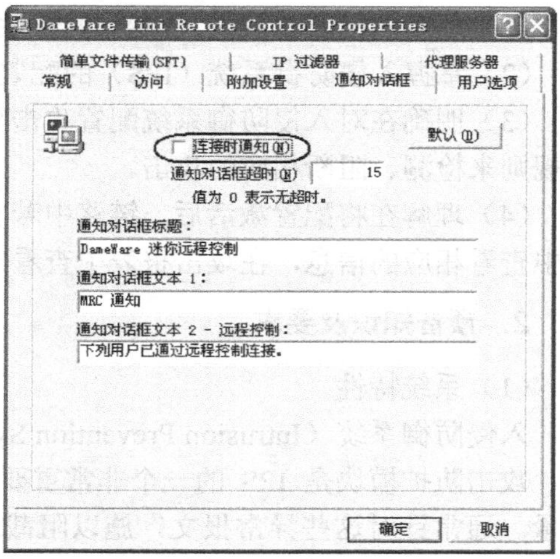

图 13-90　设置“服务安装选项”

图 13-91　“通知对话框”选项卡

步骤 4：在“附加设置”选项卡中，取消选中所有的复选框，如图 13-92 所示，这样设置的目的是在连接并监控远程主机时不易被其发现。

步骤 5：单击“确定”按钮，返回到“远程连接”对话框，然后，单击“连接”按钮进行远程连接。

步骤 6：在第一次连接远程主机 B 时，会弹出“错误”对话框，提示远程控制服务没有安装在远程主机上，如图 13-93 所示，单击“确定”按钮，开始安装远程控制服务。

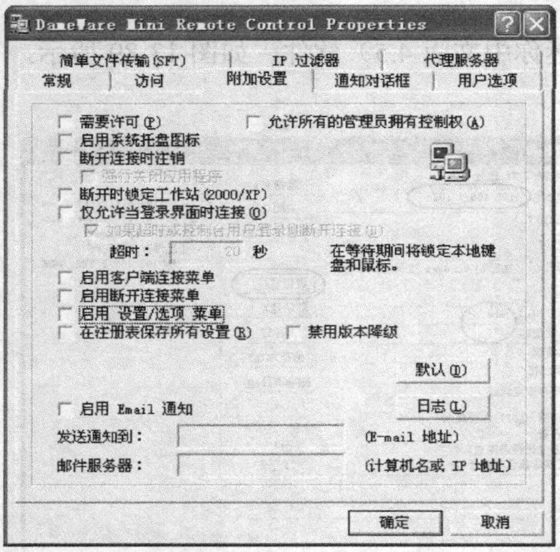

图 13-92 “附加设置”选项卡

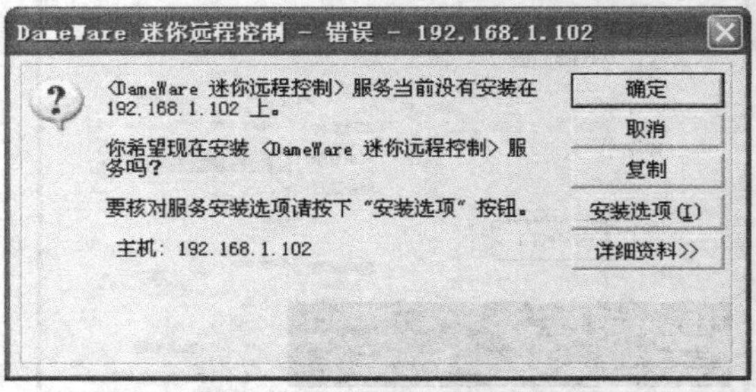

图 13-93 连接“错误”提示对话框

服务安装完成后，会显示远程主机 B 的当前桌面，并同步显示主机 B 的所有操作，实现远程监视主机 B 的目的。

13.5.2 任务二 IPS 入侵防护的配置

1. 实验目的

（1）理解入侵防御系统（IPS）的特性和对应用环境的要求。

（2）掌握入侵防御系统（IPS）的配置步骤和具体方法。

（3）明确在对入侵防御系统配置攻击防护特性时，首先配置链路上的 IPS 策略，然后配置规则来检测、阻断相应的攻击。

（4）理解在将配置激活后，链路中若有攻击流量经过，就能被 IPS 阻断，并且在攻击日志中查看相应的信息，在攻击报表中查看一段时间内的攻击趋势。

2. 预备知识及要求

（1）系统特性

入侵防御系统（Intrusion Prevention System，IPS）通过在线方式在网络主干上运行。

攻击防护模块是 IPS 的一个非常重要的模块，采用实时分析，自动阻截异常报文与异常流量。通常针对这些异常报文，施以阻截或隔离的处置，以预防可疑程序代码进入目标主机中执行。用户可以通过配置策略实现实时分析、检测网络流量，执行定义的动作，并通过攻击报表查看网络中的攻击趋势。

IPS 已为用户定制了上千种常见攻击特征库，并提供自动更新特征库的功能，可及时将新的特征库快速部署在 IPS 中。

（2）应用环境要求

随着网络的普及和全球化，攻击工具越来越成熟，网络攻击的出现也越来越频繁。

IPS 通常部署为 Inline 的工作模式，能够识别、阻断公司或运营商的外网对内网用户的攻击行为，及时阻止各种针对系统漏洞的攻击，屏蔽蠕虫和间谍软件等。

在数据传输的路径中，任何数据流都必须经过 IPS 做检测，一旦发现有蠕虫、后门、木马、间谍软件、可疑代码、网络钓鱼等攻击行为，IPS 模块会立即阻断攻击，隔离攻击源，屏蔽蠕虫和间谍软件等，同时记录日志告知网络管理员。

系统配置对组网的要求。如图 13-94 所示，IPS 在线（Inline）部署到公司内网的出口链路上。Internet 的流量经过路由器的汇聚后到达公司内网，然后经过 IPS 的攻击防护模块，对网络中的蠕虫、后门木马等攻击流量进行检测、阻断。经过 IPS 处理之后的合法报文再经过交换机进入公司的内网。

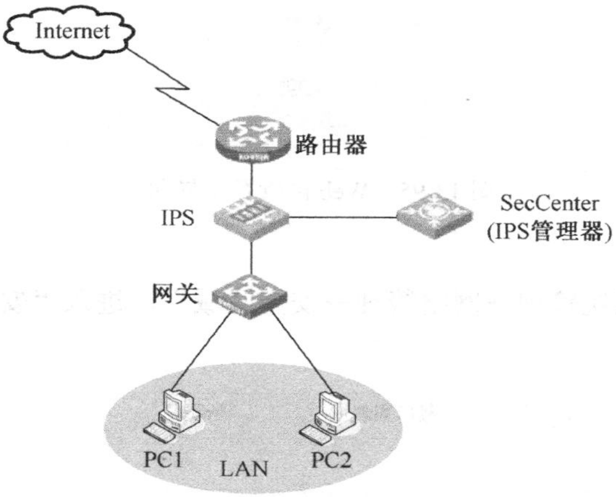

图 13-94 IPS 攻击防护典型配置组网图

（3）注意事项

T1000 系列 IPS 适用于 E1218 及以上版本；T200-A/M/S 产品适用于 E1206 及以上版本；IPS 插卡适用于 E2109P02 及以上版本。

3. 实验内容及步骤

（1）登录 Web

IPS 支持 Web 网管功能，管理员可以使用 Web 界面方便直观地管理和维护 IPS。IPS 出厂时已经设置默认的 Web 登录信息，用户可以直接使用该默认信息登录 IPS 的 Web 界面。如果 IPS 以前被配置过，则以现有的配置启动。默认的 Web 登录信息包括：用户名 admin、密码 admin、IPS 管理口的 IP 地址 192.168.1.1/24。

采用默认 Web 方式登录 IPS 的步骤如下：

① 搭建配置环境。用交叉以太网线将 PC 的网口和 IPS 的管理口相连。

② 为 PC 的网口配置 IP 地址，保证能与 IPS 的管理口互通。配置 PC 的 IP 地址为 192.168.1.0/24（除 192.168.1.1），如 192.168.1.2。

③ 启动浏览器，输入登录信息。在 PC 上启动 IE 浏览器（建议使用 Microsoft Internet Explorer 6.0 SP2 及以上版本），在地址栏中输入 https://192.168.1.1（默认情况下，HTTPS 服务处于启动状态）后按回车键，即可进入如图 13-95 所示的“Web 网管登录”页面。

单击 Web 网管登录界面上的“中文”或“English”，选择 Web 网管的语言种类，输入系统默认的初始用户名 admin、密码 admin 和验证码，单击“登录”按钮即可进入 Web 网管登录界面并进行管理操作。

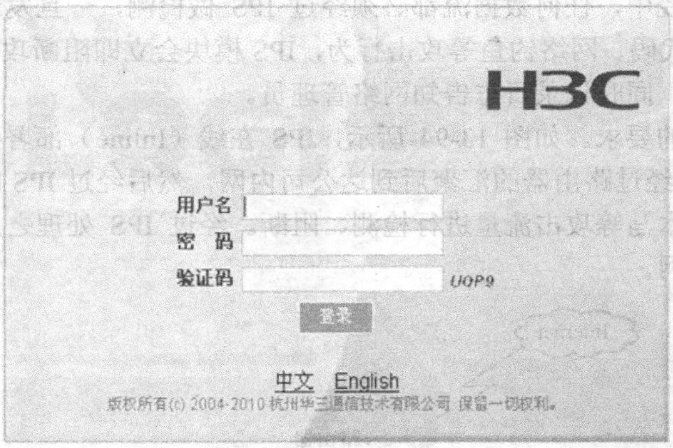

图 13-95　Web 网管登录界面

（2）创建安全区域

在导航栏中选择“系统管理→网络管理→安全区域”，进入“安全区域显示”页面，如图 13-96 所示。

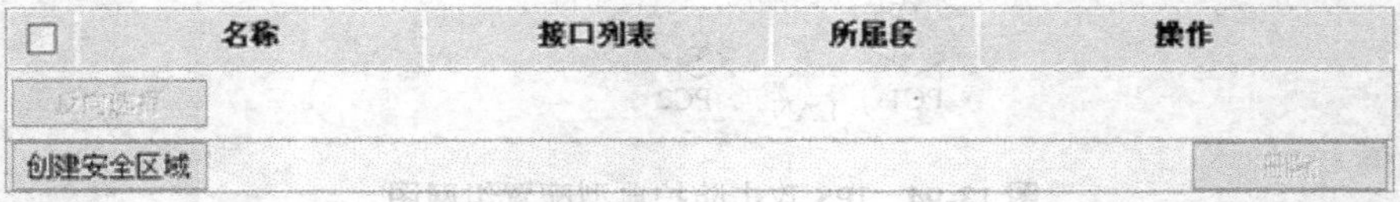

图 13-96　安全区域显示页面

单击“创建安全区域”按钮，进入“创建安全区域”的配置页面，如图 13-97 所示。

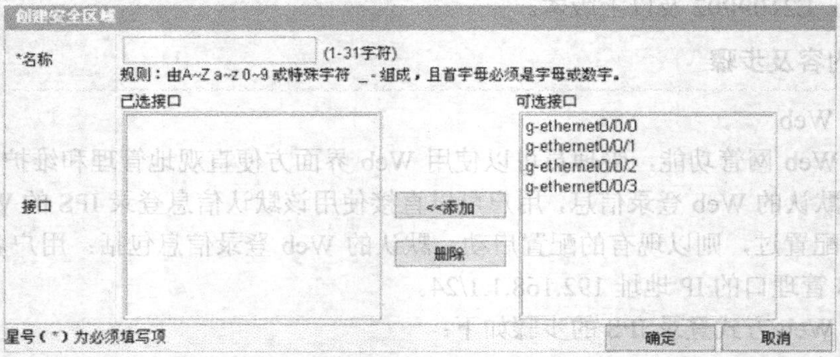

图 13-97　创建安全区域

分别将 g-ethernet 0/0/0 加入内部域 in，将 g-ethernet 0/0/1 加入外部域 out，具体如图 13-98 至图 13-100 所示。

（3）配置“新建段”

在导航栏中选择“系统管理→网络管理→段配置”，进入“段的显示”页面，如图 13-101 所示。

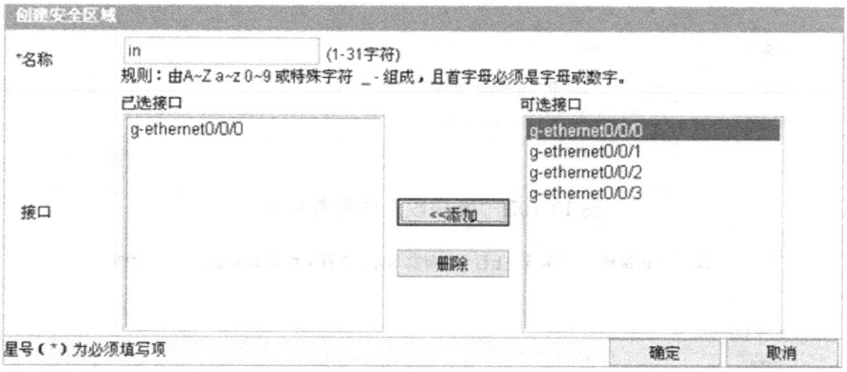

图 13-98　将接口加入内部域

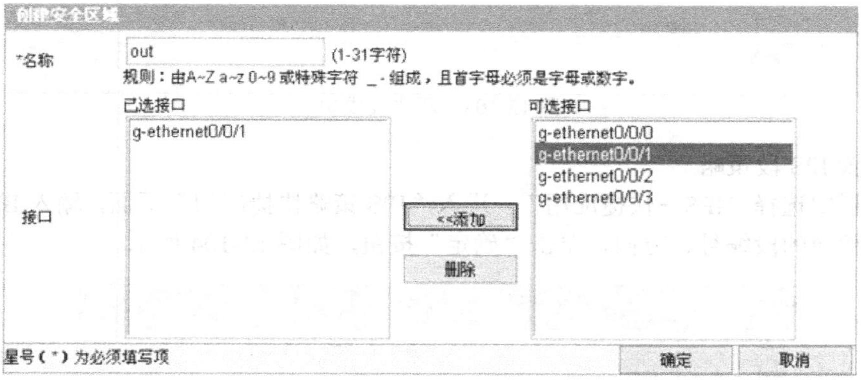

图 13-99　将接口加入外部域

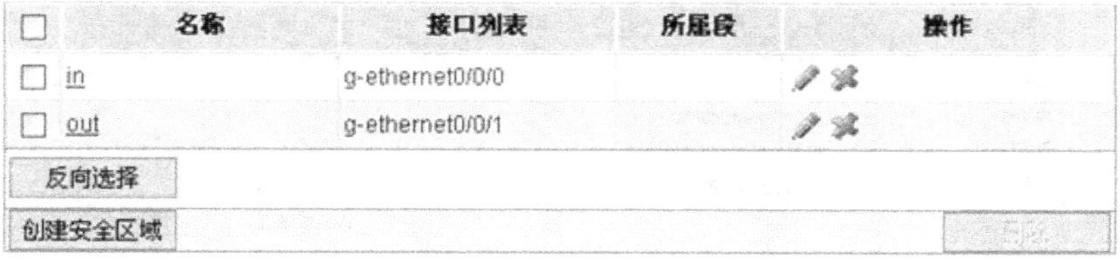

名称
接口列表
所属段
操作
in
g-ethernet0/0/0
out
g-ethernet0/0/1
反向选择
创建安全区域

图 13-100　安全区域创建情况

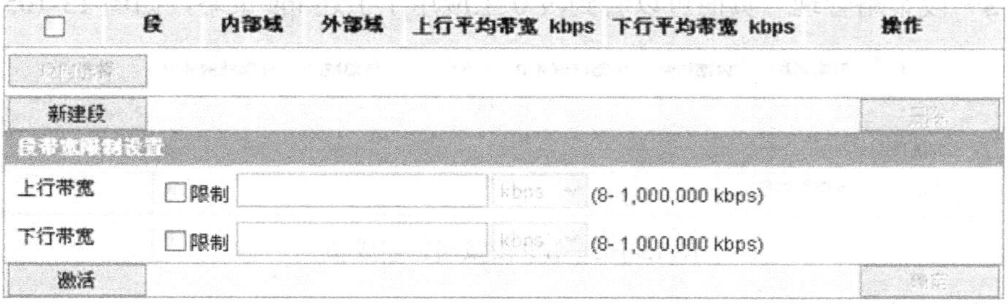

图 13-101　段的显示页面

单击“新建段”按钮，进入“新建段”的配置页面，创建一个段（在此为段 0），将内网和外网链路连通，后面会再在此链路上配置 IPS 段策略，如图 13-102 和图 13-103 所示。

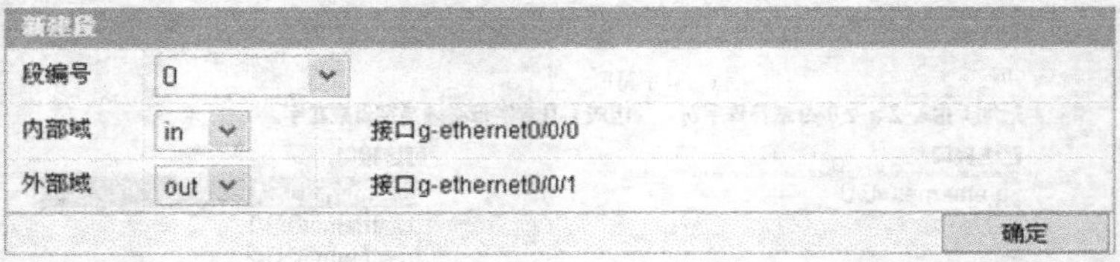

图 13-102 “新建段”的配置页面

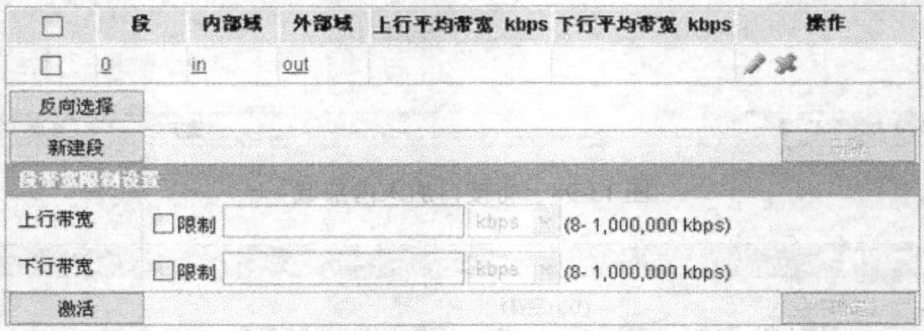

图 13-103 新建段成功

（4）配置 IPS 段策略

在导航栏中选择“IPS→快捷应用”，进入“IPS 策略快捷应用”页面，输入 IPS 策略名、描述、选择相应的段编号、方向，单击“确定”按钮，如图 13-104 所示。

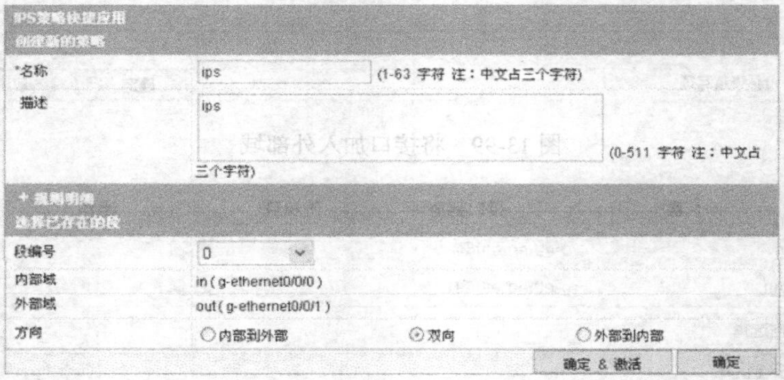

图 13-104 创建 IPS 段策略

在“IPS→段策略管理”页面可以看到段 0 上应用了上述 ips 策略，如图 13-105 所示。

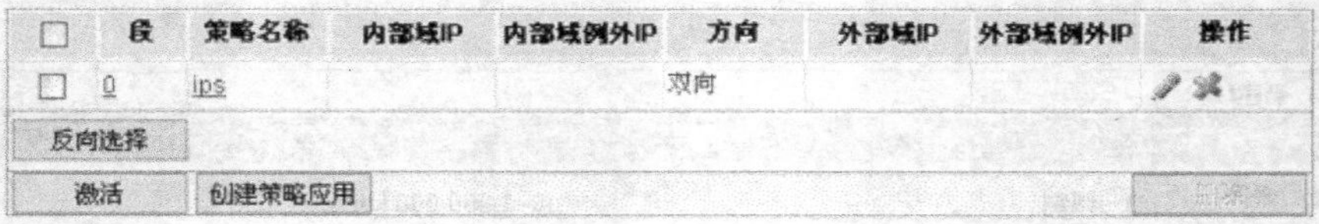

图 13-105 IPS 段策略创建成功

（5）修改 IPS 策略相应规则

单击如图 13-105 所示的策略名称链接，进入 IPS 策略的“规则管理”页面，可以看到几千条规则。若需要对 Backdoor 类型的攻击进行检测和阻断，在分类中选择 Backdoor，单击“搜索”。可看到搜索出系统能够识别的所有 Backdoor 类型的攻击，如图 13-106 所示。

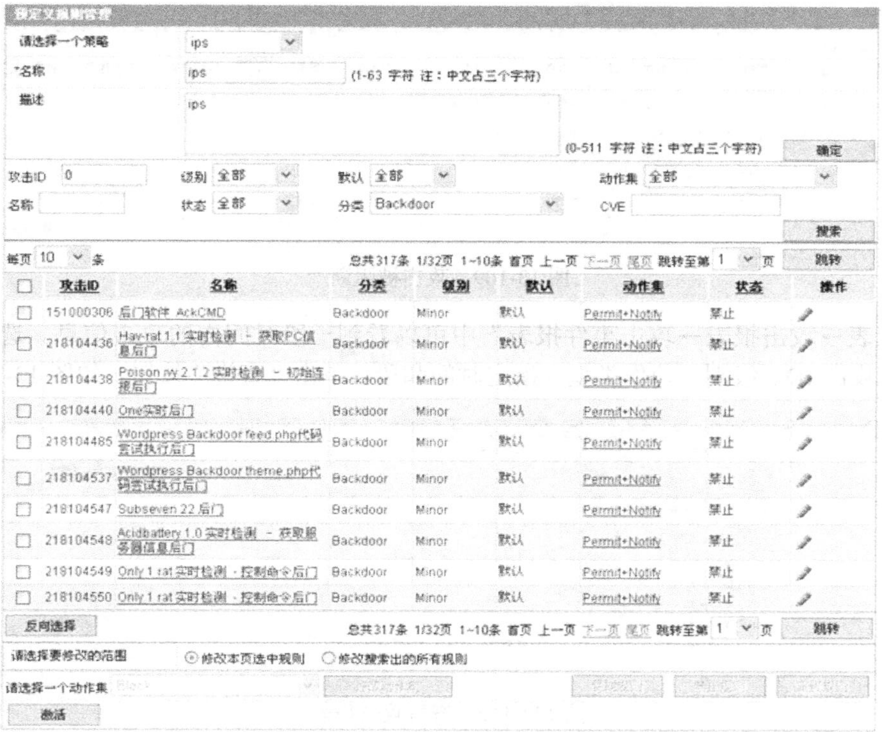

图 13-106　修改 IPS 规则

在页面下方选中“修改搜索出的所有规则”，单击“使能规则”按钮，即将所有规则使能。选中“修改搜索出的所有规则”，选择动作集为 Block + Notify，单击“修改动作集”按钮，即将所有 Backdoor 类型的攻击都进行阻断并上报攻击日志。

实际上，也可以对所有类型的攻击进行检测和阻断：在上图的“分类”中选择“全部”，单击“搜索”按钮即可。

（6）激活系统配置

单击“激活”按钮将上述配置激活，如图 13-107 所示。

图 13-107　配置激活

（7）保存系统配置

完成以上操作后，为了保证 IPS 重启后配置不丢失，需要对上述配置进行配置保存操作。在导航栏中选择“系统管理→设备管理→配置维护”，在“保存当前配置”页签中单击“保存”按钮并确认，如图 13-108 所示。

（8）验证结果

当外网有 Backdoor 类型的攻击对内网的 PC 进行攻击时，IPS 会对其进行阻断并上报攻击日志。在“日志管理→攻击日志→最近日志”中可以查询到如下攻击被阻断的信息，如图 13-109 所示。

图 13-108　保存配置

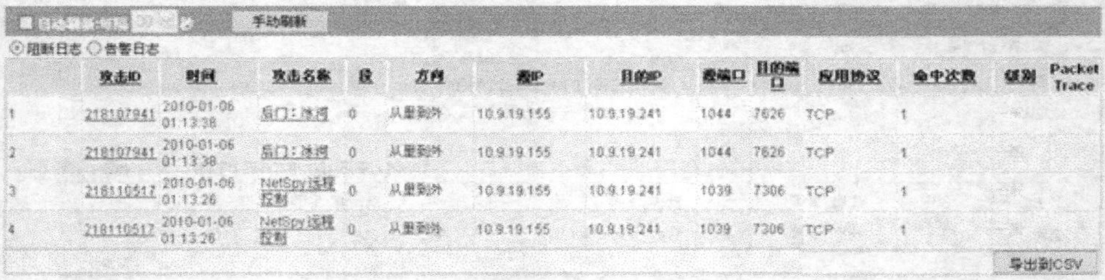

图 13-109　攻击被阻断

在“报表→攻击报表→攻击事件报表”中可以看到一段时间内的攻击信息。选择查询的报表类型、攻击 ID、级别、动作类型、指定时间和段，单击“查询”按钮，如图 13-110 所示。

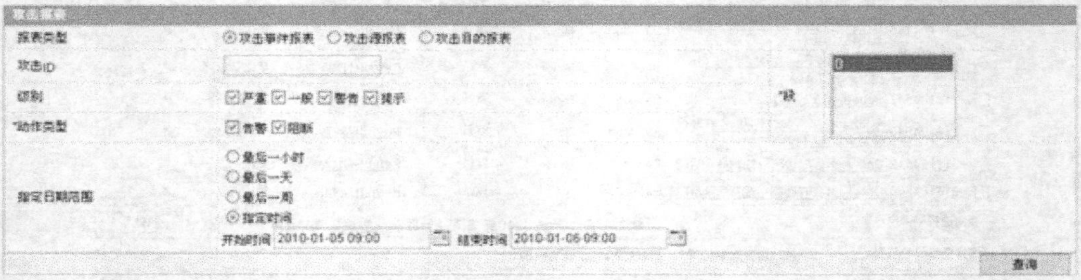

图 173-110　查看攻击报表

可以查看到某一时间段内的攻击信息，如图 13-111 所示。

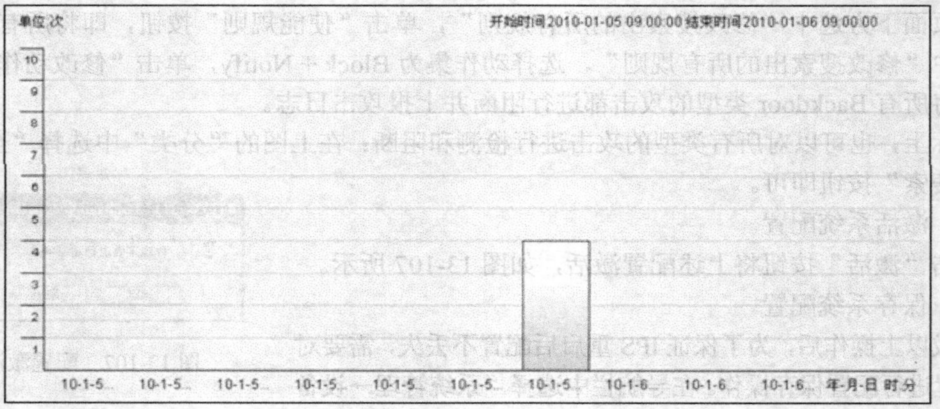

图 13-111　攻击报表查看结果

13.6　实验六　身份认证与访问控制实验

13.6.1　任务一　用户申请网银的身份认证

1. 实验目的

（1）理解网上银行对用户身份认证的重要性。

（2）掌握用户网上银行申请的身份认证过程。

（3）掌握用户网上银行申请的身份认证操作。

2. 实验内容及步骤

（1）网银申请过程

登录中国建设银行官方网站 http://www.ccb.com/cn/home/index.html，如图 13-112 所示。

图 13-112　中国建设银行官网主页

选择“马上开通”进入“网上银行”界面，如图 13-113 所示，认真阅读《建设银行网上银行服务协议》后选择□选项，并单击“同意”按钮。

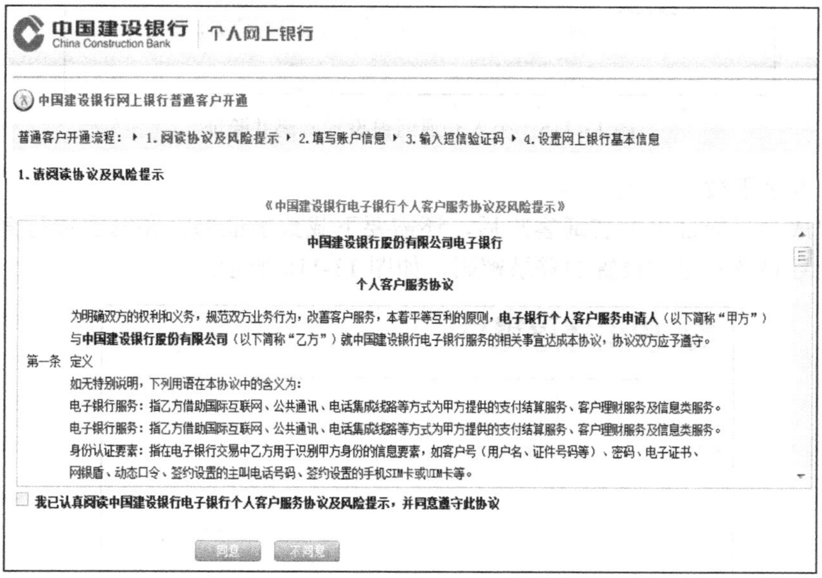

图 13-113　个人客户开通“网上银行”服务协议

根据如图 13-114 所示的“填写账户信息”界面提示，填写用户相关信息，这些信息要经过系统自动检验真实准确，才可以继续进行操作。

当个人用户信息填写完成，并确认无误后单击“下一步”按钮。网上银行系统将自动对用户所填写的信息进行校验，正确后，用户即可享受建行针对普通客户所提供的服务。注册成功后，网上银行系统将自动返回给用户登录用“用户号”，用户可直接单击成功页面中的“登录网上银行”进入网上银行，如图 13-115 所示。

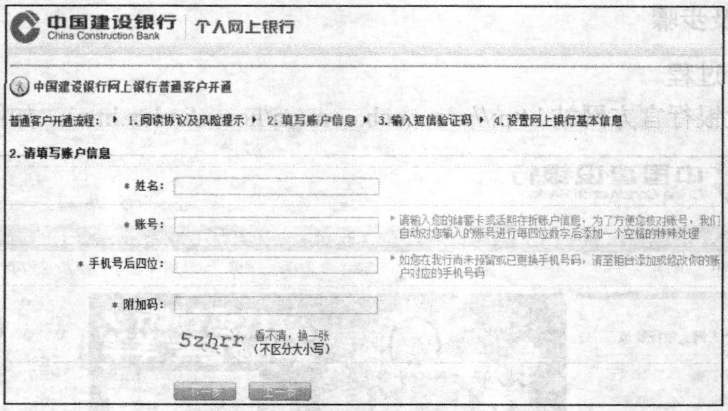

图 13-114 “填写账户信息”界面

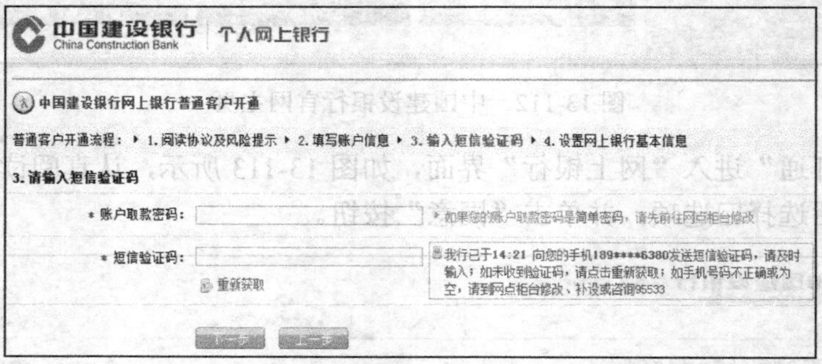

图 13-115 个人开通网银设置密码并验证

（2）证书数字下载

注册用户成为（无证书）普通客户后，还需要下载数字证书。在网上银行登录界面中，输入客户证件号码及开通时设置的登录密码，如图 13-116 所示。

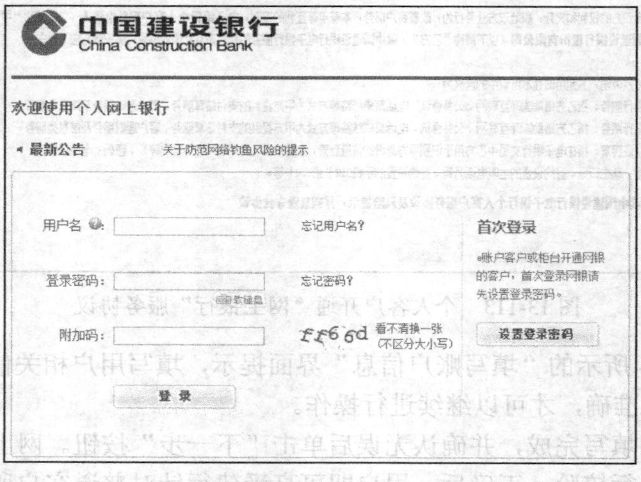

图 13-116 登录网上银行界面

客户登录后在如图 13-117 所示的“网上银行签约流程”界面中，单击“下载证书”按钮，进入数字证书下载页面。按照页面的提示进行下载，直到提示安装成功为止。

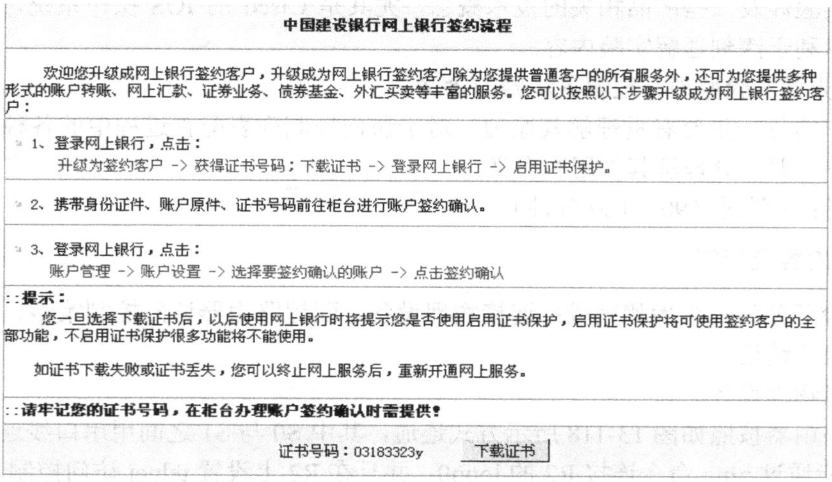

图 13-117　数字证书下载页面

下载并安装完成数字证书后，用户必须至少以“使用证书进入”方式成功登录一次网上银行（身份认证过程），客户认证后升级为“有证书”普通客户（网银用户）。

（3）柜台验证签约

对于已在网上银行登记升级的普通客户（网银用户），通常还需要持有效证件、建行账户、证书号到当地建行储蓄柜台进行签约，并在柜台签约成功后，登录网上银行，对在柜台登记签约的账户进行签约确认，成为网上银行的签约客户。

对于从未在网上银行进行登记的用户，可以直接持有效证件、建行账户到当地储蓄所柜台办理网上银行签约，签约成功后，登录网上银行，根据网上银行的提示进行用户激活，成功后，成为网上银行的签约客户。

【注意】客户申请成为网银普通客户后，可以进行缴费和网上小额支付，若要拥有转账、汇款和大额网上支付等服务，则必须持开户证件和建行账户到任意网点进行签约确认。

13.6.2　任务二　访问控制列表与 Telnet 访问控制

1．实验目的

通过系统的学习，掌握了身份认证原理与访问控制技术。其中，访问控制列表技术在业界应用最为广泛。为了掌握访问控制列表技术，需要达到的实验目的如下：

（1）加强对访问列表的理解与认识。

（2）熟悉 Cisco 路由器的设置与基本控制操作。

（3）深刻理解访问控制策略的设计方式。

2．实验要求与方法

（1）实验环境

使用一台安装了 Windows 操作系统的台式电脑，两台 Cisco 路由器和若干网线。

（2）注意事项

① 预习准备

由于本实验涉及一些产品相关的技术概念，尤其是 Cisco 的 IOS 操作系统，应当提前做一些了解，以利于深刻理解实验内容。

② 注意弄懂实验原理、理解各步骤的含义

对于操作的每一步要着重理解其原理，对于访问控制列表配置过程中的各种命令、反馈及验证方法等，要充分理解其作用和含义。

实验用时：3 学时（90～120 分钟）

3．实验内容及步骤

本次实验可分为三个步骤完成：连接物理设备、配置路由器访问控制策略、通过本次实验的结果来验证结论。

（1）连接物理设备

将两台路由器按照如图 13-118 所示方式连通，其中 S0 与 S1 之间用串口线连通，只允许 R1 的 loop1 能通过 ping 命令连接 R2 的 loop0；并且在 R2 上设置 telnet 访问控制，只允许 R1 的 loop0 能够远程登录，不能使用 deny 语句。

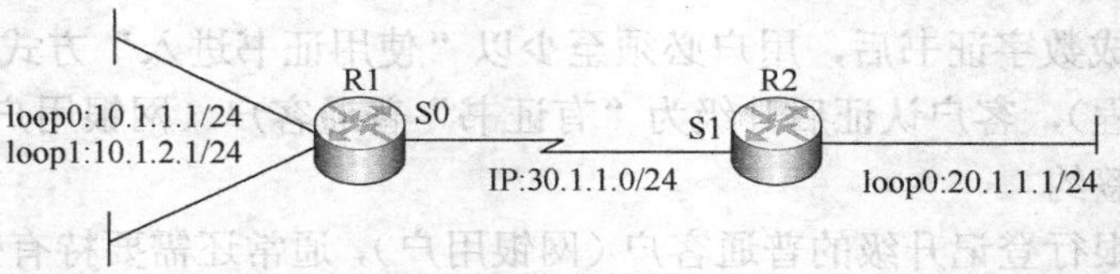

图 13-118 访问列表与 telnet 访问实验拓扑图

其中，对 R1 与 R2 的配置如下：

```
R1 的配置：
R1 (config) #interface loopback 0
R1 (config-if) #ip address 10.1.1.1 255.255.255.0
R1 (config-if) #interface loopback 1
R1 (config-if) #ip adress 10.1.2.1 255.255.255.0
R1 (config-if) #interface s0
R1 (config-if) #ip address 30.1.1.1 255.255.255.0
R1 (config-if) #no shutdown
R1 (config) #ip route 0.0.0.0 0.0.0.0 30.1.1.2      →配置默认路由
```

```
R2 的配置：
R2 (config) #interface loopback 0
R2 (config-if) #ip address 20.1.1.1 255.255.255.0
R2 (config-if) #interface s1
R2 (config-if) #ip address 30.1.1.2 255.255.255.0
R2 (config-if) #clock rate 64000
R2 (config-if) #no shutdown
R2 (config) #ip route 0.0.0.0 0.0.0.0 30.1.1.1      →配置默认路由
```

测试网络连通性：

```
R1#ping
Protocol [ip]:
Target IP address:20.1.1.1
Extended commands [n]: y
Source address or interface: 10.1.1.1
!!!!!
```

（2）配置路由器的访问控制列表

创建扩展访问列表 102：

```
R2 (config) #access-list 102 permit tcp any any eq telnet
```

进入端口 S1，并将访问控制列表 102 绑定到这个端口：

```
R2 (config) #interface s1
R2 (config-if) #ip access-group 102 in              →将列表加载到接口
```

创建标准访问控制列表 10，并将其绑定到远程访问端口：

```
R2 (config) #access-list 10 permit host 10.1.1.1
R2 (config) #line vty 0 4
R2 (config-line) #access-class 10 in
```

（3）通过实验结果验证结论

显示访问列表配置：

```
R2#show access-lists
standard IP access list 10
permit 10.1.1.1 (2 matches)
extended IP access list 102
permit icmp host 10.1.2.1 host 20.1.1.1 (163 matches)
permit tcp any any eq telnet (162 matches)
```

显示路由器 R1 当前配置表：

```
R1#show running-config
```

实验结果如下所示：

```
hostname R1
no ip domain-lookup
!
interface Loopback0
ip address 10.1.1.1 255.255.255.0
!
interface Loopback1
ip address 10.1.2.1 255.255.255.0
!
interface Serial0
ip address 30.1.1.1 255.255.255.0
clockrate 64000
```

```
!
ip route 0.0.0.0 0.0.0.0 30.1.1.2
!
end
```

显示路由器 R2 当前配置表：

```
R2#show running-config
```

实验结果如下所示：

```
hostname R2
!
no ip domain-lookup
!
interface Loopback0
 ip address 20.1.1.1 255.255.255.0
!
interface Serial1
ip address 30.1.1.2 255.255.255.0
ip access-group 102 in
!
ip route 0.0.0.0 0.0.0.0 30.1.1.1
!
access-list 10 permit 10.1.1.1
access-list 102 permit icmp host 10.1.2.1 host 20.1.1.1
access-list 102 permit tcp any any eq telnet
end
```

由此可见，路由器 R2 的串口 S1 上绑定了访问控制列表 10 和扩展访问控制列表 102，成功地阻止了非法访问接入。

13.7 实验七 操作系统及站点安全实验

对于网站服务器的操作系统及站点安全的操作实验，主要安排两个选做的任务，即 Windows Server 2012 安全配置和站点安全的相关实验。

13.7.1 任务一 Windows Server 2012 安全配置

Windows Server 2012 系统与传统操作系统相比，有着超强的安全功能。利用这些新增的安全功能，用户可以轻松地对本地系统进行全方位、立体式防护。不过，这并不意味着 Windows Server 2012 系统的安全性无懈可击。通常情况下，默认的设置只提供最基本的保障，一些细节因素仍然可以威胁 Windows Server 2012 系统的安全。如果要增强系统的安全，必须要进行安全的配置，并且在系统遭到破坏时能恢复原有系统和数据。

1．实验目的

（1）理解 Windows Sever 2012 的安全功能、缺陷和安全协议。
（2）熟悉 Windows Sever 2012 的安全配置过程及方法。

2．实验要求

（1）实验设备

本实验以 Windows Sever 2012 操作系统作为实验对象，所以需要一台计算机并且安装有 Windows Sever 2012 操作系统。

（2）注意事项

① 预习准备

由于本实验内容是对 Windows Sever 2012 操作系统进行安全配置，需要提前熟悉 Windows Sever 2012 操作系统的相关操作。

② 重内容的理解

随着操作系统的不断翻新，本实验以 Windows Sever 2012 操作系统为实验对象，对于其他操作系统基本都有类似的安全配置，但配置方法或安全强度会有区别，所以需要理解其原理，做到安全配置及系统恢复“心中有数”。

③ 实验学时

本实验大约需要 2 个学时（90～120 分钟）完成。

3．实验内容及步骤

Windows Server 2012 试用版安装后，有一个 180 天的试用期。在 180 天试用期即将结束时，使用 Rearm 命令后，重启电脑，剩余时间又恢复到 180 天。微软官方文档中声明该命令只能重复使用 5 次，这样 Windows Server 2012 至少可用 900 天。

（1）允许在未登录前关机

手动配置：运行 gpedit.msc（打开组策略编辑器）→计算机配置→Windows 设置→安全设置→本地策略→安全选项→关机，允许系统在未登录的情况下关闭→已启动，如图 13-119 所示。

脚本配置：[HKEY_LOCAL_MACHINE\SOFTWARE\Microsoft\Windows\Current Version \policies\ system]

"shutdownwithoutlogon"=dword:00000001

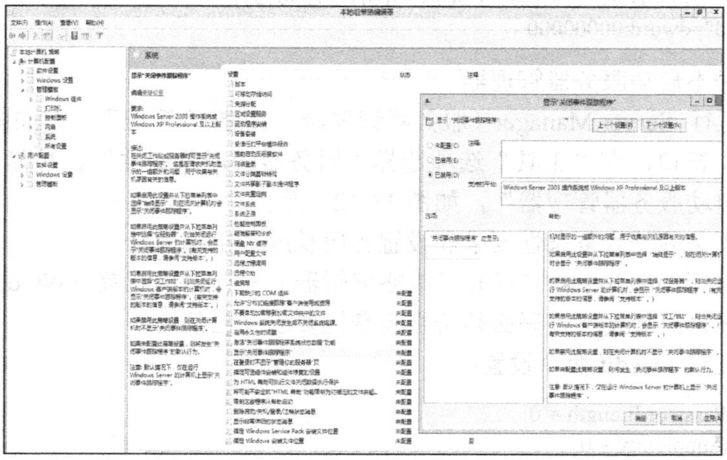

图 13-119 本地策略-安全选项-关机设置

（2）禁用 Ctrl + Alt + Del 设置

手动配置：运行 gpedit.msc（打开组策略编辑器），单击“计算机配置”，进入“Windows

设置”后，选择“安全设置”中的“本地策略”，单击“安全选项”后，进行交互式登录：无须按 Ctrl + Alt + Del，单击“已启用”。

脚本配置：[HKEY_LOCAL_MACHINE\SOFTWARE\Microsoft\Windows\Current Version\ Policies\ System]

"DisableCAD"=dword:00000001

（3）关闭事件跟踪程序

手动配置：运行 gpedit.msc（打开组策略编辑器）→计算机配置→管理模板→系统→显示“关闭事件跟踪程序”→已禁用。

脚本配置：[HKEY_LOCAL_MACHINE\SOFTWARE\Policies\Microsoft\Windows NT\ Reliability]

"ShutdownreasonOn"=dword:00000000

（4）启用自动登录

手动配置：运行 Control UserPasswords2，输入“用户账号”，选中“要使用本计算机，用户必须输入用户名和密码”，输入你当前系统的密码即可登录。

脚本配置：[HKEY_LOCAL_MACHINE\SOFTWARE\Microsoft\Windows NT\ Current Version\ Winlogon]

```
"DefaultUserName"="Administrator"
"AutoAdminLogon"="1"
;Please Change Your Password
"DefaultPassword"="MsDevN.com"
```

（5）禁用 IE 增强的安全设置

手动配置：运行 ServerManager（服务器管理器）→本地服务器→IE 增强的安全设置→管理员→关闭（用户→关闭）。

脚本配置：[HKEY_LOCAL_MACHINE\SOFTWARE\Microsoft\ActiveSetup\Installed Components\{A509B1A7-37EF-4b3f-8CFC-4F3A74704073}]

```
"IsInstalled"=dword:00000000
        [HKEY_LOCAL_MACHINE\SOFTWARE\Microsoft\ActiveSetup\Installed Components\
            {A509B1A8-37EF-4b3f-8CFC-4F3A74704073}]
"IsInstalled"=dword:00000000
```

（6）在登录时不启动服务器管理器

手动配置：运行 Server Manager（服务器管理器），选择“管理”，在如图 13-120 所示的“服务器管理器”窗口，在“工具”选项选择“服务器管理器属性”。在弹出的窗口中，勾选“在登录时不启动服务器管理器”，如图 13-121 所示。

（7）关闭密码必须符合复杂性要求和设置密码长度最小值为 0

手动配置：运行 gpedit.msc（打开组策略编辑器）→计算机配置→Windows 设置→安全设置→账户策略→密码策略→密码必须符合复杂性要求→已禁用。

脚本设置：通过 secedit 命令设置：

```
MinimumPasswordLength = 0
PasswordComplexity = 0
```

（8）设置音频服务为自动启动

手动配置：运行 services.msc（服务）→Windows Audio→启动类型→自动。

脚本配置：PowerShell /Command "&{set-Service "Audiosrv" -startuptype automatic}"

图 13-120　服务器管理窗口

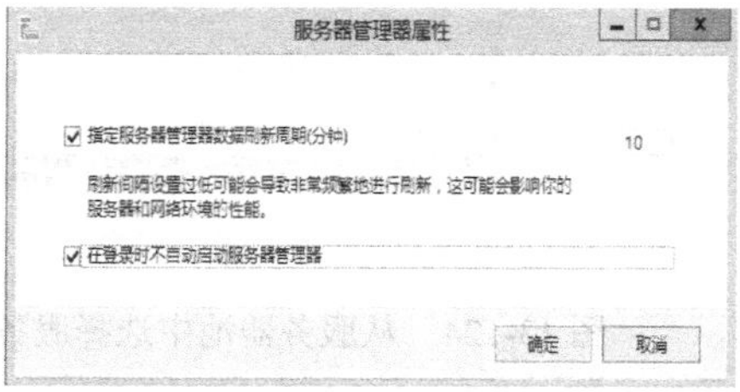

图 13-121　设置登录时不启动服务器

（9）启用桌面体验和无线服务

手动配置：运行 Server Manager（服务器管理器）→管理→添加角色和功能→基于角色或基于功能的安装→从服务器池中选择服务器→功能→无线 LAN（WLAN）服务、用户界面和基础结构，如图 13-122 至图 13-127 所示。

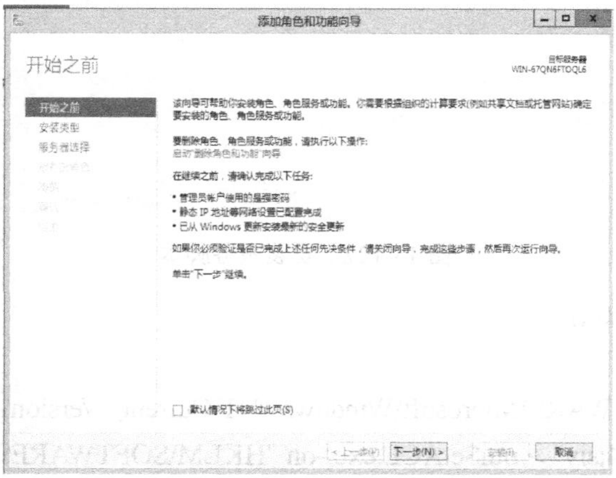

图 13-122　添加角色和功能向导

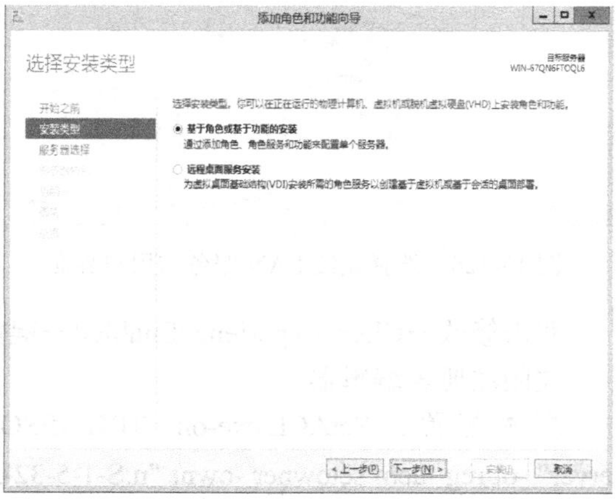

图 13-123　添加“基于角色或基于功能的安装”

配置：PowerShell /Command "&{Import-Module servermanager}"

PowerShell /Command "&{Add-WindowsFeature Desktop-Experience}"

PowerShell /Command "&{add-windowsfeature Wireless-Networking}"

（10）默认不启动 Metro 界面

手动配置：运行 Regedit（注册表编辑器）→导航到

HKEY_LOCAL_MACHINE\SOFTWARE\Microsoft\Windows NT\CurrentVersion\Server

右键单击权限→高级→所有者（更改）→高级→立即查找→选择 Administrators→一路确定。

右键单击权限→选中 Administrators→完全控制→允许→一直单击“确定”。

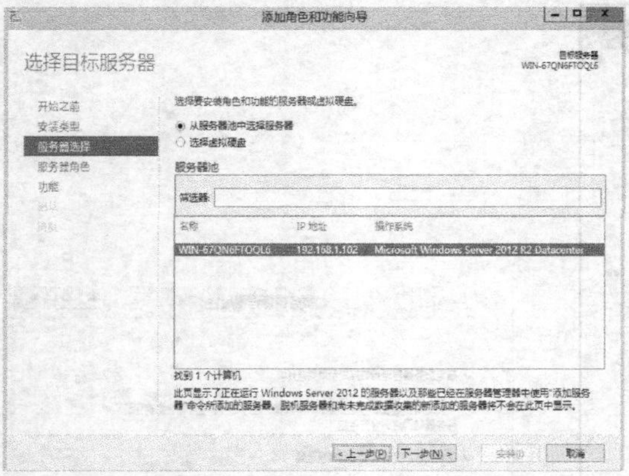

图 13-124　从服务器池中选择服务器

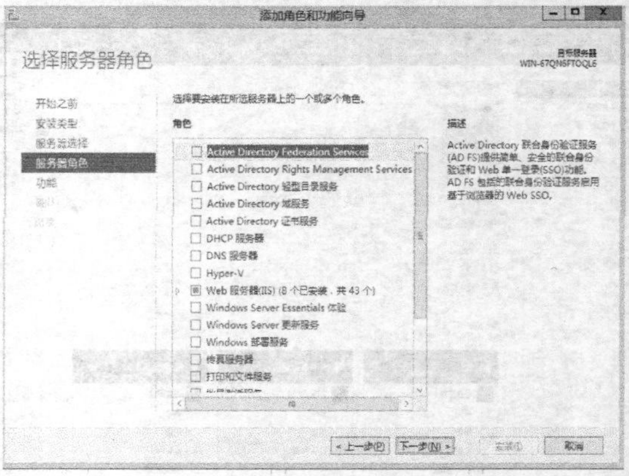

图 13-125　功能选择

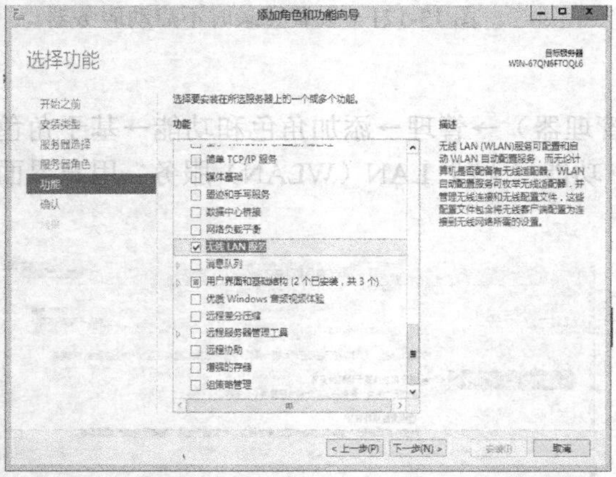

图 13-126　选择无线 LAN 服务与用户界面

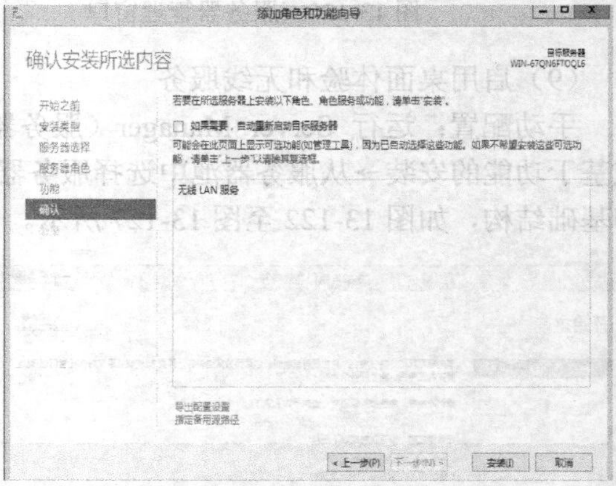

图 13-127　安装服务脚本

双击修改→ClientExperienceEnabled→键值为 0。

关闭注册表编辑器

脚本配置：SetACL.exe-on "HKLM\SOFTWARE\Microsoft\Windows NT\Current Version\Server" -ot reg -actn setowner -ownr "n:S-1-5-32-544;s:y" > nulSetACL.exe -on "HKLM\SOFTWARE\Microsoft\Windows NT\CurrentVersion\Server"-ot reg -actn ace -ace "n:S-1-5-32-544; s:y;p:full" > nul reg add "HKLM\SOFTWARE\Microsoft\Windows NT\CurrentVersion\Server" /f /v ClientExperience Enabled /t REG_DWORD /d 0 >nul

（11）禁用 DEP 数据执行保护

手动配置：运行 sysdm.cpl（系统属性）→高级→性能→数据执行保护→仅为基本的 Windows 程序和服务启用 DEP→一直单击“确定”。

脚本配置：bcdedit /set nx OptIn

（12）设置应用商店

手动配置：开始运行 Control nusrmgr.cpl（用户账号）→管理账户→添加用户账号→下一步→完成。

选择新创建的账号→更改账号类型→管理员→更改账号类型。

用刚创建的用户登录→访问应用商店→下载个人喜欢的应用。

（13）设置 Metro IE 为 Metro 界面下的默认浏览器

脚本配置：[HKEY_CURRENT_USER\SOFTWARE\Microsoft\Internet Explorer\Main]

"ApplicationTileImmersiveActivation"=dword:00000001

（14）更改 Windows Sever 2012 壁纸为 Windows 8 地址

脚本配置：TakeOwn.exe /F %SystemRoot%\Web\Wallpaper\Windows\img0.jpg

icacls %SystemRoot%\Web\Wallpaper\Windows\img0.jpg /reset

rename %SystemRoot%\Web\Wallpaper\Windows\img0.jpg img0.jpg.bak

copy /y Windows\img0.jpg　%SystemRoot%\Web\Wallpaper\Windows\img0.jpg

13.7.2　任务二　Web 服务器安全配置实验

1．实验目的

（1）搞清 IIS 服务器的安全漏洞及安全配置。

（2）理解 SSL 协议的基本工作原理及应用。

（3）熟悉基于 IIS 服务器的 SSL 配置。

2．实验环境

通过局域网互联的若干台 PC。其中，一台安装 Windows Server 2012，安装并配置证书服务，担任 CA 服务器；一台安装 Windows 8 和 IIS 服务，担任 Web 服务器；其余安装 Windows 8，作为客户端实验机。

3．实验要求

（1）实验任务

① 了解基于 Windows 的数字证书服务器的建立过程。

② 了解安全 Web 服务器的配置。

③ 熟悉数字证书的生成、申请、使用的全过程。

（2）实验预习

① 预习本实验指导书，深入理解实验的目的与任务，熟悉实验步骤和基本环节。

② 复习有关数字证书、IIS、SSL 的基本知识。

（3）实验背景

Web 服务采用客户/服务器工作模式，以超文本标记语言和超文本传输协议为基础，为用户提供界面一致的信息浏览系统。

SSL 是 1994 年网景公司提出的基于 Web 应用的安全协议，介于可靠的传输层协议（TCP）和应用层（如 HTTP）之间，为数据通信提供安全支持。

SSL 使用公钥密码技术和数字证书技术实现客户机和服务器之间的身份认证和密钥协商，使用对称加密技术对 SSL 连接上传输的敏感数据进行加密，使用消息摘要算法保证客户机和服务器之间传输数据的完整性。

4．实验步骤

（1）IIS 服务器的安全配置

① 确定 IIS 与系统安装在不同的分区

② 删除不必要的虚拟目录

打开*\wwwroot（*代表 IIS 安装的路径）文件夹，删除在 IIS 安装完成后默认生成的目录，包括 IISHelp、IISAdmin、IISSamples 等。

③ 停止默认网站或修改主目录

在“Internet 服务管理器”中右键单击“默认 Web 网站”，单击“停止”命令，根据需要启用自己创建的站点；或者在“Internet 服务管理器”中右键单击所选网站，选择其属性，在主目录页面中修改本地路径。

④ 对 IIS 的文件和目录进行分类，区别设置权限

右键单击 Web 主目录中的文件和目录，在“属性”中按需要给它们分配适当的权限（静态文件允许读，拒绝写；ASP 和 exe 允许执行，拒绝读写；所有的文件和目录将 Everyone 用户组的权限设置为“只读”）。

⑤ 删除不必要的应用程序映射

在“Internet 服务管理器”中右键单击所选网站，在属性对话框的“主目录”页面中，如图 13-128 所示，单击“配置”，在弹出的对话框的“应用程序映射”页面，删除无用的程序映射（只需要留下.asp、.aspx），如图 13-129 所示。

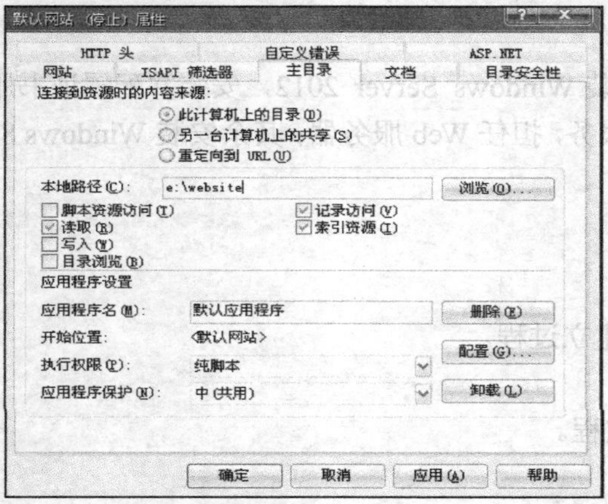

图 13-128 属性对话框的“主目录”界面

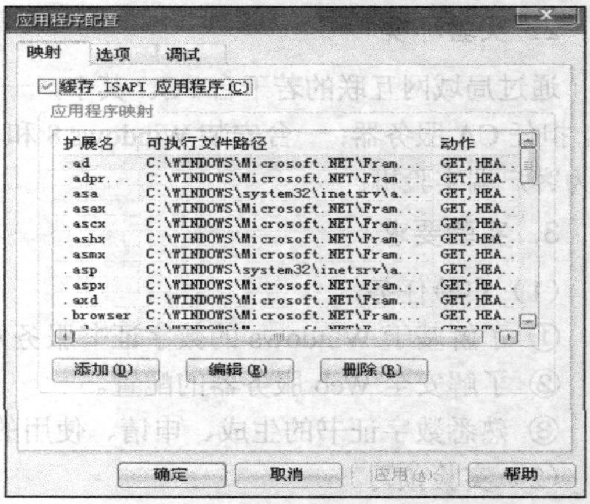

图 13-129 “应用程序映射”界面

⑥ 维护日志安全

在“Internet 服务管理器”中右键单击所选网站，选择其属性，在对话框的“网站”界面中，选中“启用日志目录”的“属性”按钮，如图 13-130 所示。在“常规属性”界面中，单击浏览或直接在输入框中输入修改后的日志存放路径即可，如图 13-131 所示。

⑦ 修改端口值

在上步操作的“网站”页面中，Web 服务器默认的 TCP 端口值为 80，若将该端口改用其他值，可以增强安全，但会给用户访问带来不便，系统管理员可以根据需要决定是否修改。

（2）用户机的 SSL 配置

① 生成服务器证书请求文件

在“Internet 服务管理器”中打开“网络属性”话框，切换到“目录安全性”选项卡，如图 13-132 所示。单击“安全通信”中的“服务器证书”，出现“IIS 证书向导”对话框，如图 13-133 所示。

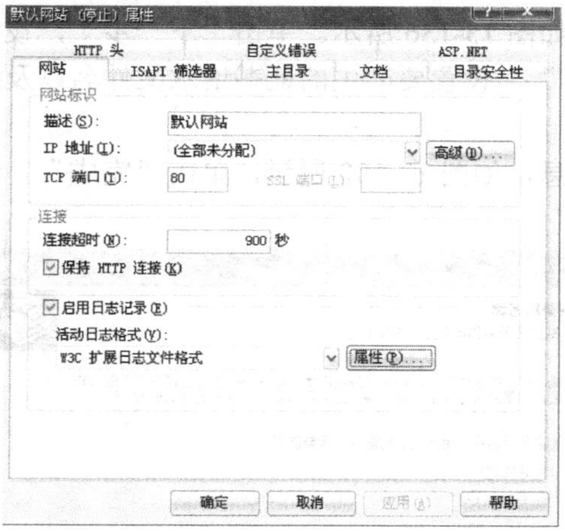

图 13-130　“网站”选项卡对话框

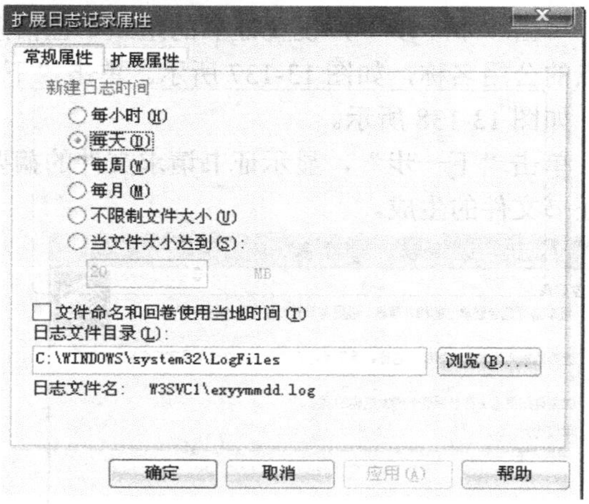

图 13-131　拓展日志记录属性界面

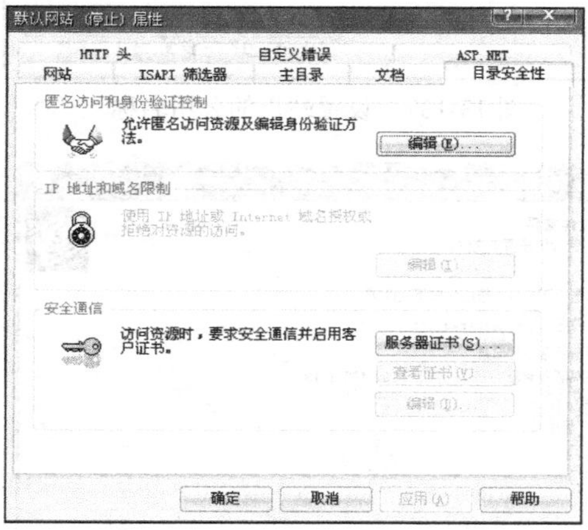

图 13-132　“目录安全性”选项卡

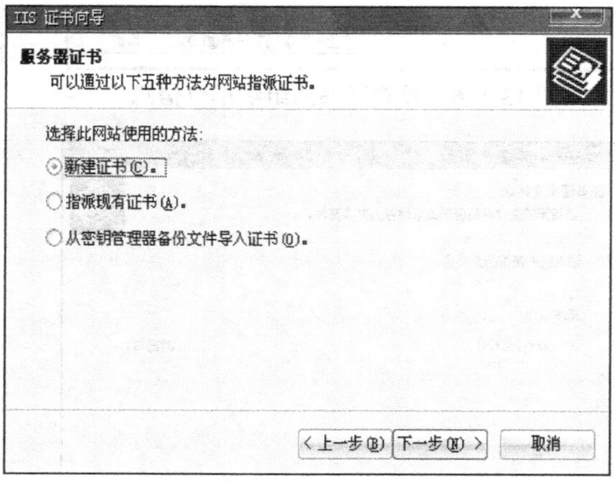

图 13-133　“IIS 证书向导”对话框

在图 13-133 中选择“新建证书”，单击“下一步”，选择“现在准备证书请求，稍后再发送”，如图 13-134 所示。单击“下一步”，设置证书名称和安全选项，如图 13-135 所示。

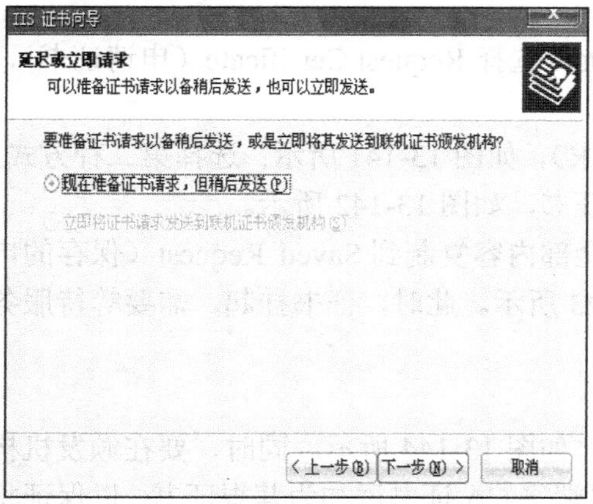

图 13-134　延迟或立即请求界面

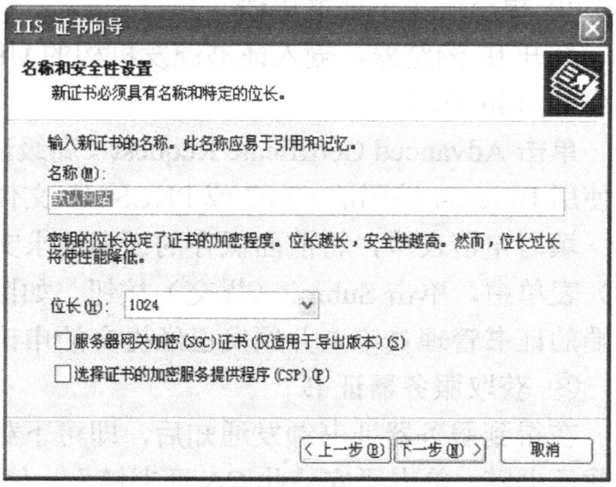

图 13-135　设置证书名称和安全选项

单击“下一步”，设置证书的组织单位信息，如图 13-136 所示。单击“下一步”，设置站点的公用名称，如图 13-137 所示。单击“下一步”，设置要产生的证书请求文件名以及路径，如图 13-138 所示。

单击“下一步”，显示证书请求文件的摘要信息，如图 13-139 所示，单击“完成”，结束证书文件的生成。

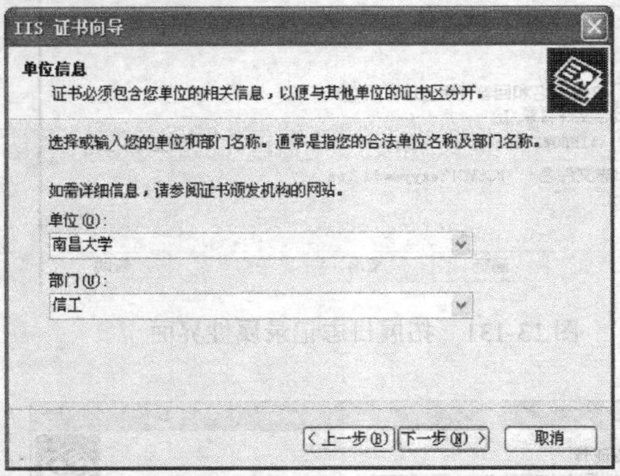

图 13-136　设置证书的组织单位信息

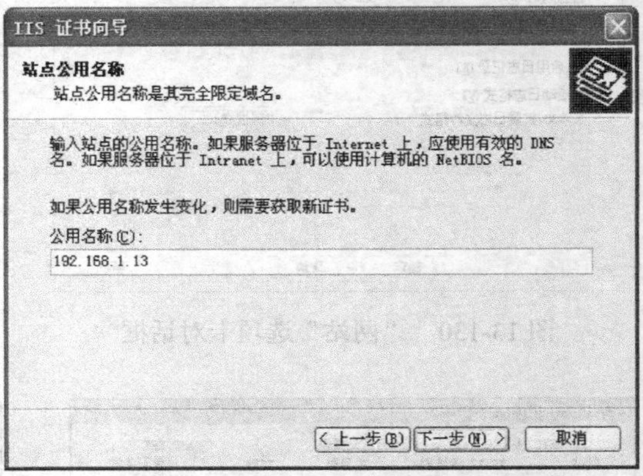

图 13-137　设置站点的公用名称

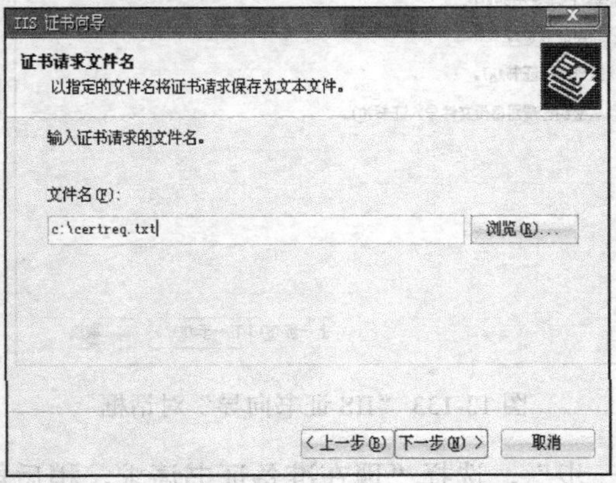

图 13-138　设置产生证书请求文件名及路径

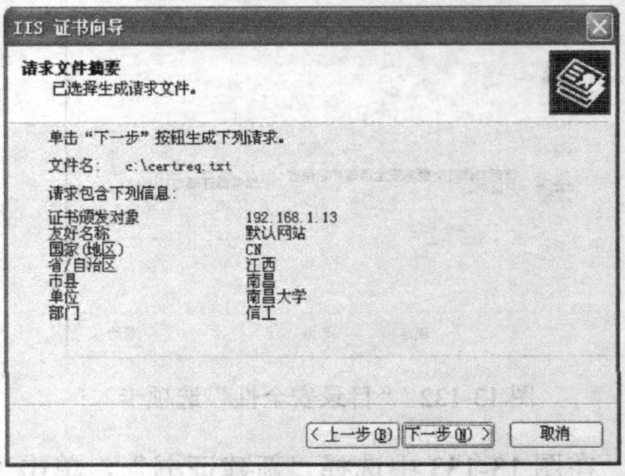

图 13-139　显示证书请求文件的摘要信息

② 提交服务器证书申请

打开 IE 浏览器，输入证书颁发机构的 URL 地址，选择 Request Certificate（申请证书），如图 13-140 所示。

单击 Advanced Certificate Request（高级证书请求），如图 13-141 所示；选择第二种方式，即使用 Base-64 编码的 CMC 或 PKCS#10 文件提交证书，如图 13-142 所示。

填写申请表单，将前面保存的证书请求文件的全部内容复制到 Saved Request（保存的申请）表单中，单击 Submit（提交）按钮，如图 13-143 所示。此时，证书挂起，需要等待服务器端的证书管理员审查并颁发已经提交的申请。

③ 获取服务器证书

在得到服务器证书颁发通知后，即可下载证书，如图 13-144 所示。同时，要在颁发机构下载证书链，单击“安装此 CA 证书链”，使浏览器端将 CA 证书添加为其根证书，以保证将自建的 CA 能够得到用户端的信任，使证书有效，如图 13-145 所示。

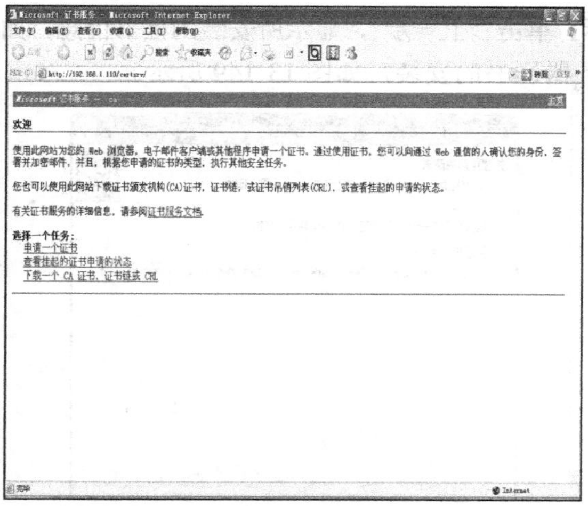

图 13-140　选择 Request Certificate（申请证书）

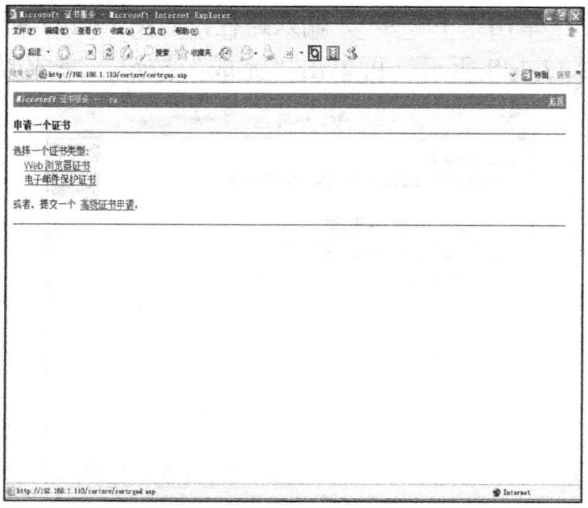

图 13-141　高级证书请求界面

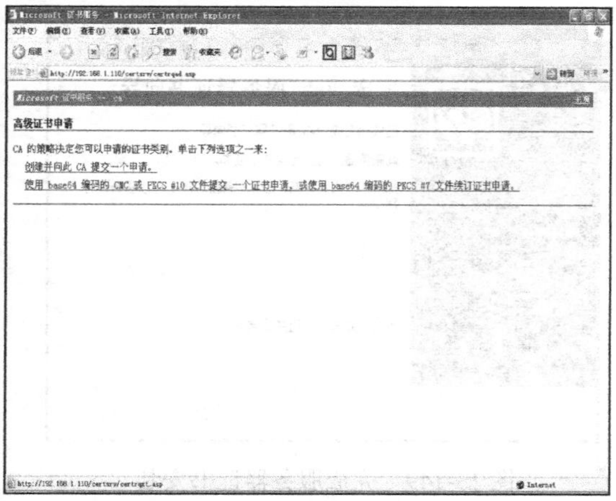

图 13-142　提交证书申请文件

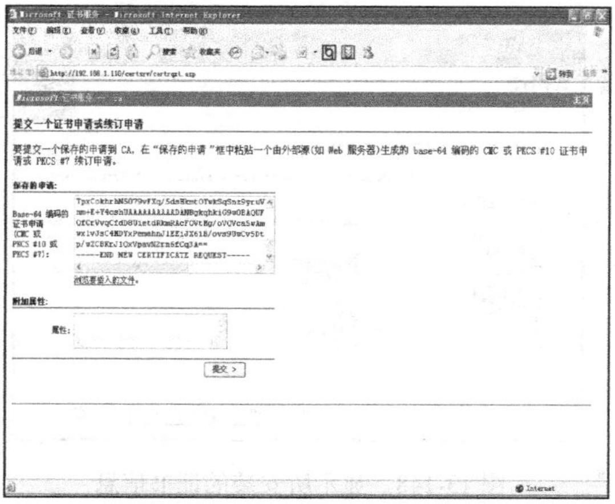

图 13-143　复制提交证书申请

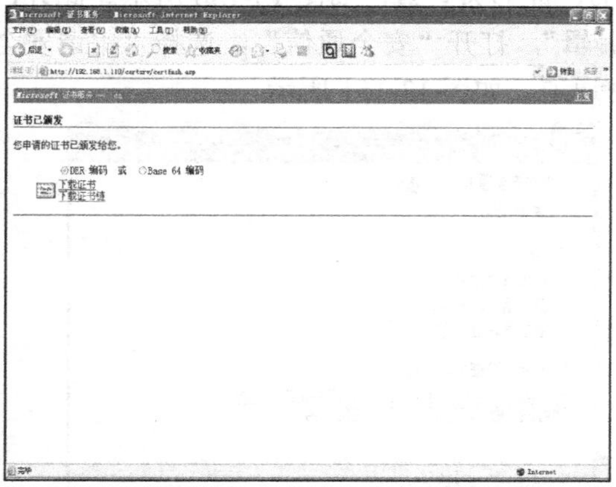

图 13-144　下载证书界面

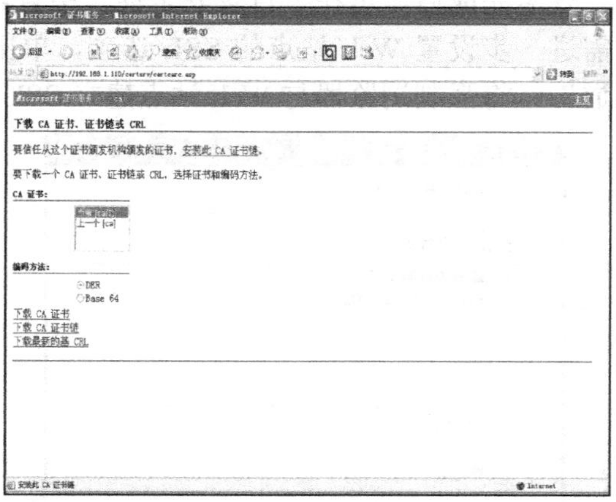

图 13-145　安装 CA 证书链使证书有效

④ 安装服务器证书

在“Internet 服务管理器”中打开所选网站属性，切换到“目录安全性”，在“安全通信”区域选择服务器证书，选择“处理挂起的请求并安装证书”，如图 13-146 所示。

单击“下一步”，输入路径，如图 13-147 所示。单击“下一步”，显示所安装的证书信息，如图 13-148 所示。再单击“完成”按钮，完成服务器证书的安装，如图 13-149 所示。

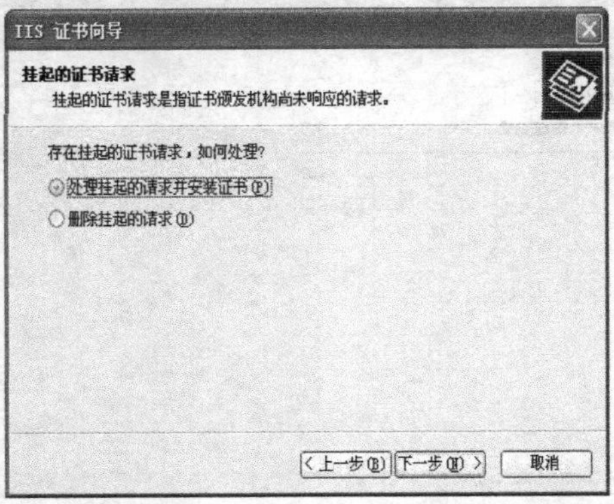

图 13-146　选择挂起的证书请求

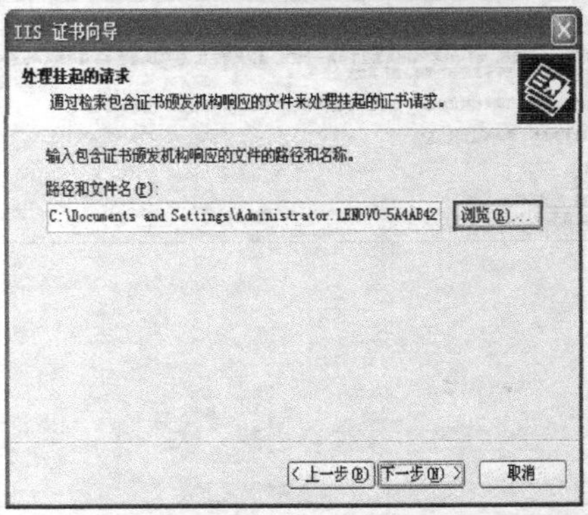

图 13-147　处理挂起的证书请求

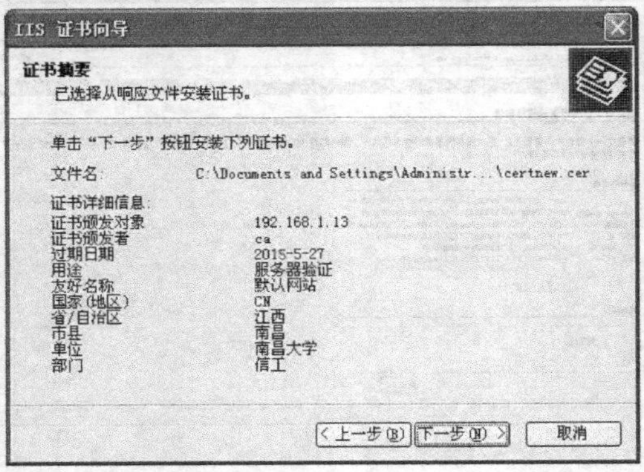

图 13-148　显示所安装的证书信息

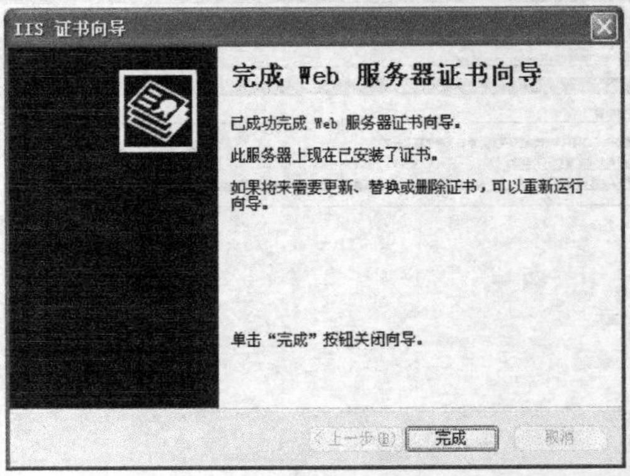

图 13-149　完成服务器证书安装

安装完成后，可在“目录安全性”中查看证书，证书为有效，如图 13-150 所示。此外，还需进一步设置 Web 站点的 SSL 选项，单击“编辑”，打开“安全通信”，选择“申请安全通道”，将强制浏览器与 Web 站点建立 SSL 加密通道，如图 13-151 所示。

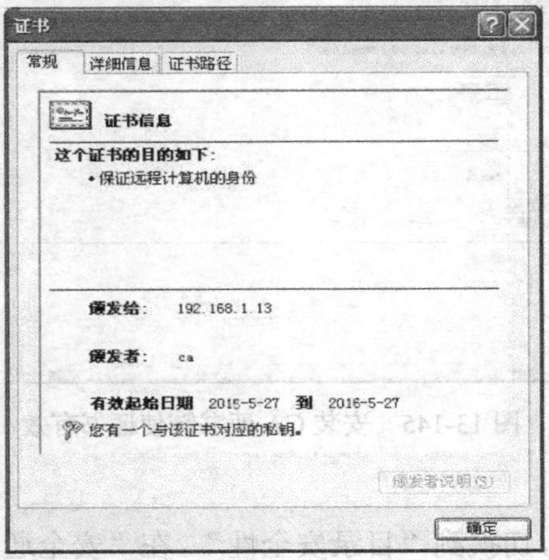

图 13-150　查看证书信息

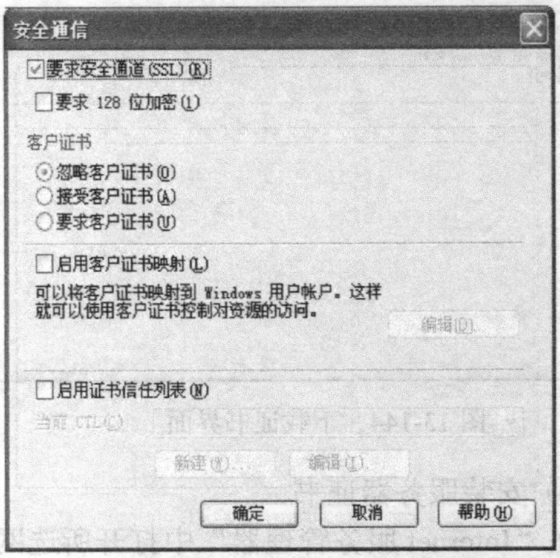

图 13-151　“安全通信”界面

5. 实验报告

（1）简要描述实验过程。
（2）实验中遇到了什么问题，如何解决的？
（3）叙述在 Windows 环境下 CA 服务器、IIS 和 SSL 配置的方法与步骤。
（4）实验收获与体会。

13.8　实验八　数据库安全实验

数据库安全实验，主要安排两个选做的任务，即 SQL Server 2012 用户安全管理实验和利用 SQL Server 2012 进行数据备份与恢复实验。

13.8.1　任务一　SQL Server 2012 用户安全管理

1. 实验目的

通过对 SQL Server 2012 的用户安全管理实验，达到如下目的：
（1）理解 SQL Server 2012 身份认证模式。
（2）掌握 SQL Server 2012 创建和管理登录用户的方法。
（3）了解创建应用程序角色的过程和方法
（4）掌握数据库管理用户权限的操作方法。

2. 实验要求

实验预习：预习“数据库原理及应用”课程有关用户安全管理内容。
实验设备：安装有 SQL Server 2012 的计算机。
实验用时：2 学时（90～120 分钟）

3. 实验内容及步骤

（1）SQL Server 2012 认证模式

SQL Server 2012 提供 Windows 身份和混合安全身份两种认证模式。在第一次安装 SQL Server 2012 或使用 SQL Server 2012 连接其他服务器时，需要指定认证模式。对于已经指定认证模式的 SQL Server 2012 服务器，仍然可以设置和修改身份认证模式。

① 打开 SSMS（SQL Server Management Studio）窗口，选择一种身份认证模式，建立与服务器的连接。

② 在“对象资源管理器”窗口中右键单击服务器名称，在弹出的快捷菜单中选择“属性”→“服务器属性”对话框。

③ 在“选项页”列表中单击“安全性”标签，打开如图 13-152 所示的“安全性属性”选项，其中可以设置身份认证模式。

通过单选按钮来选择使用的 SQL Server 2012 服务器身份认证模式。不管使用哪种模式，都可以通过审核来跟踪访问 SQL Server 2012 的用户，默认设置下仅审核失败的登录。

启用审核后，用户的登录被写入 Windows 应用程序日志、SQL Server 2012 错误日志或两者之中，具体取决于对 SQL Server 2012 日志的配置。

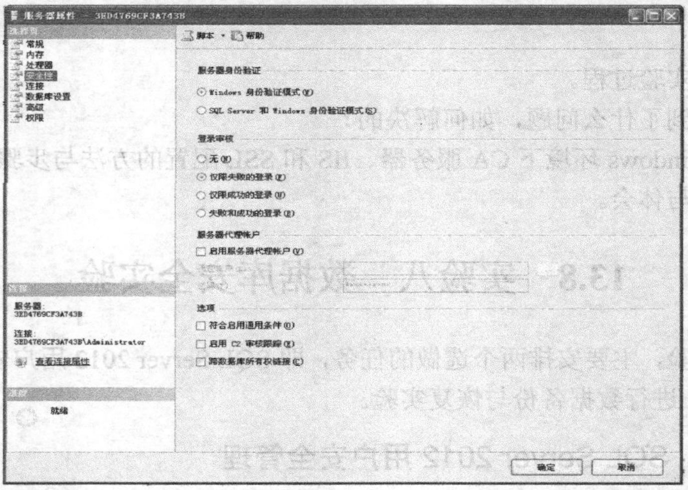

图 13-152　安全性属性

可用的审核选项有：无（禁止跟踪审核）、仅限失败的登录（默认设置，选择后仅审核失败的登录尝试）、仅限成功的登录（仅审核成功的登录尝试）、失败和成功的登录（审核所有成功和失败的登录尝试）。

（2）管理服务器账号

查看服务器登录账号：打开“对象资源管理器”，可以查看当前服务器所有的登录账户。在“对象资源管理器”中，选择“安全性”，单击“登录名”得到如图 13-153 所示窗口。列出的登录名为安装时默认设置的。

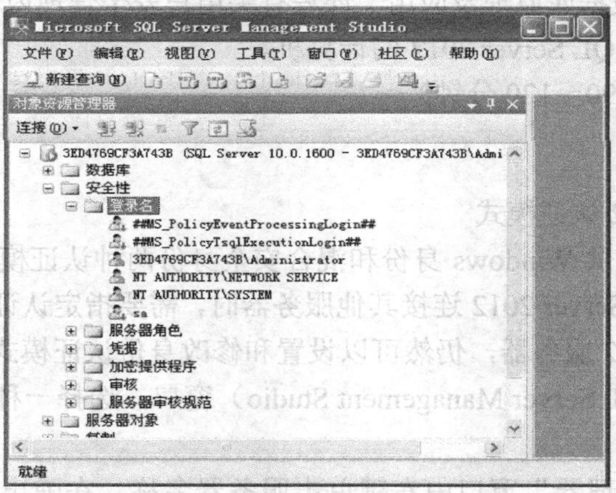

图 13-153　对象资源管理器

创建 SQL Server 2012 登录账户：

① 打开 SSMS，展开“服务器”，然后单击“安全性”节点。

② 右键单击“登录名”节点，从弹出的快捷菜单中选择“新建登录名”命令，打开“登录名-新建”对话框。

③ 输入登录名 NewLogin，选择 SQL Server 身份认证并输入符合密码策略的密码，默认数据库设置为 master，如图 13-154 所示。

④ 在“服务器角色”页面给该登录名选择一个固定的服务器角色，在“用户映射”页面选择该登录名映射的数据库并为之分配相应的数据库角色，如图 13-155 所示。

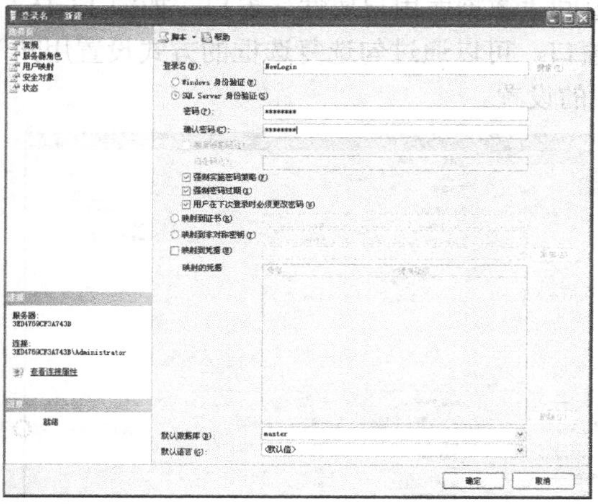

图 13-154　登录名新建

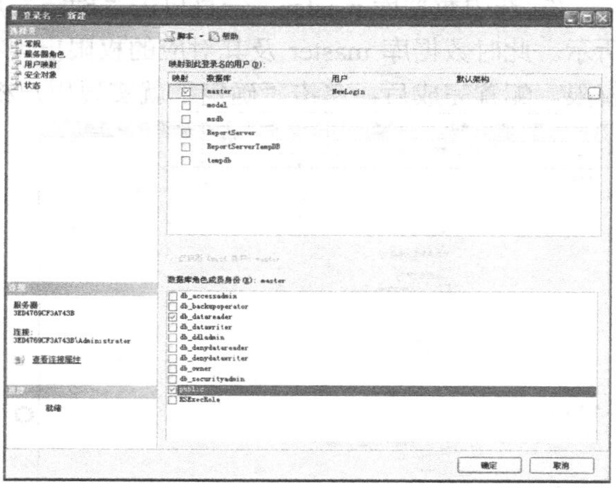

图 13-155　服务器角色设置

⑤ 在“安全对象”页面为该登录名配置具体的表级权限和列级权限。配置完成后，单击“确定”按钮返回。

修改/删除登录名的方法：

① 在 SSMS 中，右键单击登录名，选择“属性”，单击“登录属性”对话框。该对话框格式与“新建登录”的相同，用户可以修改登录信息，但不能修改身份认证模式。

② 在 SSMS 中，右键单击登录名，在弹出菜单中选择“删除”，打开“删除对象”窗口，单击“确定”可以删除选择的登录名。默认登录名 sa 不允许删除。

（3）创建应用程序角色

① 打开 SSMS，展开“服务器”，单击展开“数据库”，选择 master，选择“安全性”，然后单击“角色”节点，右键单击“应用程序角色”，选择“新建应用程序角色”命令。

② 在“角色名称”文本框中输入 Addole，然后在“默认架构”文本框中输入 dbo，在密码和确认密码文本框中输入相应密码，如图 13-156 所示。

③ 在“安全对象”页面上单击“搜索”按钮，选择“特定对象”单选按钮，然后单击“确定”按钮。单击“对象类型”按钮，选择“表”，单击“浏览”按钮，选择 spt_fallback_db 表，然后单击“确定”按钮。

④ 在 spt_fallback_db 显示权限列表中，启用“选择”，单击“授予”复选框，然后单击“确定”按钮。

（4）管理用户权限

① 首先，单击 SSMS，依此打开“服务器”中的“数据库”，选择 master 展开“安全性”中的“用户”节点。

② 右键单击 NewLogin 节点，在弹出的快捷菜单中选择“属性”选项，打开“数据库用户-NewLogin”对话框。

③ 选择“选项页”中的“安全对象”，单击“权限”选项页面，单击“搜索”按钮打开“添加对象”对话框，并选择其中的“特定对象..”，单击“确定”后打开“选择对象”对话框。

④ 单击“对象类型”按钮，打开“选择对象类型”对话框，选中“数据库”，单击“确定”后返回，此时“浏览”按钮被激活。单击“浏览”按钮打开“查找对象”对话框。

⑤ 选中数据库 master，一直单击“确定”后返回“数据库用户属性”窗口，如图 13-157 所示。此时数据库 master 及其对应的权限出现在窗口，可以通过勾选复选框的方式设置用户权限。配置完成后，单击“确定”就实现用户权限的设置。

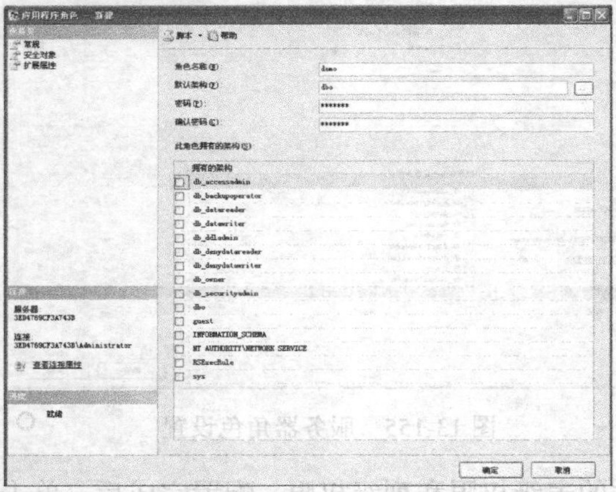

图 13-156　新建应用程序角色

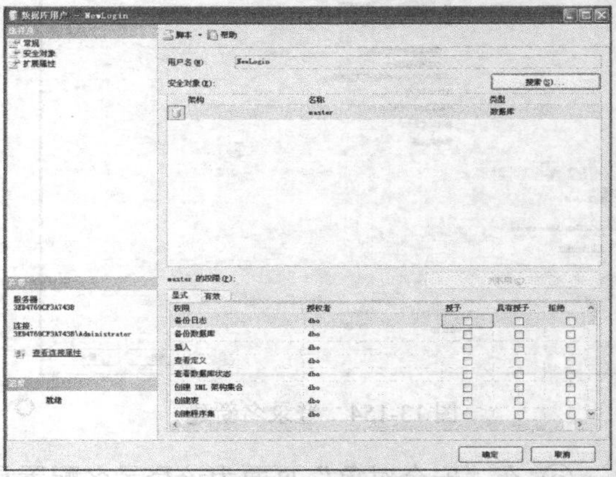

图 13-157　管理用户权限

13.8.2　任务二　数据库备份与恢复

1. 实验目的

（1）理解 SQL Server 2012 系统的安全性机制。

（2）明确如何管理和设计 SQL Server 登录信息，实现服务器级的安全控制。

（3）掌握设计和实现数据库级的安全保护机制的方法。

（4）独立设计和实现数据库备份和恢复。

2. 实验内容及步骤

1）建立 Windows 及 SQL Server 登录名

（1）创建 Windows 登录名。使用界面方式创建 Windows 身份模式的登录名：以管理员身份登录到 Windows，选择“开始”，单击“设置”，打开“控制面板”，双击“用户账户”，进入“用户账户”窗口。单击“新创建一个账户”，在出现的窗口中输入账户名称，选择“计算机管理员”，单击“创建账户”即可完成新账户的创建。

以管理员身份登录到 SQL Server Management Studio（SSMS），在“对象资源管理器”中选择“安全性”，然后右键单击“登录名”，在快捷菜单中选择“新建登录名”菜单项，在“新建登录名”窗口中单击“添加”按钮添加 Windows 用户 sxd，选择“Windows 身份验证”，单击“确定”按钮完成。

（2）SQL Server 登录名。使用界面方式创建登录名，类似上述，在“新建登录名”窗口中输入要创建的登录名（如 sqlsxd），并选择“SQL Server 身份验证”，输入密码和重复密码，单击“确定”按钮。

🔔【注意】在本节中，所有以命令语句方式的实际操作，详见贾铁军主编的《数据库原理应用与实践（第 2 版）》（科学出版社）一书中的 10.7 节。

2）创建数据库用户

使用界面方式创建 teachingSystem 的数据库用户。

在“对象资源管理器”中选择数据库 teachingSystem 的“安全性”→右键单击“用户”，在弹出的快捷菜单中选择“新建用户”菜单项，在“数据库用户”窗口中输入新建数据库用户名 shenxd，输入使用的登录名 sqlsxd，“默认架构”填写 dbo，单击“确定”按钮。

3）通过资源管理器添加固定服务器角色成员

以管理员身份登录到 SQL Server，在“对象资源管理器”中选择“安全性”→选择要添加的登录名（如 zhangshf），右键单击后选择“属性”，在登录名属性窗口中选择“服务器角色”标签，选择要添加到的服务器角色，单击“确定”按钮即可。

4）固定数据库角色的创建

可以通过资源管理器添加固定数据库角色成员。

在“数据库”teachingSystem 中展开“角色”→“数据库角色”→db_owner，右键单击鼠标，在弹出的快捷菜单中选择“属性”菜单项，进入“数据库角色属性”窗口，单击“添加”按钮可以为该固定数据库角色添加成员。

5）自定义数据库角色

以界面方式创建自定义数据库角色，并为其添加成员。

以管理员身份登录到 SQL Server，在“对象资源管理器”中展开“数据库”→选择要创建角色的数据库（如 teachingSystem），展开其中的“安全性”→“角色”，右键单击鼠标，在弹出的快捷菜单中选择“新建”菜单项→在子菜单中选择“新建数据库角色”菜单项，在新建窗口中输入要创建的角色名 myrole，单击“确定”按钮。

在新建的角色 myrole 的属性窗口中，单击“添加”按钮，即可为其添加成员。

6）授予数据库权限

以界面方式授予数据库 teachingSystem 的 CREATE TABLE 权限。

以管理员身份登录到 SQL Server，在“对象资源管理器”中展开“数据库”，然后选择 teachingSystem，右键单击鼠标，在弹出的快捷菜单中选择“属性”菜单项进入 teachingSystem 的属性窗口，选择“权限”选项页→选择数据库用户 shenxd，在下方的权限列表中选择相应数据库级别上的权限，完成后单击“确定”按钮。

以界面方式授予数据库用户在表 teacher 上的 SELECT、DELETE 权限。

以管理员身份登录到 SQL Server，在“对象资源管理器”中找到 Employees 表，右键单击选择“属性”菜单项进入表 teacher 的属性窗口，选择“权限”选项页→单击“添加”按钮添加要授予权限的用户或角色，然后在权限列表中选择要授予的权限。

7）拒绝和撤销数据库权限

8）数据库备份恢复方法

（1）利用 SQL Server Management Studio（SSMS）管理备份设备。在备份一个数据库之前，需要先创建一个备份设备，比如磁带、硬盘等，然后再去复制有备份的数据库、事务日志、文件/文件组。请新建一个备份设备，查看备份设备，删除备份设备。

（2）备份数据库。打开 SSMS，右键单击需要准备备份的具体数据库，选择“任务”→“备份”命令，出现备份数据库窗口。在此可选择要备份的数据库和备份类型，如图 13-158 和图 13-159 所示。

（3）数据库的差异备份。差异数据库备份只记录自上次数据库备份后发生更改的数据。差异数据库备份比数据库备份小而且备份速度快，因此可以经常备份，经常备份将减少丢失数据的危险。使用差异数据库备份将数据库还原到差异数据库备份完成时那一点。若要恢复到精确的故障点，必须使用事务日志备份。

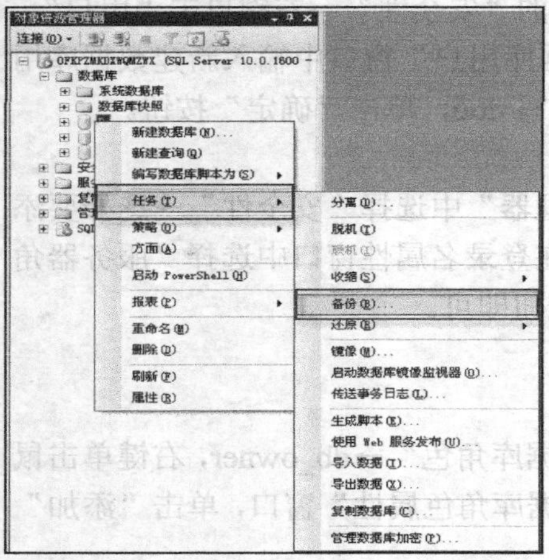

图 13-158　选择需要备份的数据库

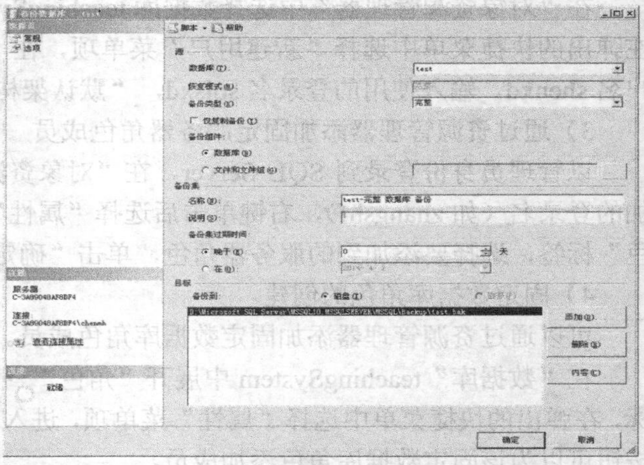

图 13-159　确定数据库的备份类型

（4）恢复数据库。使用 SSMS 恢复数据库，实验操作步骤：启动 SSMS，选择服务器，右键单击相应的数据库，选择“还原（恢复）”命令，再单击“数据库”，出现恢复数据库窗口。

13.9　实验九　计算机病毒防范实验

13.9.1　任务一　用 360 软件查杀病毒实验

360 安全卫士及杀毒软件应用很广泛，其中企业版获得“2013 年度中国 IT 创新奖”，可以面向企业级用户推出专业安全解决方案，致力解决企业用户普遍的网络安全问题，让繁杂的网络安全管理简单化，而且与传统企业级杀毒软件不同，更加实用方便，全面防护企业网络安全，还可以集成企业白名单技术，有效杜绝各种专用软件风险误报。

1．实验目的

360 安全卫士及杀毒软件的实验目的主要包括：

（1）了解 360 安全卫士及杀毒软件的主要功能及特点。

（2）理解 360 安全卫士及杀毒软件的主要技术和应用。

（3）掌握 360 安全卫士及杀毒软件的主要操作界面和方法。

2．实验内容

（1）主要实验内容

360 安全卫士及杀毒软件的实验内容主要包括：

① 360 安全卫士及杀毒软件的主要功能及特点。

② 360 安全卫士及杀毒软件的主要技术和应用。

③ 360 安全卫士及杀毒软件的主要操作界面和方法。

实验用时：2 学时（90～120 分钟）

（2）360 安全卫士的主要功能特点

360 安全卫士的**主要功能**：

① 电脑体检。可对用户电脑进行安全方面的全面细致检测。

② 查杀木马。使用 360 云引擎、启发式引擎、本地引擎、360 奇虎支持向量机 QVM（Qihoo Support Vector Machine）四引擎毒查杀木马。

③ 修复漏洞。为系统修复高危漏洞、加固和功能性更新。

④ 系统修复。修复常见的上网设置和系统设置。

⑤ 电脑清理。清理插件、清理垃圾和清理痕迹并清理注册表。

⑥ 优化加速。通过系统优化，加快开机和运行速度。

⑦ 电脑门诊。解决电脑使用过程中遇到的有关问题帮助。

⑧ 软件管家。安全下载常用软件，提供便利的小工具。

⑨ 功能大全。提供各式各样的与安全防御有关的功能。

360 安全卫士最新 9.6 版，将木马防火墙、网盾及安全保镖合三为一，安全防护体系功能大幅增强。具有查杀木马及病毒、清理插件、修复危险项漏洞、电脑体检、开机加速等多种功能，并独创了“木马防火墙”功能，利用提前侦测和云端鉴别，可全面、智能地拦截各类木马，保护用户的账号、隐私等重要信息。运用云安全技术，在拦截和查杀木马的效果、速度以及专业性上表现出色，可有效防止个人数据和隐私被木马窃取。还具有广告拦截功能，并新增了网购安全环境修复功能。

（3）360 杀毒软件的主要功能特点

360 杀毒软件和 360 安全卫士配合使用，是安全上网的黄金组合，可提供全时全面的病毒防护。**360 杀毒软件的主要功能特点**：

① 360 杀毒无缝整合了国际知名的 BitDefender 病毒查杀引擎和安全中心领先云查杀引擎。

② 双引擎智能调度，为电脑提供完善的病毒防护体系，不但查杀能力出色，而且能第一时间防御新出现的病毒木马。

③ 杀毒快、误杀率低。对系统资源占用少，杀毒快，误杀率低。

④ 快速升级和响应，病毒特征库及时更新，确保对爆发性病毒的快速响应。

⑤ 对感染型木马强力查杀功能强大的反病毒引擎，以及实时保护技术的强大反病毒引擎，采用虚拟环境启发式分析技术发现和阻止未知病毒。

⑥ 超低系统资源占用，人性化免打扰设置，在用户打开全屏程序或运行应用程序时自动进入“免打扰模式”。

新版 360 杀毒软件整合了四大领先防杀引擎，包括国际知名的 BitDefender 病毒查杀、云查杀、主动防御、QVM 人工智能四个引擎，不但查杀能力出色，而且能第一时间防御新出现或变异的新病毒。数据向云杀毒转变，自身体积变得更小，刀片式智能五引擎架构可根据用户需求和电脑实际情况自动组合协调杀毒配置。

360 杀毒软件具备 360 安全中心的云查杀引擎，双引擎智能调度不但查杀能力出色，而且能第一时间防御新出现的病毒木马，提供全面保护。

3. 操作界面及步骤

（1）360 安全卫士操作界面

鉴于广大用户对 360 安全卫士等软件比较熟悉，且限于篇幅，在此只做概述。360 安全卫士最新 9.6 版主要操作界面如图 13-160 至图 134-165 所示。

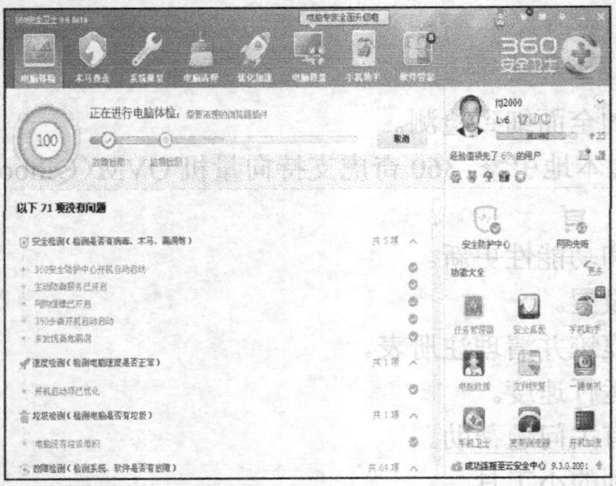

图 13-160　安全卫士主界面及电脑体验界面

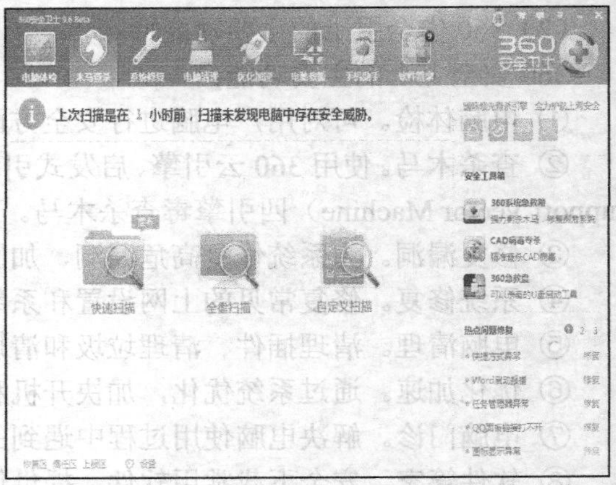

图 13-161　安全卫士的木马查杀界面

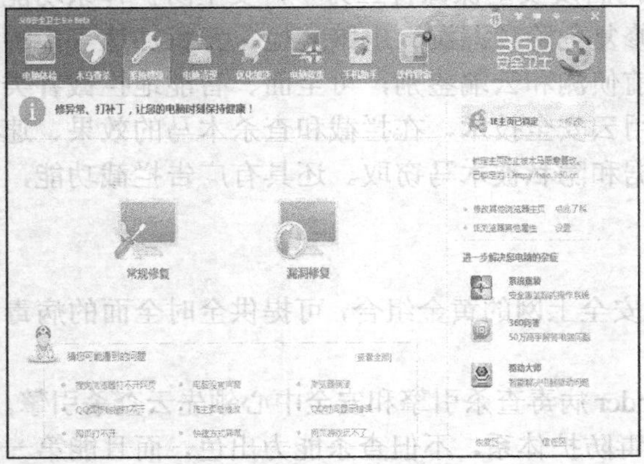

图 13-162　安全卫士系统修复界面

图 13-163　安全卫士的电脑清理界面

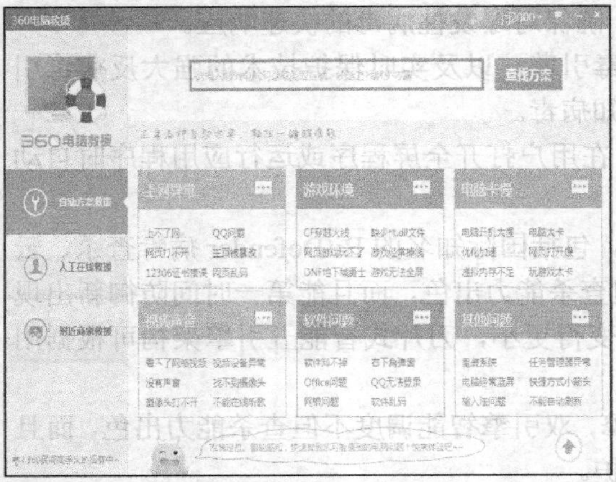

图 13-164　电脑救援操作界面

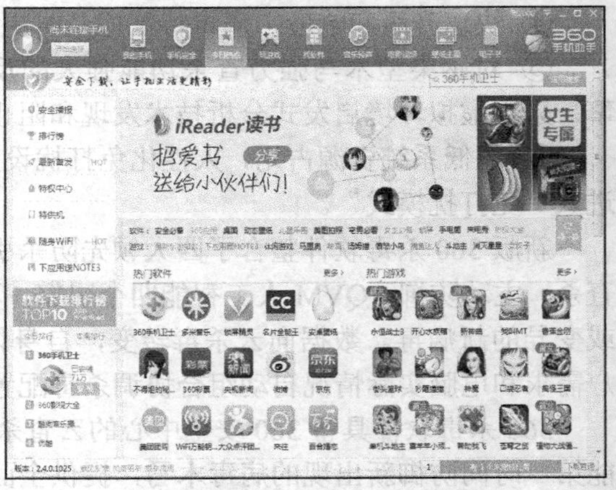

图 13-165　360 手机安全助手

（2）360 杀毒软件操作界面

360 杀毒软件的主要功能界面如图 13-166 至图 13-169 所示。

图 13-166　360 杀毒软件主界面

图 13-167　360 杀毒软件全面扫描界面

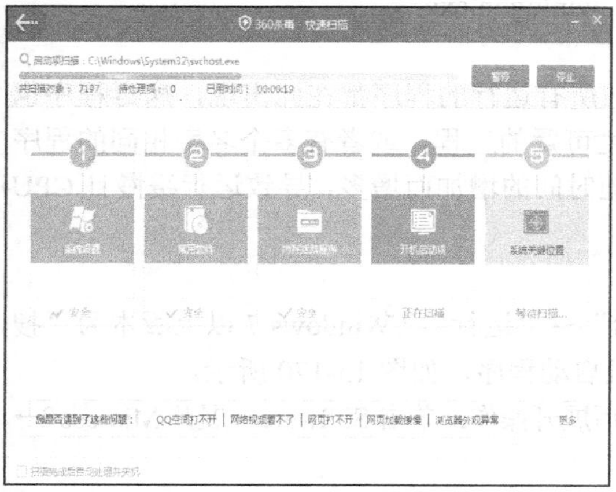

图 13-168　快速扫描操作界面

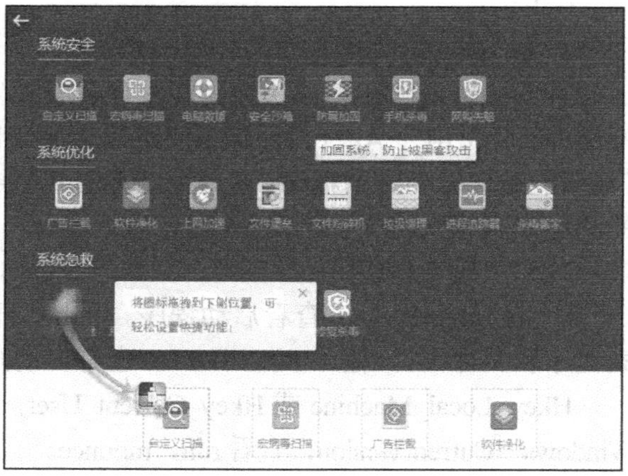

图 13-169　功能大全选项界面

13.9.2　任务二　用进程与注册表清除病毒

1．实验目的

（1）查看系统进程及病毒程序情况。

（2）学会利用注册表清除病毒的使用方法。

（3）掌握非法病毒进程的识别与清除方法。

2．实验内容及步骤

简单地说，进程是程序在计算机上的一次执行活动。当运行一个程序时，就启动了一个进程。进程又分为系统进程和用户进程。系统进程主要用于完成操作系统的功能，而 QQ、Foxmail 等应用程序的进程实际上就是用户进程。

进程的重要性体现在可以通过对其观察，判断系统中到底具体运行的程序，以及判断系统中是否入驻了非法程序。正确地分析进程能够在杀毒软件不起作用时，手动除掉病毒或木马。

查看进程的方法。在 Windows 中，按下 Ctrl + Alt + Delete 组合键就可以直接查看运行的进程，也可打开“Windows 任务管理器”的“进程”选项进行查看进程。通常，系统常见的进程有 winlogon.exe、services.exe、explorer.exe、svchost.exe 等。要熟悉进程，首先就要知道常见的系统进程，当发现异常的进程名（如 HELLO、GETPASSWORD、WINDOWS SERVICE 等）时便于快速进行判断。

（1）查看系统进程及病毒

alg.exe	csrss.exe	ddhelp.exe
dllhost.exe	explorer.exe	inetinfo.exe
internat.exe	kernel32.dll	lsass.exe
mdm.exe	mmtask.tsk	mprexe.exe
msgsrv32.exe	mstask.exe	regsvc.exe
rpcss.exe	services.exe	smss.exe
snmp.exe	spool32.exe	spoolsv.exe
stisvc.exe	svchost.exe	system
taskmon.exe	tcpsvcs.exe	winlogon.exe
winmgmt.exe		

查看确认电脑病毒方法为：观察任务管理器。所有运行的程序都在此出现，病毒程序也不例外。用 Ctrl + Alt + Del 调出任务表，发现陌生可疑的进程，或者有多个名字相同的程序（极可能是病毒伪装的程序）在运行，而且可能会随时间的增加而增多，导致运行缓慢且 CPU 的利用率高达 95%～100%。

（2）注册表使用方法

① 注册表使用 1：查看启动程序。单击“开始”→“运行”（Windows 7 以上版本为“搜索程序和文件”），输入 REGEDIT，查看自动开机启动程序，如图 13-170 所示。

Hkey_Local_Machine 或 Hkey_Current_User，然后展开操作：单击 Software→展开 Microsoft→Windows→CurrentVersion，查看 run，runonce。

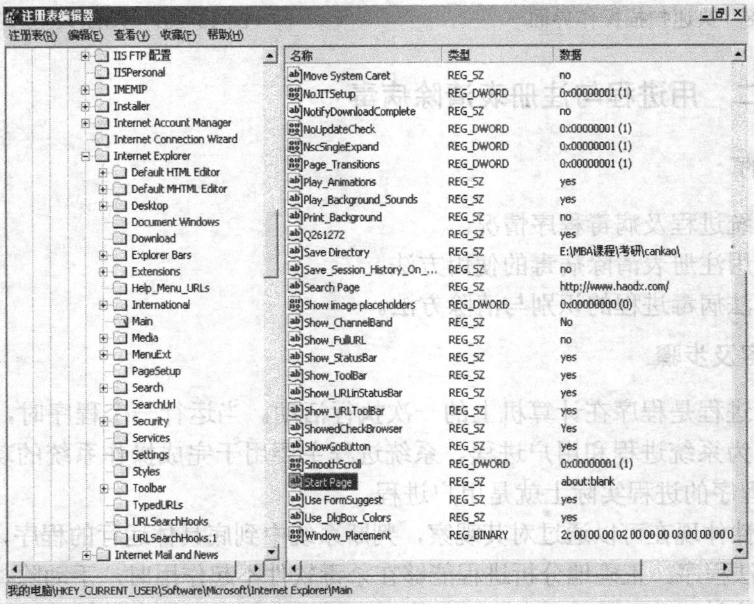

图 13-170　通过注册表查看自动开机启动程序

② 注册表使用 2：修复 IE 的打开页面。

有时，当运行 IE 时，会自动打开某个恶意网站（被劫持网站），解决办法为：

Hkey_Local_Machine 或 Hkey_Current_User，然后展开操作，如图 13-171 所示：单击 Software→展开 Microsoft→Internet Explorer→Main→Start page。

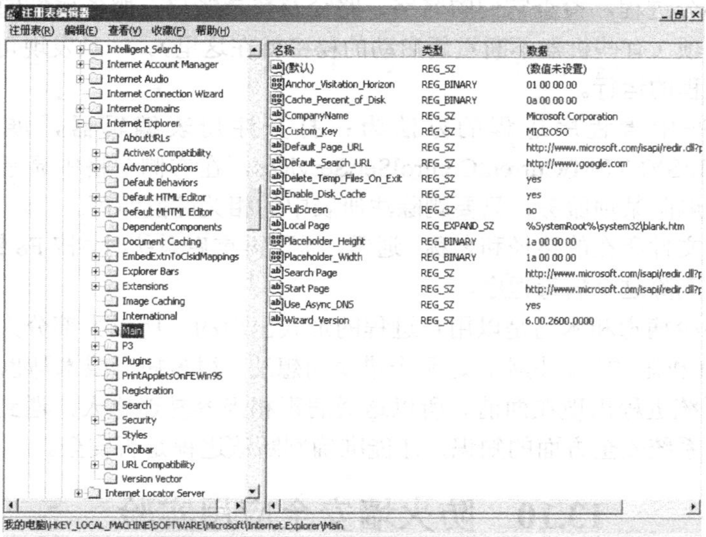

图 13-171 通过注册表查看自启动的恶意网站

③ 注册表使用 3：恢复默认网页。

如图 13-172 所示，有时在 IE 的 Internet 选项中单击“使用默认页”按钮无法改回默认设置，解决办法如下：

Hkey_Local_Machine 或 Hkey_Current_User

Software→Microsoft→Internet Explorer→Main→Default_Page_URL

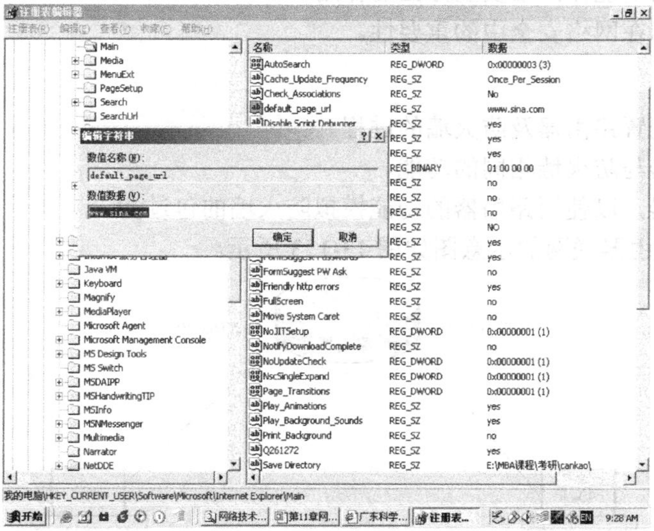

图 13-172 通过注册表恢复默认网页

（3）非法病毒进程的识别与清除

常规**查杀病毒进程的方法**主要包括：

① 使用注册表手动删除自动启动的病毒程序的进程。

② 通过系统的“管理工具”中的“服务”查看目前的全部进程。重点看服务中启动选项为“自动”的那部分进程，检查它们的名字、路径及登录账户、服务属性的“恢复”中有没有重启计算机的选项（有些机器不断重新启动的秘密就在这里）。一旦发现可疑的文件名，则需要立即禁止此进程的运行。

彻底删除这些中毒程序进程的办法为：打开注册表编辑器，展开分支 HKEY_LOCAL_MACHINE\SYSTEM\CurrentControlSet\Services，在右侧窗格中显示的就是本机安装的服务项，如果要删除某项服务，只要删除注册表中的相关键值即可。

查看这个进程文件所在的路径和名称。通常，需要再重启系统时，按 F8 键进入安全模式，然后在安全模式下删除这个病毒程序。

一般来说，不少病毒和木马是以用户进程的形式出现的，所以大部分人认为“病毒是不可能获得 SYSTEM 权限的”。其实，这是个错误的想法，很多病毒或木马也能获得 SYSTEM 权限，并伪装成系统进程出现在面前。所以这类病毒相当容易迷惑人，遇到这种情况时，只有不断提高并关注系统安全方面的知识，才能准确判断该进程是否安全。

13.10　防火墙安全应用实验

13.10.1　任务一　用路由器实现防火墙功能

1. 实验目的及要求

（1）掌握路由器实现包过滤防火墙的功能。

（2）理解和掌握防火墙的包过滤功能。

（3）掌握包过滤功能在网络安全方面的作用。

（4）理解防火墙在网络安全中的重要性。

2. 实验内容

（1）掌握具体配置路由器及防火墙的过程。

（2）搞清路由器与防火墙相同的功能。

（3）配置路由器，以使用路由器的功能模拟防火墙的包过滤。

两台 PC 通过路由器联网的示意图如图 13-173 所示。

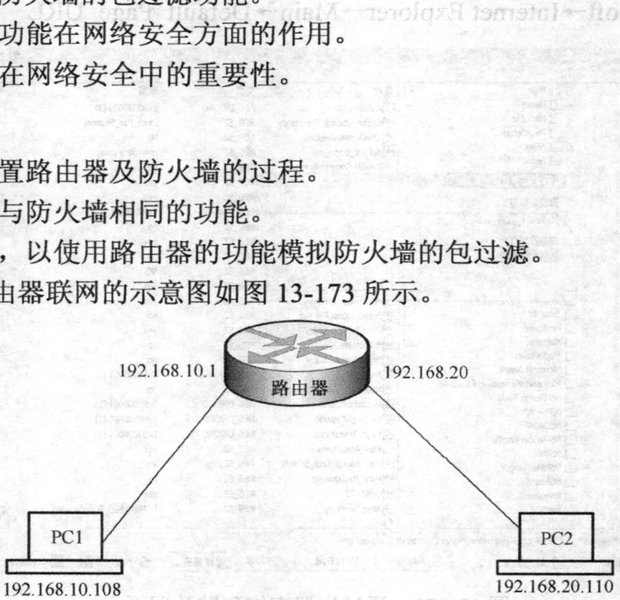

图 13-173　两台 PC 通过路由器联网

3．实验步骤与结果

（1）在没有配置路由器的情况下，利用 ping 命令可以测试两台计算机通过网络的连通性，如图 13-174 所示。

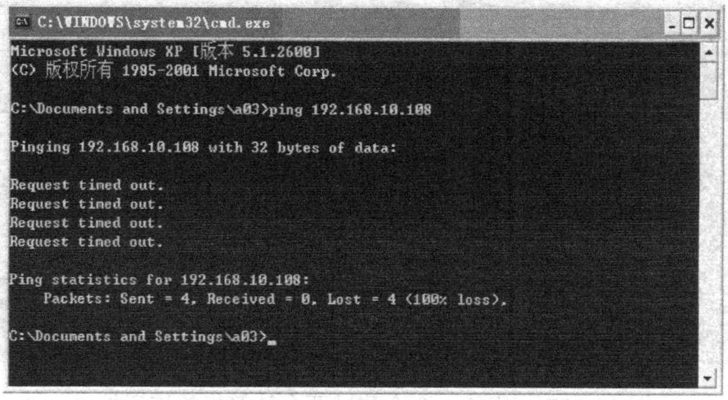

图 13-174　用 ping 命令测试两台计算机的连通性

（2）配置路由器，使得两台计算机能够互相通信，如图 13-175 所示。

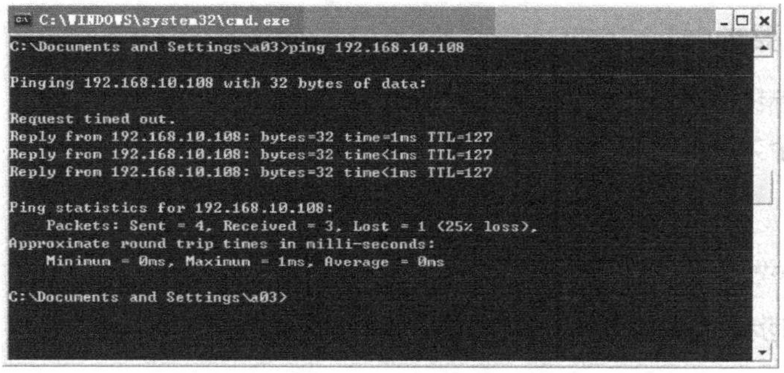

图 13-175　配置路由器使两台计算机互通

（3）配置路由器，使用访问控制列表模拟防火墙的包过滤功能，如图 13-176 所示。

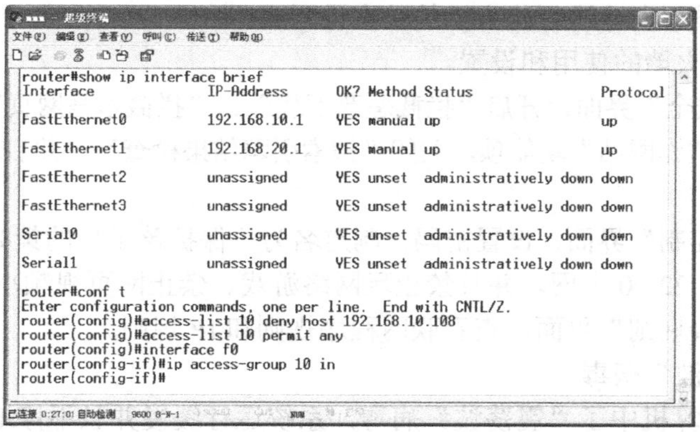

图 13-176　配置路由器界面

（4）测试使用包过滤功能后，两台计算机的网络连通性，如图 13-177 所示。

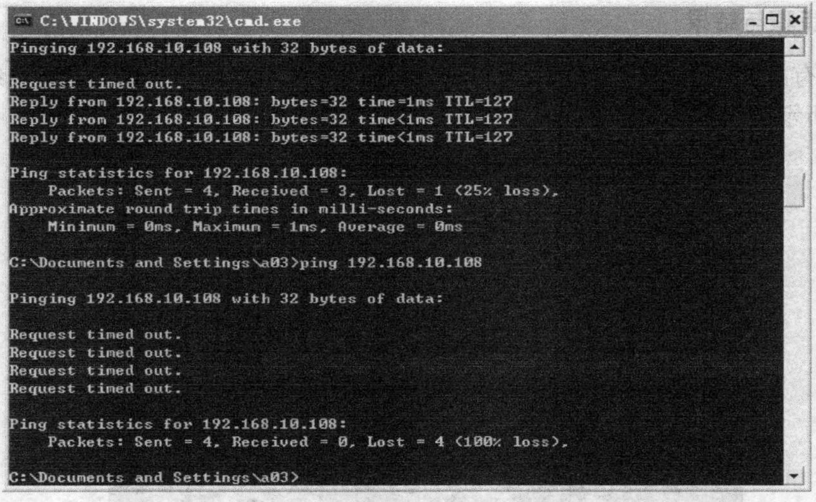

图 13-177　用 ping 命令测试两台计算机的连通性

13.10.2　任务二　瑞星个人防火墙的使用和设置

1．实验目的与要求

（1）理解防火墙的基本工作原理和基本概念。

（2）掌握瑞星个人防火墙的使用和设置。

2．实验环境

Microsoft Windows 7 及以上版本、瑞星个人防火墙 V16。

3．实验内容和步骤

（1）瑞星个人防火墙 V16 的下载、安装及其设置向导

① 到 http://pc.rising.com.cn/rfw/V16.html 上下载瑞星个人防火墙 V16。

② 运行下载的瑞星个人防火墙 V16 安装程序。

③ 利用安装的设置向导进行防火墙的基本设置。

（2）瑞星个人防火墙的使用和设置

① 进入“网络安全”界面，开启“拦截恶意下载”、“拦截木马网页”、“拦截跨站脚本攻击”、“拦截钓鱼欺诈网站”功能项，关闭“搜索引擎结果检查”，并启动“严防黑客”栏目中的所有项目。

② 进入“家长控制”界面，设置密码，制定名为“保护孩子”的策略，要求在周一至周五期间，只能 20:00～22:00 上网，并且禁止玩网络游戏、禁止网页视频小游戏。

③ 进入“防火墙规则”界面，查看联网程序规则和 IP 规则。

（3）防范“震荡波”病毒

公司内的某台计算机中了“震荡波”病毒，系统运行缓慢并且不停地进行倒计时重启。在该计算机上配置瑞星个人防火墙，防范震荡波病毒，震荡波使用协议 TCP，监听端口为 1068 和 5554。

① 增加自定义规则，禁止端口 1068 访问本机。

“名称”为“防范震荡波规则 1”。
“规则应用于”设置为__________。
“远程 IP 地址”设置为__________。
“本地 IP 地址”设置为__________。
“协议类型”设置为__________。
“本地端口”设置为“从________到________”。
“当满足上面条件时”选择“__________”。
② 增加自定义规则，禁止端口 5554 访问本机。
“名称”为“防范震荡波规则 2”。
“规则应用于”设置为__________。
“远程 IP 地址”设置为__________。
“本地 IP 地址”设置为__________。
“协议类型”设置为__________。
“本地端口”设置为“从________到________”。
“当满足上面条件时”选择“__________”。
③ 填写下表。

项　目	问　题	回答区域
准备情况	震荡波病毒使用的协议是	
	列举震荡波病毒监听的端口号	
	列举本机 IP 地址及 DNS 地址	
实验结果	是否拦截震荡波病毒	是 □　否 □
	是否掌握配置防火墙防范震荡波病毒	是 □　否 □

第 14 章　网络安全课程设计指导

“网络安全课程设计”是综合实践性教学的重要环节，是“网络安全技术”相关课程的重要实践教学内容，对于综合运用所学的网络安全知识、技术和方法，进一步提高与扩展知识、素质、能力和创新意识都极为重要。

“网络安全课程设计”的主要资源请参考“上海市精品课程”网站：

http://jiatj.sdju.edu.cn/webanq/title.aspx?info_lb=435&flag=101

http://jiatj.sdju.edu.cn/webanq/Show.aspx?info_lb=437&info_id=1240&flag=101

14.1　课程设计的目的

通过网络安全课程设计（部分院校称为“实训”），可以进一步加深理解和掌握网络安全有关的基本理论、常用的技术与操作、实际应用及方法，结合企事业机构实际网络安全相关的业务选题进行分析和设计，巩固理论教学和实验教学的内容，将理论与实际应用更好地相结合，利用现有的网络安全工具软件、系统软件或程序研发工具等，按照计划任务和要求完成好一个小型网络安全方面选题的分析、设计、实现、解决方案、测试与调试和课程设计报告等文档，把学到的相关知识、技术和方法与相关实际业务选题紧密结合进行综合运用，并在此基础上强化研发实践和创新意识，提高分析问题、解决问题的能力，以及实际动手操作和就业的能力。

14.2　课程设计的要求

根据不同专业（及方向）涉及的行业特点、培养方案和教学计划要求，通常安排 16～20 课时的集中 1～2 周的课程设计，单独安排并计算学分。通过选题（专题）明确任务、分析、设计、实现（或解决方案）、撰写“课程设计报告”（部分院校称为“课程设计说明书”）和答辩评价等过程，完成一个较为完整的网络安全应用程序或实际业务方面的具体解决方案，使学生掌握网络安全课程设计各阶段的目的、任务、要求、关键及重点、技术和方法。集中进行课程设计（最好之前选题并按照“模拟项目推进法”进行专题的前期工作）以小组为单位，一般 2～3 人为一组。由教师组织课程设计的安排、要求、步骤、方法和评价。课程设计的具体要求为：

（1）使学生高度重视课程设计，充分认识课程设计对就业和提高自身素质能力的重要性与必要性，认真做好课程设计前的分组、选题、任务书和计划安排等各项准备工作。

（2）既要虚心接受老师的具体指导，又要充分发挥个人的主观能动性及创造性和团队的分工协作精神。结合课题，独立思考，努力钻研，勤于实践，勇于创新。

（3）认真按时完成规定的各项课程设计任务，不得弄虚作假，不准抄袭，否则经过查重确认，按照校院有关规定对课程设计的成绩以零分计算。

（4）在课程设计期间，应当保证正常出勤，无故缺席按旷课处理（迟到 3 次按旷课一天计算），旷课时间达到校院有关规定者，取消参加考核成绩资格并以零分计算。

（5）在课程设计过程中，要严格遵守有关各项规定要求，树立严肃、严密、严谨的科学态度，必须按时、按质、按量完成课程设计。

（6）小组成员之间分工明确、密切合作，培养良好的互相帮助和团队协作精神，并要求保持联系畅通和交流沟通。

（7）根据课程设计任务书和指导书的要求确定选题，应用所学的知识、技术和方法，查阅资料并借助工具等，完成选题所规定的各项工作。具体要求为：

① 课程设计中需要按照任务书和指导书要求，综合应用所学的网络安全知识解决实际问题，有必要的实际调研和理论分析，设计要有合理的依据，技术方法运用得当。

②“课程设计报告”撰写要求体系结构和层次合理、内容完整、思路清晰、概念明确、叙述正确、书写规范，正文内容不少于 8 页。

③ 应用程序功能正确，具有一定业务处理的实用性，鼓励创新。

④ 程序代码总量不少于 500 行（其中不包括编译器自动生成的代码），关键代码必须有合理注释，只能作为“课程设计报告”的“附件”（不计入正文内容）。

⑤ 程序界面友好，便于实际业务处理的功能操作和应用交互。

⑥ 在课程设计过程中要考虑用户使用的便捷性，提供一些简单快捷的操作界面，采用的算法和程序需要具有安全性和简单便捷性。

⑦ 通过同学面谈或网络等途径积极进行交流与讨论，善于查阅资料、分析与借鉴参考与选题相关的应用软件资料或源代码等。

【注意】选择网络安全解决方案选题者，请按照贾铁军主编的《网络安全技术与实践》（高等教育出版社）一书的第 12 章内容及案例的具体格式和要求完成。

14.3　课程设计选题及原则

1．课程设计选题的原则

对于课程设计选题的确定，主要根据不同专业（及方向）涉及的行业特点、培养方案和教学计划要求，选用学生相对比较熟悉的实际业务应用专题为宜，要求通过本次综合实践环节，能够较好地加深理解和运用网络安全的基本概念、基本原理、常用应用技术和方法，有利于专业素质和能力的培养，有利于提高综合业务实际应用处理和分析问题与解决问题的能力，有利于培养创新意识和团队协作精神，并利用现有的工具，参考相关技术及文献，完成相对独立的小型网络安全软件的分析设计与实现任务或解决方案。

【注意】学生可按上述原则自定一个选题，但需由教师审批认可，应符合网络安全业务实际应用和工作量等方面的要求。

2．课程设计选题

具体课程设计的选题，可以选择以下参考专题。根据不同专业（及方向）的特点和个人特长及熟悉的内容，选择参考选题，查阅相关技术和文献，按照要求完成规定的任务。

（1）VPN 系统安全设计。

（2）加密文件应用系统设计。

（3）安全的即时通信软件设计。

（4）用户身份认证系统设计。

（5）CA 认证系统设计。

（6）网络内容安全过滤系统设计。

（7）基于代理签名的代理销售软件设计。

（8）安全电子锁设计。

（9）某种网络攻击防御软件设计。

（10）简单入侵检测系统设计。

（11）安全数据库系统设计。

（12）网页防篡改系统设计。

（13）安全电子商务（政务）网站设计。

（14）××网站安全防范策略及解决方案研究。

（15）××企业网安全加固综合解决方案设计。

（16）其他相关选题（或自选题目）。

3．选题具体要求

按照选题原则可以确定选题、明确任务，通常应当达到选题的任务和基本要求，以及工作量与代码量的要求。对于个别较难或比较复杂的选题设计，如果不能完全达到规定要求，可以完成主要部分工作，结合几部分常用的基本功能或内容要求。对于一些特殊功能，可以借鉴参考其他相关的技术方法进行设计和实现，也可以不限于课程设计指导书的要求。此外，还可以延伸或改进常用网络安全应用软件的功能，提倡创新。

对于上述参考选题的主要任务和基本要求如下。

1）VPN 系统安全设计

主要任务：设计并实现一个虚拟专用网（VPN）系统，可以在虚拟环境下利用公网进行多种保密通信。

基本要求：

（1）在构建 VPN 基础上，设计出可以产生公钥密钥对功能操作界面。

（2）可以采用共享对称密钥或公钥建立安全连接。

（3）进行通信的身份认证，认证对方来自虚拟网的某个局域网。

2）加密应用系统设计

主要任务：设计并实现的主要部分为算法的核心部分，根据 DES 等算法的原理，建立相关的变量和函数，一是可以完成对 8 位字符的加密和解密，二是具有对于文件的加密与解密功能，只要在文件的读取时，按加密的位数读取后调用算法，加密后保存到一个文件，一直到文件末尾，从而实现文件的加密。而解密需要与加密的逆过程算法一致，只要将密钥按反顺序使用，调用的函数基本类似。

基本要求：

（1）加密系统总体设计的系统功能图，如图 14-1 所示。

（2）对于“字符串加密”子系统的功能及操作界面设计，如图 14-2 所示，可以对输入的明文进行加密和解密。

（3）具有对指定的文件或文件夹进行加密与解密功能，操作界面如图 14-3 所示。具体“课程设计报告”和实现部分请见 17.3 节的介绍，以及“上海市精品课程”资源网站：

http://jiatj.sdju.edu.cn/webanq/Show.aspx?info_lb=437&info_id=1240&flag=101

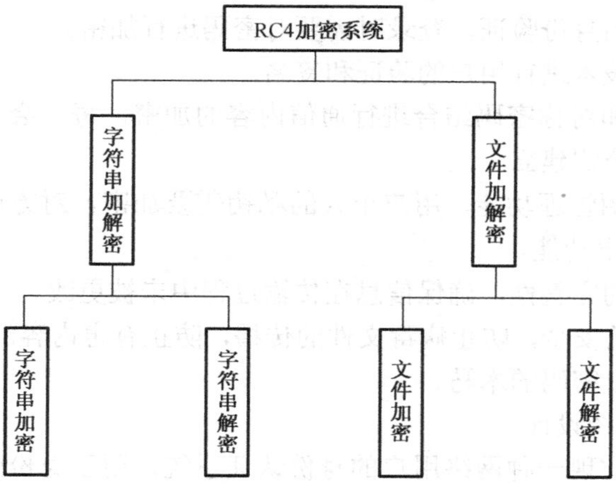

图 14-1　系统功能图

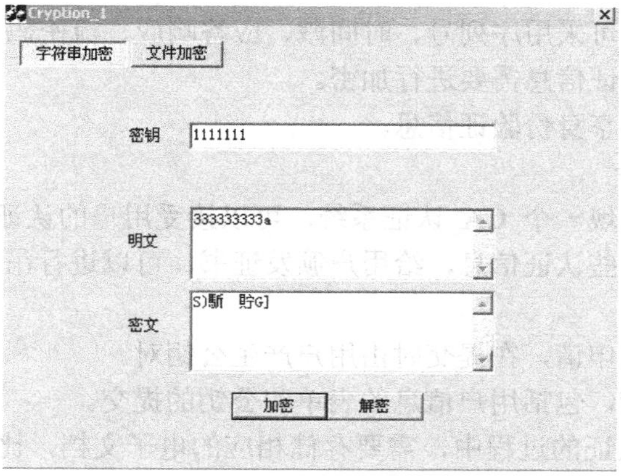

图 14-2 “字符串加密”子系统功能界面

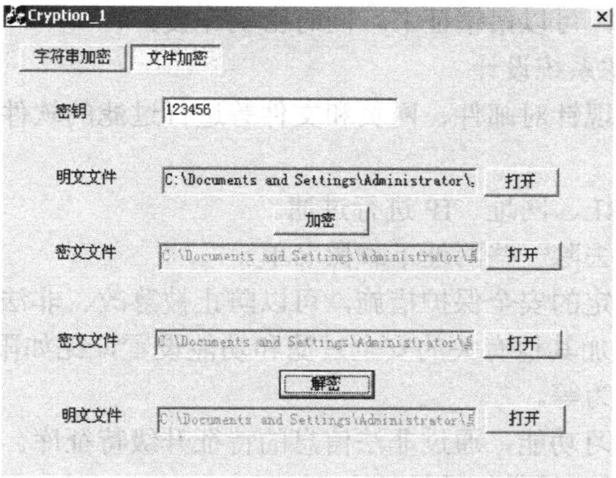

图 14-3 “文件加密”子系统功能界面

3）安全的即时通信软件设计

主要任务：采用加密、数字签名技术对即时通信软件的通信内容进行保护。

功能要求：

（1）可以进行通信的身份验证，登录时需要对密码进行加密。

（2）利用公钥密码技术进行用户的验证和签名。

（3）采用公钥密码和对称密码结合进行通信内容的加密，每次会话产生一个对称加密的会话密钥，会话密钥用公钥建立。

（4）具备正常的密钥管理功能，用户个人的私钥需要加密，对方用户的公钥需要进行存储和管理，具有导入/导出功能。

（5）可以验证信息的完整性，确保信息在传输过程中未被更改。

（6）提高文件传输的安全，防止病毒文件的传播，防止有害内容的传播，包括一些病毒、恶意程序，甚至防止窃取密码的木马。

4）用户身份认证系统设计

主要任务：设计并实现一种网络用户的身份认证系统，用于身份验证，能够抵抗大多数攻击。

功能要求：

（1）抵抗重放攻击，可采用序列号、时间戳、应答响应、流密码、密钥反馈机制。

（2）在网络上对于认证信息需要进行加密。

（3）利用公钥机制共享身份验证信息。

5）CA 认证系统设计

主要任务：设计并实现一个 CA 认证系统，可以接受用户的认证请求，安全存储用户信息，记录存储对用户的一些认证信息，给用户颁发证书，可以进行吊销。

功能要求：

（1）接受用户的提交申请，在提交时由用户产生公钥对。

（2）接受用户的申请，包括用户信息的表单和公钥的提交。

（3）在对用户实施认证的过程中，需要存储相应的电子文档，比如数字证书、营业执照的扫描文档等。

（4）通过验证的用户，可以颁发下载数字证书。

（5）用户密钥丢失时，可以吊销证书，同时密钥作废。

6）网络内容安全过滤系统设计

主要任务：设计并实现针对邮件、网页和文件等进行过滤的软件。

功能要求：

（1）对文本内容、URL、网址、IP 进行过滤。

（2）可以设置并自动去除一些网址下载黑名单。

（3）软件本身设置一定的安全保护措施，可以防止被篡改、非法访问等。

（4）可以根据需要增加其他有关的安全过滤和功能设置，比如限时上网、超时下线、利用黑屏等警告一些非法行为等。

（5）增加一定的自学习功能，通过非法信息的特征升级特征库。

7）基于代理签名的代理销售软件设计

主要任务：设计并实现一个基于代理签名的代理销售软件，主要解决电子商务销售过程中的一些用户信任问题。

功能要求：

（1）采用代理签名算法或用多重数字签名构建代理签名。

（2）供货商、代理商和客户之间可以相互进行加密、可以验证身份的通信，即使在对代理商无法信任的情况下，也可以通过对供货商的信任建立对销售的信任，签名可以针对一些证件、承诺保证等做数字签名，以保证客户可以直接追溯责任至供货商。

（3）签名部分可以和原文件合成一个新文件，也可以另外单独生成一个小签名文件。

8）安全电子锁设计

主要任务：设计并实现一个安全的电子锁。

功能要求：此选题要求较高，可以只完成主要部分。要求熟悉硬件编程、散列算法设计，具体要求：

（1）设计简化的散列算法，用于锁和钥匙之间的认证。

（2）防止重放攻击，采用应答响应机制。

（3）在钥匙关锁时，锁验证钥匙的身份，通过则开启锁。

（4）锁关好后发出一个信息，钥匙予以确认身份，并发出声音等提示。

9）某种网络攻击防护软件设计

主要任务：针对于一种或几种计算机病毒、木马和多种网络入侵工具的攻击，设计具体相应的安全防护软件并进行记载。

功能要求：主要针对相应的具体攻击行为和系统威胁进行设计，保证工作量和代码量，如果工作量不足，应当增加其他的攻击和威胁的防范措施。

10）简单入侵检测系统设计

主要任务：设计并实现一个入侵检测系统。

功能要求：

（1）对于网络系统具有进行嗅探检测的功能。

（2）能够分析数据包，甚至能够对系统日志进行检测和分析。

（3）可以参考 snort 的规则，设定系统检测的规则。

（4）可以根据用户个人设置的规则进行报警、记录或响应。

（5）能够生成入侵检测系统的日志，记录各种异常检测事件。

11）安全数据库系统设计

主要任务：设计并实现一个安全的数据库系统，对数据库进行数字签名，保证数据的完整性，通过数据加密保证数据的保密性。

功能要求：

1）可以对数据库中的数据进行加密。

2）对数据库的完整性进行保护。

3）防止用户根据部分密文/明文对，恢复数据库总密钥。

4）数据采用一个密钥以某种形式衍生子密钥进行加密。

5）保证所使用密钥的安全性。

说明：可以用总密钥方式，根据散列函数和每个数据的各种属性产生子密钥。

12）网页防篡改系统设计

主要任务：分析并研究网页防篡改的基本原理，掌握 Web 网站的配置过程，熟悉 iGuard 网页防篡改系统的配置过程，会正确使用 iGuard 网页防篡改系统和恢复网站的方法，从而进一步增强对于网页防篡改保护机制的方法。

功能要求：

（1）分析基本的 HTML 标记及网页防篡改的原理。

（2）熟悉 Web 网站的安全配置方法。

（3）掌握 iGuard 网页防篡改系统的配置及使用方法。

13）安全电子商务（政务）网站设计

主要任务：设计并实现一个安全电子商务（政务）网站。

功能要求：

（1）网站登录采用 SSL 等安全协议，密码的保存采用散列函数，或加密技术。

（2）客户访问采用 SSL 加密所有通信数据。

（3）数据库设计一定的备份恢复机制以及完整性验证机制。

电子商务网站可以增加网上拍卖、电子货币和电子支付功能，还有类似于支付宝等网上支付的功能。需要具有密钥管理功能。

电子政务网站可以增加具有数字签名的审批功能，以及电子投票和电子选举等功能。

14）××网站安全防范策略及解决方案研究

主要任务：制定一种具体的业务网站安全防范策略，具体解决方案的设计和实现。

📖说明：主要参考贾铁军主编的《网络安全技术与实践》（高等教育出版社）一书中的 3.5.1 节和 12.4 节设计知识点，结合企事业机构实际进行研究。

15）××企业网安全加固综合解决方案设计

主要任务：完成一个业务网站安全的具体防范策略及解决方案。

为了确保网络系统的安全，设计网络安全解决方案的任务：

（1）机构各部门、各单位局域网得到有效的安全保护。

（2）保障与 Internet 相连的安全保护。

（3）提供关键信息的加密传输与存储安全。

（4）保证应用业务系统的正常安全运行。

（5）提供安全网的监控与审计措施。

（6）最终目标：数据具有机密性、完整性、可用性、可控性与可审查性。

📖说明：主要参考贾铁军主编的《网络安全技术与实践》（高等教育出版社）一书中的 12.4 节设计内容，结合企事业机构实际进行研究。

14.4 课程设计的内容及步骤

课程设计的内容和安排步骤如下。

（1）前期准备：通过志愿协商分组后，选题并明确具体课程设计的任务，同时需要在小组内进行合理分工和任务落实，准备收集、查阅有关文献资料。

（2）需求分析：对所研发的系统和原有系统进行认真调研（直接与间接调研）及功能、性能、安全可靠性等方面的具体需求分析，掌握组织结构、业务流程及系统特点和数据等情况，绘制相应的图表、功能及性能与数据流程分析等。

（3）系统设计：包括总体（概要）设计和详细设计，在上述需求分析的基础上，进行系统功能结构设计、处理和算法设计，以及性能和安全可靠性、网络和数据库等方面的设计。

（4）编程实现：运用掌握的语言，编写程序，实现所设计的模块功能等。

（5）调试测试：自行调试程序，成员交叉测试程序，并记录测试情况。

（6）撰写提交报告：完成课程设计报告的撰写和提交。

（7）答辩评定验收：指导教师对每个小组开发的应用系统，及每个成员的研发工作进行综合检查和答辩验收，结合课程设计报告，根据考核评价标准进行评定，验收确定成绩。

📖**说明**：最终提交课程设计材料时，需要完整的“课程设计报告”打印稿（带封面）和光盘（程序源代码、可执行程序、数据文件、使用说明书文件、课程设计报告或解决方案报告等）。源代码文件要特别注意编程规范、代码风格，关键代码需有合理的注释，不含任何无用代码；数据文件内要求有一定数量的业务数据（如对于记录文件，应有 10 条以上的记录）；使用说明文件的第一行，需要给出设计者的学号、姓名和有关说明。

📖**说明**：对于“网络安全解决方案”选题，主要按照贾铁军主编的《网络安全技术与实践》（高等教育出版社）一书中的 12.4 节设计内容，结合企事业机构的具体实际业务进行研究。

具体的网络安全解决方案，设计重点主要体现在三个方面：

（1）访问控制。利用防火墙技术将内网与外网进行隔离，对与外网交换数据的内网及主机、所交换的数据等进行严格的访问控制。同样，对内部网络，由于不同的应用业务和不同的安全级别，也需要使用防火墙隔离不同的 LAN 或网段，并实现相互间的访问控制。

（2）数据加密。通常，比较重要的企事业机构的业务数据，在网络系统传输与存储等过程中，需要避免数据被非法窃取与篡改的具体有效措施和方法（含加密原理、流程、技术、算法）等。

（3）安全防御及审计。这是检查防御与追查网络攻击、泄密等行为的重要措施之一。具体包括两方面的内容：一是采用网络监控与入侵防御系统，识别网络各种违规操作与攻击行为，即时响应（如报警）并及时阻断；二是对操作和信息内容的审计，可以防止内部机密或敏感信息的非法泄露。

🔔**【注意】**在具体方案的设计过程中，需要注意：

① 网络系统的安全性和保密性得到有效增强。

② 保持网络系统原有的各种实际功能、性能及可靠性等特点，对网络协议和传输等方面需要提供有效的安全保障。

③ 必须使用经过国家有关管理部门认可或认证安全的密码产品，并具有合法性。

④ 安全技术方便实际操作与维护，便于自动化管理，而不增加或少增加附加操作。

⑤ 尽量不影响原网络拓扑结构，同时便于系统及系统功能的扩展。

⑥ 提供的安全保密系统具有较好的性价比，可以一次性投资长期使用。

⑦ 注重网络安全解决方案的实效性和质量，分步实施分段验收。严格按照评价安全方案的质量标准和具体安全需求，精心设计网络安全综合解决方案，并采取几个阶段进行分步实施、分段验收，确保整个总体项目的高质量。

14.5　课程设计报告及评价标准

1．课程设计报告要求

课程设计报告格式要求，如下例样张所示。

桂林电子科技大学

GUILIN UNIVERSITY OF ELECTRONIC TECHNOLOGY

网络安全 课程设计报告

（2015—2016 学年第 1 学期）

题　　目：____________________

学　　院：____________________

专　　业：____________________

姓　　名：____________________

学　　号：____________________

指导教师：____________________

2015 年 12 月 18 日

《课程设计报告》格式有关规定要求，主要包括如下方面。

1）纸张和页面要求

A4 纸打印（或手写的学院标准课程设计报告用纸）；页边距要求如下：左边距为 2.5 厘米，上、下、右边距各为 2 厘米；行间距取固定值（设置值为 18 磅）；字符间距为默认值（缩放 100%，间距：标准）。

2）装订页码顺序

（1）封面，（2）目录（注明页码），（3）正文，（4）参考文献。

🔔【注意】装订线通常放在页面左边。

3）章节序号

按照正式出版物的惯例，章节序号的级序规定如下：1、1.1、1.1.1、（1）、①

4）封面（内封）

采用统一规格，请参考本文档上一页所给出的封面（内封）格式。

5）目录

三号，黑体，居中，目录两字空四格，目录的正文空一行。

6）正文

正文的页数不少于 8 页（不包括封面、目录、参考文献等）。

正文的章节序号按照正式出版物的惯例，章节序号的层次顺序依次规定为：

1　1.1　1.1.1　（1）　①

一般正文分 5～7 个部分，参考下面的格式：

（1）前言。概述所做课题的目的、意义、背景、技术路线和主要工作。

（2）需求分析。分析和描述所设计系统的基本要求与内容和主要功能。

（3）系统设计。总体设计和详细设计，包括系统的总体功能结构图等。

（4）编程实现。运用掌握的语言，编写程序，实现所设计的模块功能。

（5）调试测试。自行调试程序，成员交叉测试程序，并记录测试情况。写出研发应用程序测试所采用的主要技术、方法和过程，所遇到的主要问题及分析解决方法和过程。

（6）可以从多方面对软件功能和性能及安全可靠性等进行测试，说明系统主要的实现情况。必要时给出关键部分源代码，并准确指出其在程序中的位置（文件名、行号）。

（7）结论。设计和实现应用系统的主要特色及关键技术。研发工作的主要完成情况、有待改进之处、对未来技术改进的展望、特殊说明、心得体会等。

📖**说明：**正文的主要内容应当是对个人所做的课程设计工作的描述，不得大量抄录对特定软件技术的说明性文字和程序代码。设计方案的插图和软件运行界面的截图总数不得超过 10 个，每幅图形的大小不得超过整个页面的 1/3 大小（主要流程图等可适当放宽限制）。

最后采用同一模板，正文字体用小四宋体字。各级标题参考附录中的课程设计范文。

所有插图下方都要有编号和命名，如“图 2-3　系统功能结构图”，其中前一个数字代表章，后一个数字代表该章中所有插图的序号。

所有表的上方都要有编号和命名，如“表 3-1　证书结构”，数字用法如上。

正文的页眉统一采用“××大学课程设计（论文）报告”。注意，要在正文和前面部分之间分节，这样才能保证页眉不出现在封面上。

报告格式应当统一，正文首行都要缩进两个汉字。

“网络安全课程设计报告”参考 http://wenku.baidu.com/view/09fcc201a6c30c2259019ee4.html。

7）致谢

在课程设计过程中，若得到了老师和同学的专门指导与帮助，需要写出具体谢意，指出名字、帮助的主要内容和工作量，这些工作可以计入相关同学的平时成绩。

8）参考文献

参考文献要单独另起一页，一律放在正文后，不得放在各章之后。只列出作者直接阅读过或在正文中被引用过的文献资料，作者只写到第三位，余者写“等”，英文作者超过 3 人写“et al”。几种主要参考文献著录表的格式如下：

（1）（译）著：[序号]著者．书名（译者）[M]．出版地：出版者，出版年：起止页码．

（2）期刊：[序号]著者．篇名[J]．刊名，年，卷号（期号）：起止页码．

（3）论文集：[序号]著者．篇名[A]．编者．论文集名[C]．出版地：出版者．出版年：起止页码．

（4）学位论文：[序号]著者．题名[D]．保存地：保存单位，授予年．

（5）专利文献：专利所有者．专利题名[P]．专利国别：专利号，出版日期．

（6）标准文献：[序号]标准代号 标准顺序号—发布年，标准名称[S]．

（7）报纸：责任者．文献题名[N]．报纸名，年月日（版次）．

参考文献实例如下：

参考文献

[1] 王传昌．高分子化工的研究对象[J]．天津大学学报，1997，53(3): 1-7.

[2] 李明．物理学[M]．北京：科学出版社，1977: 58-62.

[3] Gedye R, Smith F, Westaway K, et al. Use of Microwave Ovens for Rapid Orbanic Synthesis. Tetrahedron Lett, 1986, 27: 279.

[4] 王健．建筑物防火系统可靠性分析[D]．天津：天津大学，1997.

[5] 姚光起．一种氧化锆材料的制备方法[P]．中国专利：891056088, 1980-07-03.

[6] GB3100-3102 0001—1994，中华人民共和国国家标准[S].

📖说明：在上述参考文献中，序号用方括号，与文字之间空一格。如果需要两行的，第二行文字要位于序号的后边，与第一行文字部分对齐。中文用五号宋体，外文用五号 Times New Roman 字体。

9）附录

（1）应用软件安装及使用说明，包括：安装及使用的软件和硬件环境，如.NET 的版本、必需的一些 dll、平台和环境、操作系统的版本等。

（2）研发的应用软件或解决方案等的使用说明及报告。

（3）应用软件开发进程日志，版本和功能更新情况。

（4）必要的技术支持文献和资料，以及专用术语等。

（5）其他需要说明或注释的问题。

📖说明：具体“课程设计报告”和实现部分等详见 17.3 节，以及“上海市精品课程”资源网站：http://jiatj.sdju.edu.cn/webanq/Show.aspx?info_lb=437&info_id=1240&flag=101。

2．成绩考核方法及标准

（1）课程设计的考核方法

本次课程设计的具体考核方法为："网络安全技术"（或称为"网络信息安全"等课程）课程设计采用多项考核合计方式，包括：课程设计报告、课程设计应用程序（或网络安全解决方案）和表现及答辩情况综合评定成绩一起综合考核评定打分，其中课程设计报告占 30%，课程设计应用系统程序占 40%，表现及答辩情况占 30%，所有成绩按百分制评定计分。

学生通过答辩演示讲解实际设计完成的系统情况，并提交个人的设计报告；学生需简要叙述系统设计和开发的设计思路及完成情况，指导教师可根据学生答辩的具体情况随机提出问题，根据课程设计报告质量和完成系统的工作及答辩情况等进行考核评价。

（2）课程设计考核标准

① 优秀：完成（或超额完成）任务书规定的全部任务，所承担的课程设计任务难度较大，工作量多；设计方案正确，具有独立工作能力及一定的创造性，工作态度认真，设计报告内容充实，主题突出，层次分明，图表清晰，分析透彻，格式规范。

② 良好：完成任务书规定的任务，所承担的课程设计任务具有一定的难度，工作量较多；设计方案正确，具有一定的独立工作能力，对某些问题有见解，工作态度较认真，设计报告的内容完整，观点明确，层次分明，图表清晰，但分析不够深入。

③ 及格：基本能完成任务书规定的任务，所承担的课程设计任务难度和工作量较容易；设计方案基本正确，有一些分析问题的能力，工作态度基本认真，设计报告的内容不太完整，图表无原则性错误，条理欠清晰，格式较规范，但分析不深入，设计有缺陷。

④ 不及格：未完成任务书规定的设计任务，所承担的课程设计任务难度未达到要求，工作量不足；工作态度不认真，设计报告的内容不太完整，条理不清晰，或有明显抄袭行为。

【注意事项】：

（1）参加课程设计的学生应端正学习态度，独立完成设计任务，严禁抄袭他人成果或找人代做等行为，一经发现，其成绩按零分计算。

（2）指导教师和考勤班长负责日常考勤，学生不得迟到、早退或旷课，因事或因病不能参加设计时，应按手续事先请假或事后补假。

（3）课程设计报告封面需要认真填写并装订好，统一按时提交。

拓展阅读：网络安全应用软件编程指南

（1）阅读及参考相关文献和源代码，很有借鉴参考价值，非常重要。比如 PGP、openSSL，包含了大量的网络安全实现的代码。

（2）借鉴参考相关的类库、函数、接口、第三方代码或 openSSL 相关的开源产品等，如 cryptoAPI、.NET 的安全类，限于学生掌握水平和课程设计时间，可以尽量使用现成函数和功能库中的功能，不宜从底层开始编写各种功能。用.NEP 的类比用 API 要简单，一些类集成了许多的实现过程，包括指导书提出的许多要求。.NET 依然注意要对明文进行填充，选择相应的填充模式。cryptoAPI 的加密则比较复杂，需要对字段进行填充，而且对于非文本文档还需要进行一些处理。

（3）研究新网络安全应用产品及功能研发技术和方法，蕴含着巨大的商机，这种业务尚未得到开发，新的研发模式、技术和方法或商机很值得探究，有助于创新意识的培养。

（4）调试及问题处理，学会通过各种方法验证和比较发现程序中的错误。调试要认真，严谨地找到错误所在，并分析原因。

（5）编程过程中会出现各种各样的错误，有些是现有课堂教学没有讲到的，甚至完全不可预料、前所未见，除了学会发现问题外，多请教老师和学生，也要学会在网络上，比如 CSDN 等地方寻求帮助，也可以在搜索引擎上寻找是否有类似的问题发生。

（6）多登录论坛参与讨论，多加入各种技术交流群的学习与交流。

（7）应当充分利用网络资源，一定要学会自主学习的方法，并养成良好的习惯。由于网络开放性、大众化的特点，网络资源不仅丰富多样，而且非常通俗、详尽，有些网友对操作或问题的描述非常细致清楚，这是教材无法比拟的。

（8）编程的学习和实践应该紧密结合，不要等完全学会了再去编程，而要首先掌握基本方法和理论，然后一边学习一边编程，边学边用，用的时候可以查手册和资料，无须死记硬背。由于编程涉及的知识非常多，一定要有选择性的学习，按需学习。

（9）理论教学与实践教学各自有其特点和侧重点，比如密钥的处理就需要很多其他的知识，这些知识需要自己补充并掌握，要想方设法探究，因为办法有很多。

（10）网络编程需要熟悉一些常用编程技术和方法，只有循序渐进才能熟能生巧。

（11）课堂教学受课时安排或条件等限制，不可能包罗万象、面面俱到。在编程过程中肯定存在许多细节性问题或非技术性问题，这时需要查找相关参考文献和技术资料等。

（12）书籍、资料和网络上的资源可能与实践中的问题不尽一致，有些方法可能有些问题。此外，还存在其他问题，如版本及运行环境问题、软/硬件配置问题、操作中的错误、系统本身存在缺陷、配置存在冲突等。这时需要个人去发现问题，设法换一种方法去尝试。

××大学课程设计任务书

院（系）：计算机与信息工程学院　　　　基层教学单位：网络工程系

学 号	1201020738	学生姓名	张××	专业（班级）	网络 XB12
设计题目	基于 WinSocket 的网络监控软件的设计与实现				
设计技术参数	本课程设计设计如下功能模块： 1．Socket 数据传输 2．文件传输 3．屏幕截取 4．利用 Hook 技术对消息进行拦截 5．消息的记录与传输 6．消息的回放 7．服务器端木马程序的自动启动				
设计要求	1．实现的功能模块不能少于三个 2．程序设计语言可以选择 C 语言 3．程序要能够正确运行 4．完成课程设计报告的撰写				
工作计划	第一周 深入学习 Socket 通信模型、注册表的原理，完成系统的框架设计 第二周 实现文件传输、消息的传输、程序自启动 功能模块的调试、课程设计报告的撰写				

（续表）

学 号	1201020738	学生姓名	张××	专业（班级）	网络 XB12
参考资料	网络渗透技术 网络安全 Windows 程序设计 Windows 网络通信程序设计				
指导教师签字		基层教学单位主任签字			
备注					

说明：此表一式四份，学生、指导教师、基层教学单位、系部各一份。

年　月　日

××大学课程设计评审意见表

指导教师评语：   成绩： 指导教师： 年　　月　　日
答辩小组评语：   成绩： 评阅人： 年　　月　　日
课程设计总成绩：
答辩小组成员签字：   年　　月　　日

第三篇

习题与模拟测试

第 15 章　练习与实践

15.1　网络安全基础知识练习

15.1.1　练习与实践一

1．选择题

（1）计算机网络安全是指利用计算机网络管理控制和技术措施，保证网络环境中数据的（　　）、完整性、网络服务可用性和可审查性受到保护。

A．保密性　　　　B．抗攻击性

C．网络服务管理性　　　　D．控制安全性

（2）网络安全的实质和关键是保护网络的（　　）安全。

A．系统　　　　B．软件

C．信息　　　　D．网站

（3）实际上，网络的安全问题包括两方面的内容，一是（　　），二是网络的信息安全。

A．网络服务安全　　　　B．网络设备安全

C．网络环境安全　　　　D．网络的系统安全

（4）在短时间内向网络中的某台服务器发送大量无效连接请求，导致合法用户暂时无法访问服务器的攻击行为是破坏了（　　）。

A．保密性　　　　B．完整性

C．可用性　　　　D．可控性

（5）如果访问者有意避开系统的访问控制机制，则该访问者对网络设备及资源进行非正常使用属于（　　）。

A．破坏数据完整性　　　　B．非授权访问

C．信息泄露　　　　D．拒绝服务攻击

（6）计算机网络安全是一门涉及计算机科学、网络技术、信息安全技术、通信技术、应用数学、密码技术和信息论等多学科的综合性学科，是（　　）的重要组成部分。

A．信息安全学科　　　　B．计算机网络学科

C．计算机学科　　　　D．其他学科

（7）物理安全包括（　　）。

A．环境安全和设备安全　　　　B．环境安全、设备安全和媒体安全

C．物理安全和环境安全　　　　D．其他方面

（8）在网络安全中，常用的关键技术可以归纳为（　　）三大类。

A．计划、检测、防范　　　　B．规划、监督、组织

C．检测、防范、监督　　　　D．预防保护、检测跟踪、响应恢复

2．填空题

（1）计算机网络安全是一门涉及 ________、________、________、通信技术、应用数学、密码技术、信息论等多学科的综合性学科。

（2）网络信息安全的五大要素和技术特征，分别是________、________、________、________、________。

（3）从层次结构上，计算机网络安全所涉及的内容包括________、________、________、________、________等五个方面。

（4）网络安全的目标是在计算机网络的信息传输、存储与处理的整个过程中，提高________的防护、监控、反应恢复和 ________的能力。

（5）网络安全关键技术分为________、________、________、________、________、________、________和________八大类。

（6）网络安全技术的发展趋势具有________、________、________、________的特点。

（7）国际标准化组织（ISO）提出的信息安全的定义是：为数据处理系统建立和采取的________保护，保护计算机硬件、软件、数据不因________的原因而遭到破坏、更改和泄露。

（8）利用网络安全模型可以构建 ________，进行具体的网络安全方案的制定、规划、设计和实施等，也可以用于实际应用过程的________。

3．简答题

（1）说明威胁网络安全的因素有哪些。

（2）网络安全的概念是什么？

（3）网络安全的目标是什么？

（4）网络安全的主要内容包括哪些方面？

（5）简述网络安全的保护范畴。

（6）网络管理或安全管理人员对网络安全的侧重点是什么？

（7）什么是网络安全技术？网络安全管理技术？

（8）简述网络安全关键技术的内容。

（9）画出网络安全通用模型，并进行说明。

（10）为什么说网络安全的实质和关键是网络信息安全？

4．实践题

（1）安装、配置构建虚拟局域网（上机完成）：下载并安装一种虚拟机软件，配置虚拟机并构建虚拟局域网。

（2）下载并安装一种网络安全检测软件，对校园网进行安全检测并简要分析。

（3）通过调研及参考资料，写出一份有关网络安全威胁的具体分析资料。

（4）通过调研及借鉴资料，写出一份分析网络安全问题的报告。

15.1.2 练习与实践二

1．选择题

（1）加密安全机制提供了数据的（　　）。

A．保密性和可控　　　　B．可靠性和安全性

C．完整性和安全性　　D．保密性和完整性

（2）SSL 协议是在（　　）之间实现加密传输协议。

A．传输层和应用层　　B．物理层和数据层

C．物理层和系统层　　D．物理层和网络层

（3）实际应用时一般利用（　　）加密技术进行密钥的协商和交换，利用（　　）加密技术进行用户数据的加密。

A．非对称　非对称　　B．非对称　对称

C．对称　对称　　D．对称　非对称

（4）能在物理层、链路层、网络层、传输层和应用层提供网络安全服务的是（　　）。

A．认证服务　　B．数据保密性服务

C．数据完整性服务　　D．访问控制服务

（5）传输层由于可以提供真正的端到端链接，最适宜提供（　　）安全服务。

A．数据完整性　　B．访问控制服务

C．认证服务　　D．数据保密性及以上各项

（6）VPN 的实现技术包括（　　）。

A．隧道技术　　B．加解密技术

C．密钥管理技术　　D．身份认证及以上技术

2．填空题

（1）安全套层（SSL）协议是在网络传输过程中，提供通信双方网络信息和________。由________和________两层组成。

（2）OSI/RM 开放式系统互联参考模型 7 层协议是________、________、________、________、________、________、________。

（3）ISO 对 OSI 规定了________、________、________、________、________五种级别的安全服务。

（4）应用层安全分解为__________、__________、__________安全，利用各种协议运行和管理。

（5）与 OSI 参考模型不同，TCP/IP 模型由低到高依次由________、________、________和________四部分组成。

（6）一个 VPN 连接有________、________、________和________四个特点。

3．简答题

（1）TCP/IP 的 4 层协议与 OSI 参考模型 7 层协议是怎样对应的？

（2）IPv6 协议的报头格式与 IPv4 的有什么区别？

（3）简述传输控制协议（TCP）的结构及实现的协议功能。

（4）简述无线网络的安全问题及保证安全的基本技术。

（5）VPN 技术有哪些特点？

4．实践题

（1）利用抓包工具，分析 IP 头的结构。

（2）利用抓包工具，分析 TCP 头的结构，并分析 TCP 的三次握手过程。

（3）假定同一子网的两台主机，其中一台运行了 sniffit。利用 sniffit 捕获 Telnet 到对方 7 号端口 echo 服务的包。

（4）配置一台简单的 VPN 服务器。

15.1.3　练习与实践三

1．选择题

（1）网络安全保障包括信息安全策略和（　　）。
A．信息安全管理　B．信息安全技术　C．信息安全运作　D．上述三点

（2）网络安全保障体系框架的外围是（　　）。
A．风险管理　B．法律法规　C．标准的符合性　D．上述三点

（3）名字服务、事务服务、时间服务和安全性服务是（　　）提供的服务。
A．远程 IT 管理整合式应用管理技术　B．APM 网络安全管理技术
C．CORBA 网络安全管理技术　D．基于 Web 的网络管理模式

（4）一种全局的、全员参与的、事先预防、事中控制、事后纠正、动态的运作管理模式，是基于风险管理理念和（　　）。
A．持续改进模式的信息安全运作模式　B．网络安全的管理模式
C．一般信息安全的运作模式　D．以上都不对

（5）我国网络安全立法体系框架分为（　　）。
A．构建法律、地方性法规和行政规范
B．法律、行政法规和地方性法规、规章、规范性文档
C．法律、行政法规和地方性法规
D．以上都不对

（6）网络安全管理规范是为保障实现信息安全政策的各项目标，制定的一系列管理规定和规程，具有（　　）。
A．一般要求　B．法律要求　C．强制效力　D．文件要求

2．填空题

（1）信息安全保障体系架构包括五部分：____、________、________、________和________。

（2）TCP/IP 网络安全管理体系结构包括三个方面：________、________、________。

（3）________是信息安全保障体系的一个重要组成部分，按照________的思想，为实现信息安全战略而搭建。一般来说防护体系包括________、________和________三层防护结构。

（4）信息安全标准是确保信息安全的产品和系统，是在设计、研发、生产、建设、使用、评估过程中，解决产品和系统的________、________、________、________和符合性的技术规范、技术依据。

（5）网络安全策略包括三个重要组成部分：________、________和________。

（6）网络安全保障包括________、________、________和________四个方面。

（7）TCSEC 是可信计算系统评价准则的缩写，又称网络安全橙皮书，将安全分为________、________、________和文档四个方面。

（8）通过对计算机网络系统进行全面、充分、有效的安全评估，能够快速查

出________、________、________。

（9）实体安全的内容主要包括________、________、________三个方面，主要指五项防护（简称五防）：防盗、防火、防静电、防雷击、防电磁泄漏。

（10）基于软件的软件保护方式一般分为注册码、许可证文件、许可证服务器、________和________等。

3. 简答题

（1）信息安全保障体系架构具体包括哪五个部分？

（2）如何理解“七分管理，三分技术，运作贯穿始终”？

（3）国外的网络安全法律法规和我国的网络安全法律法规有何差异？

（4）网络安全评估准则和方法的内容是什么？

（5）网络安全管理规范及策略有哪些？

（5）简述安全管理的原则及制度要求。

（6）网络安全政策是什么？包括的具体内容有哪些？

（7）单位如何进行具体的实体安全管理？

（8）软件安全管理的防护方法是什么？

4. 实践题

（1）调研一个网络中心，了解并写出实体安全的具体要求。

（2）查看一台计算机的网络安全管理设置情况，如果不合适，请进行调整。

（3）利用一种网络安全管理工具，对网络安全性进行实际检测并分析。

（4）调研一家企事业单位，了解计算机网络安全管理的基本原则与工作规范情况。

（5）结合实际，论述如何贯彻落实机房的各项安全管理规章制度。

15.2　网络安全操作练习

15.2.1　练习与实践四

1. 选择题

（1）使用密码技术不仅可以保证信息的（　），而且可以保证信息的完整性和准确性，防止信息被篡改、伪造和假冒。

A. 机密性　B. 抗攻击性　C. 网络服务正确性　D. 控制安全性

（2）网络加密常用的方法有链路加密、（　）加密和节点加密三种。

A. 系统　B. 端到端　C. 信息　D. 网站

（3）根据密码分析者破译时已具备的前提条件，人们通常将攻击类型分为四种：一是（　），二是（　），三是选定明文攻击，四是选择密文攻击。

A. 已知明文攻击、选择密文攻击　B. 选定明文攻击、已知明文攻击

C. 选择密文攻击、唯密文攻击　D. 唯密文攻击、已知明文攻击

（4）（　）密码体制，不但具有保密功能，并且具有鉴别的功能。

A. 对称　B. 私钥　C. 非对称　D. 混合加密体制

（5）恺撒密码是（ ）方法，被称为循环移位密码，优点是密钥简单易记，缺点是安全性较差。

A．代码加密 B．替换加密 C．变位加密 D．一次性加密

2．填空题

（1）现代密码学是一门涉及________、________、信息论、计算机科学等多学科的综合性学科。

（2）密码技术包括________、________、安全协议、________、________、________、消息确认、密钥托管等多项技术。

（3）在加密系统中原有的信息称为________，由________变为________的过程为加密，由 ________还原成________的过程称为解密。

（4）DES 是________加密技术，专为________编码数据设计，是典型的按________方式工作的________算法。

（5）常用的传统加密方法有四种：________、________、________、________。

3．简答题

（1）任何加密系统不论形式多么复杂至少应包括哪四个部分？

（2）网络的加密方式有哪些？

（3）简述 RSA 算法中密钥的产生、数据加密和解密的过程，并简单说明 RSA 算法安全性的原理。

（4）简述密码破译方法和防止密码破译的措施。

（5）举例说明如何实现非对称密钥的管理。

4．实践题

（1）已知 RSA 算法中，素数 $p=5$，$q=7$，模数 $n=35$，公开密钥 $e=5$，密文 $c=10$，求明文。试用手工完成 RSA 公开密钥密码体制算法加密运算。

（2）利用对称加密算法对 123456789 进行加密，并进行解密。（上机完成）

（3）已知密文 C = abacnuaiotettgfksr，且知其是使用替代密码方法加密的。请用程序分析出其明文和密钥。

（4）通过调研及借鉴资料，写出一份分析密码学与网络安全管理的研究报告。

（5）恺撒密码加密运算公式为 $c = m + k \bmod 26$ ，密钥可以是 0 至 25 内的任何一个确定的数，试用程序实现算法，要求可灵活设置密钥。

15.2.2 练习与实践五

1．选择题

（1）在黑客攻击技术中，（ ）是黑客发现获得主机信息的一种最佳途径。

A．端口扫描 B．缓冲区溢出 C．网络监听 D．口令破解

（2）一般情况下，大多数监听工具不能够分析的协议是（ ）。

A．标准以太网 B．TCP/IP

C．SNMP 和 CMIS D．IPX 和 DECNet

(3) 改变路由信息，修改 Windows NT 注册表等行为属于拒绝服务攻击的（　）方式。

A. 资源消耗型　B. 配置修改型　C. 服务利用型　D. 物理破坏型

(4)（　）利用以太网的特点，将设备网卡设置为“混杂模式”，从而能够接收到整个以太网内的网络数据信息。

A. 缓冲区溢出攻击　B. 木马程序　C. 嗅探程序　D. 拒绝服务攻击

(5) 字典攻击被用于（　）。

A. 用户欺骗　B. 远程登录　C. 网络嗅探　D. 破解密码

2. 填空题

(1) 黑客的“攻击五部曲”是________、________、________、________、________。

(2) 端口扫描的防范也称为________，主要有________和________。

(3) 黑客攻击计算机的手段可分为破坏性攻击和非破坏性攻击。常见的黑客行为有________、________、________、告知漏洞、获取目标主机系统的非法访问权。

(4) ______就是利用更多的傀儡机对目标发起进攻，以比从前更大的规模进攻受害者。

(5) 按数据来源和系统结构，入侵检测系统分为三类：________、________和________。

3. 简答题

(1) 入侵检测的基本功能是什么？

(2) 通常按端口号分布将端口分为几部分？请简单说明。

(3) 什么是统一威胁管理？

(4) 什么是异常入侵检测？什么是特征入侵检测？

4. 实践题

(1) 利用一种端口扫描工具软件，练习对网络端口进行扫描，检查安全漏洞和隐患。

(2) 调查一个网站的网络防范配置情况。

(3) 使用 X-Scan 对服务器进行安全性评估分析。（上机操作）

(4) 安装、配置和使用绿盟科技“冰之眼”。（上机操作）

(5) 通过调研及参考资料，写出一篇黑客攻击原因与预防的研究报告。

15.2.3 练习与实践六

1. 选择题

(1) 加密在网络上的作用就是防止有价值的信息在网上被（　）。

A. 拦截和破坏　B. 拦截和窃取

C. 篡改和损坏　D. 篡改和窃取

(2) 负责证书申请者的信息录入、审核以及证书发放等工作的机构是（　）。

A. LDAP 目录服务器　B. 业务受理点

C. 注册机构 RA　D. 认证中心 CA

(3) 什么情况下用户需要依照系统提示输入用户名和口令？（　）

A. 用户在网络上共享了自己编写的一份 Office 文档，并设定哪些用户可以阅读，哪些用户可以修改

B．用户使用加密软件对自己编写的 Office 文档进行加密，以阻止其他人得到这份拷贝后看到文档中的内容

C．某个人尝试登录到你的计算机中，但是口令输入得不对，系统提示口令错误，并将这次失败的登录过程记录在系统日志中

D．其他情况下

（4）以下（ ）不属于 AAA 系统提供的服务类型。

A．认证 B．鉴权 C．访问 D．审计

（5）不论是网络的安全保密技术，还是站点的安全技术，其核心问题是（ ）。

A．系统的安全评价 B．保护数据安全

C．是否具有防火墙 D．硬件结构的稳定

（6）数字签名用于保障（ ）。

A．机密性 B．完整性及不可否认性 C．认证性 D．可靠性

2．填空题

（1）认证技术是网络用户身份认证与识别的重要手段，也是计算机网络安全中的一个重要内容。从鉴别对象上来看，分为________ 认证和________认证两种。

（2）数字签名利用了双重加密的方法来实现信息的________性与________性。

（3）安全审计有三种类型：________、________和________。

（4）审计跟踪（Audit Trail）是可以________、________、________环境与用户行为的系统活动记录。

（5）AAA 是________、________、________的简称，基于 AAA 机制的中心认证系统正适合用于远程用户的管理。AAA 并非一种具体的实现技术，而是一种________。

3．简答题

（1）什么是数字签名？有哪些基本的数字签名方法？

（2）简述消息认证和身份认证的概念及两者的差别。

（3）简述安全审计的目的和类型。

（4）简述证书的概念、作用、获取方式及其验证过程。

（5）身份认证的技术方法有哪些？特点是什么？

4．实践题

（1）练习 Windows 的审计系统的功能和实现。

（2）查看 Windows Server 2012 安全事件的记录日志，并进行分析。

（3）查看个人数字凭证的申请、颁发和使用过程，用软件和上网练习演示个人数字签名和认证过程。

（4）通过调研及借鉴资料，写出一份分析网络安全问题的报告。

15.2.4 练习与实践七

1．选择题

（1）攻击者入侵的常用手段之一是试图获得 Administrator 账户的口令。每台计算机至少需要一个账户拥有 Administrator（管理员）权限，但不一定非用 Administrator 这个名称，可

以是（ ）。

A．Guest　　B．Everyone　　C．Admin　　D．LifeMiniator

（2）UNIX 是一个多用户系统，一般用户对系统的使用是通过用户（ ）进入的。用户进入系统后就有了删除、修改操作系统和应用系统的程序或数据的可能性。

A．注册　　B．入侵　　C．选择　　D．指纹

（3）IP 地址欺骗是很多攻击的基础，之所以使用这个方法，是因为 IP 路由 IP 包时对 IP 头中提供的（ ）不做任何检查。

A．IP 目的地址　　B．源端口　　C．IP 源地址　　D．包大小

（4）Web 站点服务体系结构中的 B/S/D 分别指浏览器、（ ）和数据库。

A．服务器　　B．防火墙系统　　C．入侵检测系统　　D．中间层

（5）系统恢复是指操作系统在系统无法正常运作的情况下，通过调用已经备份好的系统资料或系统数据，使系统按照备份时的部分或全部正常启动运行的（ ）来进行运作。

A．状态　　B．数值特征　　C．时间　　D．用户

（6）入侵者通常会使用网络嗅探器获得在网络上以明文传输的用户名和口令。判断系统是否被安装嗅探器，首先要看当前是否有进程使网络接口处于（ ）。

A．通信模式　　B．混杂模式　　C．禁用模式　　D．开放模式

2．填空题

（1）系统盘保存有操作系统中的核心功能程序，如果被木马程序进行伪装替换，将给系统埋下安全隐患。所以，在权限方面，系统盘只赋予 ________ 和________权限。

（2）Windows Server 2012 在动态访问控制、________、________等方面对安全和身份验证进行了功能的更新和改进。

（3）UNIX 操作系统中，ls 命令显示为：-rwxr-xr-x 1 foo staff 7734 Apr 05 17:07 demofile，它说明同组用户对该文件具有________和 ________的访问权限。

（4）在 Linux 系统中，采用插入式验证模块（Pluggable Authentication Modules，PAM）的机制，可用来________ 改变________ 的方法和要求，而不要求重新编译其他公用程序。这是因为 PAM 采用封闭包的方式，将所有与身份验证有关的逻辑全部隐藏在模块内。

（5）操作系统加固方法主要有系统安全设置、________、________和________等。

（6）数据修复是指________ 一门技术。

3．简答题

（1）Windows Server 2012 系统的身份验证机制在哪些方面进行了更新和改进？

（2）系统安全策略的配置在系统加固中起到了关键的作用，其中的安全加固包括哪些？

（3）系统恢复的过程包括一整套方案，具体包括哪些步骤与内容？

（4）UNIX 操作系统有哪些不安全的因素？

（5）Linux 系统中如何实现系统的安全配置？

4．实践题

（1）在 Linux 系统下对比 SUID 在设置前后对系统安全的影响。

（2）对 Windows Server 2012 进行配置使其禁用 Ctrl + Alt + Del。

（3）尝试恢复从硬盘上删除的文件，并分析其中恢复的原因。

15.2.5 练习与实践八

1．选择题

（1）数据库系统的安全不仅依赖于自身内部的安全机制，还与外部网络环境、应用环境、从业人员素质等因素息息相关，因此，数据库系统的安全框架划分为三个层次：网络系统层、宿主操作系统层、（　　），三个层次一起形成数据库系统的安全体系。

A．硬件层　　B．数据库管理系统层　　C．应用层　　D．数据库层

（2）数据完整性是指数据的精确性和（　　）。它是应防止数据库中存在不符合语义规定的数据和防止因错误信息的输入/输出造成无效操作或错误信息而提出的。数据完整性分为四类：实体完整性（Entity Integrity）、域完整性（Domain Integrity）、参照完整性（Referential Integrity）、用户定义的完整性（User-defined Integrity）。

A．完整性　　B．一致性　　C．可靠性　　D．实时性

（3）本质上，网络数据库是一种能通过计算机网络通信进行组织、（　　）、检索的相关数据集合。

A．查找　　B．存储　　C．管理　　D．修改

（4）考虑到数据转存效率、数据存储空间等相关因素，数据转存可以考虑完全转存（备份）与（　　）转存（备份）两种方式。

A．事务　　B．日志　　C．增量　　D．文件

（5）保障网络数据库系统安全，不仅涉及应用技术，还包括管理等层面上的问题，是各个防范措施综合应用的结果，是物理安全、网络安全、（　　）安全等方面的防范策略有效的结合。

A．管理　　B．内容　　C．系统　　D．环境

（6）通常，数据库的保密性和可用性之间不可避免地存在冲突。对数据库加密必然会带来数据存储与索引、（　　）和管理等一系列问题。

A．有效查找　　B．访问特权　　C．用户权限　　D．密钥分配

2．填空题

（1）SQL Server 2012 提供两种身份认证模式来保护对服务器访问的安全，它们分别是________和________。

（2）数据库的保密性是在对用户的________、________、________及推理控制等安全机制的控制下得以实现。

（3）数据库中的事务应该具有四种属性：________、________、________和持久性。

（4）网络数据库系统的体系结构分为两种类型：________和________。

（5）访问控制策略、________、________和________构成网络数据库访问控制模型。

（6）在 SQL Server 2012 中可以为登录名配置具体的________权限和________权限。

3．简答题

（1）简述网络数据库结构中 C/S 与 B/S 的区别。

（2）网络环境下，如何对网络数据库进行安全防护？

(3) 数据库的安全管理与数据的安全管理有何不同?
(4) 如何保障数据的完整性?
(5) 如何对网络数据库的用户进行管理?

4. 实践题

(1) 在 SQL Server 2012 中设置用户密码，体现出密码的安全策略。
(2) 通过实例说明 SQL Server 2012 中如何实现透明加密。

15.3 网络安全综合应用练习

15.3.1 练习与实践九

1. 选择题

(1) 计算机病毒的主要特点不包括( )。
A. 潜伏性 B. 破坏性 C. 传染性 D. 完整性
(2) 熊猫烧香是一种( )。
A. 游戏 B. 软件 C. 蠕虫病毒 D. 网站
(3) 木马的清除方式有( )和( )两种。
A. 自动清除 B. 手动清除 C. 杀毒软件清除 D. 不用清除
(4) 计算机病毒是能够破坏计算机正常工作的、( )的一组计算机指令或程序。
A. 系统自带 B. 人为编制 C. 机器编制 D. 不清楚
(5) 强制安装和难以卸载的软件都属于( )。
A. 病毒 B. 木马 C. 蠕虫 D. 恶意软件

2. 填空题

(1) 根据计算机病毒的破坏程度可将病毒分为 ______、______、______。
(2) 计算机病毒一般由________、________、________三个单元构成。
(3) 计算机病毒的传染单元主要包括________ 、________ 、________ 三个模块。
(4) 计算机病毒根据病毒依附载体可划分为______、______、______、______。
(5) 计算机病毒的主要传播途径有________、________。
(6) 计算机运行异常的主要现象包括_____、_____、_____、_____、_____等。

3. 简答题

(1) 简述计算机病毒的特点。
(2) 计算机中毒的异常症状有哪些?
(3) 如何清除计算机病毒?
(4) 什么是恶意软件?
(5) 什么是计算机病毒?
(6) 简述恶意软件的危害。
(7) 简述计算机病毒的发展趋势。

4．实践题

（1）下载一种杀毒软件，安装设置后查毒，如有病毒，进行杀毒操作。
（2）搜索至少两种木马，了解其发作症状及清除办法。

15.3.2　练习与实践十

1．选择题

（1）拒绝服务攻击的一个基本思想是（　　）。
A．不断发送垃圾邮件工作站　　B．迫使服务器的缓冲区满
C．工作站和服务器停止工作　　D．服务器停止工作
（2）TCP 采用三次握手形式建立连接，在（　　）时开始发送数据。
A．第一步　　B．第二步　　C．第三步之后　　D．第三步
（3）驻留在多个网络设备上的程序在短时间内产生大量的请求信息冲击某 web 服务器，导致该服务器不堪重负，无法正常响应其他合法用户的请求，这属于（　　）。
A．上网冲浪　　B 中间人攻击　　C．DDoS 攻击　　D．MAC 攻击
（4）关于防火墙，以下（　　）说法是错误的。
A．防火墙能隐藏内部 IP 地址
B．防火墙能控制进出内网的信息流向和信息包
C．防火墙能提供 VPN 功能
D．防火墙能阻止来自内部的威胁
（5）以下说法正确的是（　　）。
A．防火墙能够抵御一切网络攻击
B．防火墙是一种主动安全策略执行设备
C．防火墙本身不需要提供防护
D．防火墙如果配置不当，会导致更大的安全风险

2．填空题

（1）防火墙隔离了内部、外部网络，是内、外部网络通信的______途径，能够根据制定的访问规则对流经它的信息进行监控和审查，从而保护内部网络不受外界的非法访问和攻击。

（2）防火墙是一种________设备，即对于新的未知攻击或策略配置有误，防火墙就无能为力了。

（3）从防火墙的软/硬件形式来分，它可分为_______防火墙和硬件防火墙以及_______防火墙。

（4）包过滤型防火墙工作在 OSI 网络参考模型的________和________。

（5）第一代应用网关型防火墙的核心技术是________。

（6）单一主机防火墙独立于其他网络设备，它位于________。

（7）组织的雇员，可以是要到外围区域或 Internet 的内部用户、外部用户（如分支办事处工作人员）、远程用户或在家中办公的用户等，被称为内部防火墙的________。

（8）________是位于外围网络中的服务器，向内部和外部用户提供服务。

（9）________是利用 TCP 协议设计上的缺陷，通过特定方式发送大量的 TCP 请求从而导致受攻击方 CPU 超负荷或内存不足的一种攻击方式。

（10）针对 SYN Flood 攻击，防火墙通常有三种防护方式：______、被动式 SYN 网关和________。

3．简答题

（1）防火墙是什么？

（2）简述防火墙的分类及主要技术。

（3）正确配置防火墙后，是否能够必然保证网络安全？如果不能，试简述防火墙的缺点。

（4）防火墙的基本结构是怎样的？如何起到“防火墙”的作用？

（5）SYN Flood 攻击的原理是什么？

（6）防火墙如何阻止 SYN Flood 攻击？

4．实践应用题

（1）Linux 防火墙配置（上机完成）

假定一个内部网络通过一个 Linux 防火墙接入外部网络，要求实现两点：

① Linux 防火墙通过 NAT 屏蔽内部网络拓扑结构，让内网可以访问外网。

② 限制内网用户只能通过 80 端口访问外网的 WWW 服务器，而外网不能向内网发送任何连接请求。

具体实现中，可以使用三台计算机完成实验要求。其中一台作为 Linux 防火墙，一台作为内网计算机模拟整个内部网络，一台作为外网计算机模拟外部网络。

（2）目前个人防火墙有多种，除天网防火墙外，还有 Agnitum Outpost Firewall、ZoneAarm Firewall、Norman Personal Firewall、Jetico Personal Firewall、F-Secure、Comodo Firewall、瑞星个人防火墙、江民防火墙、卡巴斯基全功能安全软件、风云防火墙、Norton Internet Security，下载这些软件，使用 X-Scan 进行综合扫描，使用 Lxia 公司出品的 Qcheck 软件进行性能测试，并将结果记录下来，比较这些防火墙的优缺点。

15.3.3　练习与实践十一

1．选择题

（1）下面（　　）不是常见的网站攻击方法？

A．3D Secure 攻击　　B．CSRF 攻击

C．OS 命令注入攻击　　D．邮件头注入攻击

（2）数字证书发行过程中，（　　）说法不正确。

A．CA 机关在收到数字证书发行申请后才可以发行证书

B．数字证书中使用的加密算法是不公开的

C．经过可信赖的 CA 机构署名认证的下级 CA 机构都是可信赖的

D．数字签名中用到的信息摘要技术不同内容生成相同摘要的可能性极其微小

（3）电子商务中常见的模式有（　　）等几种。（可多选）

A．B2C　　B．B2B　　C．C2B　　D．O2O

（4）按电子商务的安全原则，应遵守（　　）。（可多选）

A. 多人负责 B. 最小权限 C. 职责明确 D. 减少人为因素

（5）下面的（ ）不是与认证或授权管理有关的协议。

A. OpenID B. Oauth C. SAML D. JDK

2. 填空题

（1）电子商务的________交易模式，被马云称为电子商务的未来。

（2）如果企业人员长期担任安全管理或其他重要岗位，容易造成职业倦怠和腐败，为避免这种情况，应采取________来解决这个问题。

（3）电子商务安全的层次划分为________、________、________、________和________。

（4）网络交易日志分为________、________和________三部分内容。

（5）常见的安全协议有应用层的________、________、________、________，传输层的________，网络层的________。

（6）手机支付的方式大体上可以分为两大类，一类是利用手机的移动通信功能的________，另一类是在手机中利用 NFC、RFID 等技术实现的________。

3. 简答题

（1）电子商务安全问题有哪些特征？

（2）选择一个知名电子商务网站进行购物实践，考察其使用了哪些安全协议。

（3）云计算平台下的安全风险和传统服务器平台下的安全风险有何不同？

（4）简述 SQL 劫持的原理和防范方法。

（5）3D Secure 协议和 SET 协议相比有哪些优缺点？

（6）非接触支付方式有哪些便利的用途？

4. 实践题

（1）设计一套利用生物信息进行认证的网上购物系统，和其他购物网站比较一下优缺点。

（2）结合淘宝网，分析其网站的安全管理解决方案。

（3）自己建立一个网站，实践各项安全漏洞的防范措施。

15.3.4 练习与实践十二

1. 选择题

（1）在设计网络安全解决方案中，系统是基础、（ ）是核心、管理是保证。

A. 系统管理员 B. 安全策略 C. 人 D. 领导

（2）得到授权的实体在需要时可访问数据，即攻击者不能占用所有的资源而阻碍授权者的工作，以上是实现安全方案的（ ）目标。

A. 可审查性 B. 可控性 C. 机密性 D. 可用性

（3）在设计编写网络方案时，（ ）是网络安全解决方案与其他项目的最大区别。

A. 网络方案的动态性 B. 网络方案的相对性

C. 网络方案的完整性 D. 网络方案的真实性

（4）在某部分系统出现问题时，不影响企业信息系统的正常运行，是网络方案设计中（ ）需求。

A. 可控性和可管理性 B. 可持续发展

C．系统的可用性和及时恢复性　　　　D．安全性和合法性

（5）在网络安全需求分析中，安全系统必须具有（　），以适应网络规模的变化。

A．开放性　　　　B．安全体系

C．易于管理　　　　D．可伸缩性与可扩展性

2．填空题

（1）高质量的网络安全解决方案主要体现在________、________和________三方面，其中________是基础、________是核心、________是保证。

（2）制定网络安全解决方案时，网络系统的安全原则体现在________、________、________、________和________五个方面。

（3）________是识别与防止网络攻击行为、追查网络泄密行为的重要措施之一。

（4）在网络安全设计方案中，只能做到________和________，不能做到________。

（5）方案中选择网络安全产品时主要考察其________、________和________。

（6）一个优秀的网络安全解决方案，应当是________整体解决方案，同时还需要______等其他因素。

3．简答题

（1）网络安全解决方案的主要内容有哪些？

（2）网络安全的目标及设计原则是什么？

（3）评价网络安全解决方案的质量标准有哪些？

（4）简述网络安全解决方案的需求分析？

（5）网络安全解决方案框架包含哪些内容？编写时需要注意什么？

（6）网络安全的具体解决方案包括哪些内容？

（7）金融行业网络安全解决方案具体包括哪些方面？

（8）内网数据安全解决方案从哪儿方面进行拟定？

4．实践题（课程设计）

（1）进行校园网调查，分析现有的网络安全解决方案，并提出解决办法。

（2）对企事业网站进行社会实践调查，编写一份完整的网络安全解决方案。

第16章 典型题型案例解析

通过多所院校的实际复习考试题型案例及解答、典型实验报告、课程设计报告和部分编程案例分析，可以进一步了解具体实际考试和答题情况，对于复习考试和实际检验个人掌握网络安全知识的情况及进一步搞好实践教学都极为重要。很多实践应用“案例与交流”请参见“上海市精品课程”网站中的实践教学“应用案例分析”及“实验报告与交流”等资源：

http://jiatj.sdju.edu.cn/webanq/title.aspx?info_lb=435&flag=101

http://jiatj.sdju.edu.cn/webanq/title.aspx?info_lb=437&flag=101

16.1 网络安全基础知识练习

16.1.1 基本常见题型及解析

在此主要介绍一些常见的“网络安全技术”相关课程复习考试题型及解答过程，可以帮助读者达到“见多识广、触类旁通”的作用。

一、单选题（共10分，每题1分）

1．各种通信网和TCP/IP之间的接口是TCP/IP分层结构中的（　）。

A．数据链路层　　B．网络层

C．传输层　　D．应用层

2．下面不属于木马特征的是（　）。

A．自动更换文件名，难于被发现　　B．程序执行时不占太多系统资源

C．不需要服务端用户的允许就能获得系统的使用权

D．造成缓冲区的溢出，破坏程序的堆栈

3．下面不属于端口扫描技术的是（　）。

A．TCP connect( )扫描　　B．TCP FIN扫描

C．IP包分段扫描　　D．Land扫描

4．负责产生、分配并管理PKI结构下所有用户的证书的机构是（　）。

A．LDAP目录服务器　　B．业务受理点

C．注册机构RA　　D．认证中心CA

5．防火墙按自身的体系结构分为（　）。

A．软件防火墙和硬件防火墙　　B.包过滤型防火墙和双宿网关

C．百兆防火墙和千兆防火墙　　D．主机防火墙和网络防火墙

6．下面关于代理技术的叙述正确的是（　）。

A．能提供部分与传输有关的状态

B．能完全提供与应用相关的状态和部分传输方面的信息

C．能处理和管理信息

D. ABC 都正确

7. 下面关于 ESP 传输模式的叙述，不正确的是（　　）。

A. 并没有暴露子网内部拓扑　　B. 主机到主机安全

C. IPSEC 的处理负荷被主机分担　　D. 两端的主机需使用公网 IP

8. 下面关于网络入侵检测的叙述，不正确的是（　　）。

A. 占用资源少　　B. 攻击者不易转移证据

C. 容易处理加密的会话过程　　D. 检测速度快

9. 基于 SET 协议的电子商务系统中对商家和持卡人进行认证的是（　　）。

A. 收单银行　B. 支付网关　C. 认证中心　D. 发卡银行

10. 下面关于病毒的叙述正确的是（　　）。

A. 病毒可以是一个程序　　B. 病毒可以是一段可执行代码

C. 病毒能够自我复制　　D. ABC 都正确

二、填空题（共 25 分，每空 1 分）

1. IP 协议提供了________的________的传递服务。

2. TCP/IP 链路层安全威胁有________、________、________。

3. DRDoS 与 DDoS 的不同之处在于________。

4. 证书的作用是________和________。

5. SSL 协议中双方的主密钥是在其 ________ 协议产生的。

6. VPN 的两种实现形式：________和________。

7. IPSec 是为在 IP 层提供通信安全而制定的一套________，是一个应用广泛、开放的________。

8. 根据检测原理，入侵检测系统分为________、________。

9. 病毒技术包括________技术、________技术、________技术和________技术。

10. 电子商务技术体系结构的三个层次是________、________和________，一个支柱是________。

11. 防火墙的两种姿态是________和________。

三、判断题（共 15 分，每题 1 分）

1. 以太网中检查网络传输介质是否已被占用的是冲突监测。（　　）

2. 主机不能保证数据包的真实来源，构成了 IP 地址欺骗的基础。（　　）

3. 扫描器可以直接攻击网络漏洞。（　　）

4. DNS 欺骗攻击，主要利用 DNS 协议不对转换和信息性的更新进行身份认证这一弱点。（　　）

5. DRDoS 攻击是与 DDoS 无关的另一种拒绝服务攻击方法。（　　）

6. 公钥密码比传统密码更安全。（　　）

7. 身份认证一般都是实时的，消息认证一般不提供实时性。（　　）

8. 每一级 CA 都有对应的 RA。（　　）

9. 加密/解密的密钥对成功更新后，原来密钥对中用于签名的私钥必须安全销毁，公钥进行归档管理。（　　）

10．防火墙无法完全防止传送已感染病毒的软件或文件。（ ）
11．所有的协议都适合用数据包过滤。（ ）
12．构建隧道可以在网络的不同协议层次上实现。（ ）
13．蜜网技术（Honeynet）不是对攻击进行诱骗或检测。（ ）
14．病毒传染主要指病毒从一台主机蔓延到另一台主机。（ ）
15．电子商务中要求用户的定单一经发出，具有不可否认性。（ ）

四、简答题（共 30 分，每题 5 分）

1．简述 TCP/IP 的分层结构及其与 OSI 七层模型的对应关系。
2．简述拒绝服务攻击的概念和原理。
3．简述交叉认证过程。
4．简述 SSL 安全协议的概念及功能。
5．简述好的防火墙所具有的五个特性。
6．简述电子数据交换（EDI）技术的特点。

五、综述题（20 分）

1．简述 ARP 的工作过程及 ARP 欺骗。（10 分）
2．简述包过滤型防火墙的概念、优缺点和应用场合。（10 分）

[客观题答案]

一、单选题

1．A　2．D　3．D　4．D　5．B
6．D　7．A　8．C　9．B　10．D

二、填空题

1．数据报，尽力而为
2．以太网共享信道的侦听，MAC 地址的修改，ARP 欺骗
3．攻击端不需要占领大量傀儡机
4．用来向系统中其他实体证明自己的身份，分发公钥
5．握手
6．Client-LAN，LAN-LAN
7．协议族 VPN 安全协议体系
8．异常入侵检测，误用入侵检测
9．寄生，驻留，加密变形，隐藏
10．网络平台，安全基础结构，电子商务业务，公共基础部分
11．拒绝没有特别允许的任何事情，允许没有特别拒绝的任何事情

三、判断题

1．×　2．√　3．×　4．√　5．×
6．×　7．√　8．√　9．×　10．√
11．×　12．√　13．√　14．×　15．√

[主观题解析]

四、简答题

1．TCP/IP 的分层结构及基与 OSI 七层模型的对应关系。

【解答分析】 主要 TCP/IP 的分层结构及其与 OSI 七层模型的对应关系

TCP/IP 层析划分	OSI 层次划分
应用层	应用层 会话层
传输层	会话层 传输层
网络层	网络层
数据链路层	链路层 物理层

2．简述拒绝服务攻击的概念和原理。

【解答分析】 包括拒绝服务攻击的概念和原理两部分。

（1）拒绝服务攻击的概念：广义上讲，拒绝服务（Denial of service，DoS）攻击是指导致服务器不能正常提供服务的攻击。确切地讲，DoS 攻击是指故意攻击网络协议实现的缺陷或直接通过各种手段耗尽被攻击对象的资源，目的是让目标计算机或网络无法提供正常的服务，使目标系统停止响应，甚至崩溃。

（2）拒绝服务攻击的基本原理是使被攻击服务器充斥大量要求回复的信息，消耗网络带宽或系统资源，导致网络或系统超负荷，以致瘫痪而停止提供正常的网络服务。

3．简述交叉认证过程。

【解答分析】 主要是交叉认证具体过程。

首先，两个 CA 建立信任关系。双方安全交换签名公钥，利用自己的私钥为对方签发数字证书，从而双方都有了交叉证书。其次，利用 CA 的交叉证书验证最终用户的证书。对用户来说就是利用本方 CA 公钥来校验对方 CA 的交叉证书，从而决定对方 CA 是否可信；再利用对方 CA 的公钥来校验对方用户的证书，从而决定对方用户是否可信。

4．简述 SSL 安全协议的概念及功能。

【解答分析】 需要解答 SSL 安全协议的概念和功能两方面。

SSL 的全称是 Secure Socket Layer（安全套接层）。在客户和服务器两实体之间建立了一个安全的通道，防止客户/服务器应用中的侦听、篡改及消息伪造，通过在两个实体之间建立一个共享的秘密，SSL 提供保密性，服务器认证和可选的客户端认证。其安全通道是透明的，工作在传输层之上，应用层之下，做到与应用层协议无关，几乎所有基于 TCP 的协议稍加改动就可以在 SSL 上运行。

5．简述好的防火墙所具有的五个特性。

【解答分析】 解答好的防火墙所具有的五个特性。

（1）所有在内部网络和外部网络之间传输的数据都必须经过防火墙。

（2）只有被授权的合法数据，即防火墙系统中安全策略允许的数据，可以通过防火墙。

（3）防火墙本身不受各种攻击的影响。

（4）使用目前新的信息安全技术，如一次口令技术、智能卡等。

（5）人机界面良好，用户配置使用方便，易管理，系统管理员可以对防火墙进行设置，对互联网的访问者、被访问者、访问协议及访问权限进行限制。

6．简述电子数据交换（EDI）技术的特点。

【解答分析】 解答电子数据交换（EDI）技术的特点。

特点：使用对象在不同的组织之间；所传送的资料是一般业务资料；采用共同标准化的格式；尽量避免人工的介入操作，由收送双方的计算机系统直接传送、交换资料。

五、综述题

1．简述ARP的工作过程及ARP欺骗。

【解答分析】 解答分ARP的工作过程及ARP欺骗两个方面。

ARP的工作过程：

（1）主机A不知道主机B的MAC地址，以广播方式发出一个含有主机B的IP地址的ARP请求。

（2）网内所有主机收到ARP请求后，将自己的IP地址与请求中的IP地址相比较，仅有B做出ARP响应，其中含有自己的MAC地址。

（3）主机A收到B的ARP响应，将该条IP-MAC映射记录写入ARP缓存中，接着进行通信。

ARP欺骗：

ARP协议用于IP地址到MAC地址的转换，此映射关系存储在ARP缓存表中。当ARP缓存表被他人非法修改时，将导致发送给正确主机的数据包发送给另外一台由攻击者控制的主机，这就是所谓的“ARP欺骗”。

2．简述包过滤型防火墙的概念、优缺点和应用场合。

【解答分析】 解答包过滤型防火墙的概念、优缺点和应用场合三个方面。

（1）包过滤型防火墙的概念

包过滤防火墙用一台过滤路由器来实现对所接收的每个数据包做允许、拒绝的决定。过滤规则基于协议包头信息。

（2）包过滤型防火墙的优缺点

包过滤防火墙的优点：处理包的速度快；费用低，标准的路由器均含有包过滤支持；包过滤防火墙对用户和应用讲是透明的。无须对用户进行培训，也不必在每台主机上安装特定的软件。

包过滤防火墙的缺点：维护比较困难；只能阻止外部主机伪装成内部主机的IP欺骗；任何直接经过路由器的数据包都有被用做数据驱动式攻击的潜在危险；普遍不支持有效的用户认证；安全日志有限；过滤规则增加导致设备性能下降；包过滤防火墙无法对网络上流动的信息提供全面的控制。

（3）包过滤型防火墙的应用场合

非集中化管理的机构；没有强大的集中安全策略的机构；网络的主机数比较少；主要依靠主机来防止入侵，但当主机数增加到一定程度的时候，依靠主机安全是不够的；没有使用DHCP这样的动态IP地址分配协议。

16.1.2　综合复习考试案例解析

主要通过一所大学的实际考试案例和解答，进一步了解实际考试和答题情况，对于最后的复习考试和实际检验掌握网络安全知识的情况很有帮助。

××大学 2014—2015 学年第 1 学期

（038076A1）《网络安全技术》课程期末考试试卷

开课学院： ××学院　　考试时间 120 分钟　　A 卷

计算器□　草稿纸□　答题卡□　考试形式：开卷□　闭卷☑

考生姓名：________　学号：________　班级：BX1201

题序	一	二	三	四	五	六	总分
得分							
评卷人							

一、填空题（共 35 分，每空格 0.5 分）

（1）计算机网络安全是一门涉及 ________、________、________、通信技术、应用数学、密码技术、信息论等多学科的综合性学科。

（2）计算机网络安全所涉及的内容包括________、________、________、________、________等五个方面。

（3）ISO 对 OSI 规定了________、________、________、________、________五种级别的安全服务。

（4）OSI/RM 安全管理包括________、________和________，其处理的管理信息存储在________或________中。

（5）网络安全管理功能包括计算机网络的________、________、________、________等所需要的各种活动。ISO 定义的开放系统的计算机网络管理的功能包括________、________、________、________、________。

（6）黑客的“攻击五部曲”是________、________、________、________、________。

（7）端口扫描的防范也称为________，主要有________和________两种方法。

（8）网络安全防范技术也称为________，主要包括访问控制、________、________、________、补丁安全、________、数据安全等。

（9）身份认证是计算机网络系统用户在进入系统或访问不同________的系统资源时，系统确认该用户的身份是否________、________和________的过程。

（10）数字签名是指用户用自己的________对原始数据进行________所得到________，专门用于保证信息来源的________、数据传输的________和________。

（11）访问控制模式有三种模式，即________、________和________。

（12）计算机网络安全审计是通过一定的________，利用________系统活动和用户活动的历史操作事件，按照顺序________、________和________每个事件的环境及活动，是对网络安全技术的重要补充和完善。

（13）在加密系统中，原有的信息称为________，由________变为________的过程称为加密，由________还原成________的过程称为解密。

（14）数据库安全可分为两类：________和________。

（15）计算机病毒按传播方式分为________、________、________。

（16）防火墙隔离了内部、外部网络，是内、外部网络通信的________途径，能够根据制定的访问规则对流经它的信息进行监控和审查，从而保护内部网络不受外界的非法访问和攻击。

（17）操作系统安全防护研究通常包括以下几方面内容：________、________、________。

二、选择题（单选题，共15分，每小题1分）

（1）计算机网络安全是指利用计算机网络管理控制和技术措施，保证在网络环境中数据的（　）、完整性、网络服务可用性和可审查性受到保护。

A．机密性　B．抗攻击性　C．网络服务管理性　D．控制安全性

（2）在短时间内向网络中的某台服务器发送大量无效连接请求，导致合法用户暂时无法访问服务器的攻击行为是破坏了（　）。

A．机密性　B．完整性　C．可用性　D．可控性

（3）加密安全机制提供了数据的（　）。

A．可靠性和安全性　B．保密性和可控性
C．完整性和安全性　D．保密性和完整性

（4）计算机网络安全管理主要功能不包括（　）。

A．性能和配置管理功能　B．安全和计费管理功能
C．故障管理功能　D．网络规划和网络管理者的管理功能

（5）改变路由信息、修改Windows注册表等行为属于拒绝服务攻击的（　）方式。

A．资源消耗型　B．配置修改型　C．服务利用型　D．物理破坏型

（6）（　）是建立完善的访问控制策略，及时发现网络遭受攻击情况并加以追踪和防范，避免对网络造成更大损失。

A．动态站点监控　B．实施存取控制
C．安全管理检测　D．完善服务器系统安全性能

（7）数据签名的（　）功能是指签名可以证明是签字者而不是其他人在文件上签字。

A．签名不可伪造　B．签名不可变更
C．签名不可抵赖　D．签名是可信的

（8）在综合访问控制策略中，系统管理员权限、读/写权限、修改权限属于（　）。

A．网络的权限控制　B．属性安全控制
C．网络服务安全控制　D．目录级安全控制

（9）网络加密方式的（　）是把网络上传输的数据报文的每一位进行加密，而且把路由信息、校验和等控制信息全部加密。

A．链路加密　B．节点对节点加密　C．端对端加密　D．混合加密

（10）在加密服务中，（　）用于保障数据的真实性和完整性，目前主要有两种生成MAC的方式。

A．加密和解密　B．数字签名　C．密钥安置　D．消息认证码

（11）数据库安全可分为两类：系统安全性和（　）。

A．数据库安全性　B．应用安全性
C．网络安全性　D．数据安全性

（12）在计算机病毒发展过程中，（　）给计算机病毒带来了第一次流行高峰，同时病毒具有了自我保护的功能。

A．多态性病毒阶段　　B．网络病毒阶段

C．混合型病毒阶段　　D．主动攻击型病毒

（13）关于防火墙，以下（　）说法是错误的。

A．防火墙能隐藏内部 IP 地址

B．防火墙能控制进出内网的信息流向和信息包

C．防火墙能提供 VPN 功能

D．防火墙能阻止来自内部的威胁

（14）网络操作系统应当提供的安全保障不包括下面的（　）。

A．验证（Authentication）

B．授权（Authorization）

C．数据保密性（Data Confidentiality）

D．数据的不可否认性（Data Nonrepudiation）

（15）电子商务对安全的基本要求不包括（　）。

A．存储信息的安全性和不可抵赖性

B．信息的保密性和信息的完整性

C．交易者身份的真实性和授权的合法性

D．信息的安全性和授权的完整性

[客观题答案]

一、填空题（共 35 分，每小题 0.5 分）

（1）计算机科学、网络技术、信息安全技术

（2）实体安全、运行安全、系统安全、应用安全、管理安全

（3）对象认证、访问控制、数据保密性、数据完整性、防抵赖

（4）系统安全管理、安全服务管理、安全机制管理、数据表、文件

（5）运行、处理、维护、服务提供、故障管理功能、配置管理功能、性能管理功能、安全管理功能、计费管理功能

（6）隐藏 IP、踩点扫描、获得特权、种植后门、隐身退出

（7）系统加固、关闭闲置及危险端口、屏蔽出现扫描症状的端口

（8）加固技术、安全漏洞扫描、入侵检测、攻击渗透性测试、关闭不必要的端口与服务等

（9）保护级别、真实、合法、唯一

（10）私钥加密、特殊数字串、真实性、完整性、防抵赖性

（11）自主访问控制 DAC、强制访问控制 MAC、基本角色的访问控制 RBAC

（12）安全策略、记录及分析、检查、审查、检验、防火墙技术、入侵检测技术

（13）明文、明文、密文、密文、明文

（14）系统安全性、数据安全性

（15）引导型病毒、文件型病毒和混合型病毒

（16）唯一

（17）操作系统本身提供的安全功能和安全服务、采取什么样的配置措施、提供的网络服务得到安全配置。

二、选择题（共 15 分，每小题 1 分）

（1）A	（2）C	（3）D	（4）D	（5）B
（6）A	（7）A	（8）D	（9）A	（10）D
（11）D	（12）C	（13）D	（14）D	（15）D

[主观题解析]

三、简答题（共 12 分，每小题 3 分）

1．网络安全研究的目标是什么？

【解答分析】 在计算机和通信领域的信息传输、存储与处理的整个过程中，提供物理上、逻辑上的防护、监控、反应恢复和对抗的能力，以保护网络信息资源的保密性、完整性、可用性、可控性和抗抵赖性。网络安全的最终目标是保障网络上的信息安全。

2．概述数据库的并发控制？是为了解决哪些问题而引入的机制？

【解答分析】 数据库并发控制是指在多用户数据库环境中，多个用户程序可并行地存取数据库的控制机制，目的是避免数据的丢失修改、无效数据的读出与不可重复读数据现象的发生，从而保持数据库中数据的一致性，即在任何时刻数据库都将以相同的形式给用户提供数据。

3．操作系统安全的概念，以及主要研究的内容。

【解答分析】 操作系统的安全通常包含两方面的意思：

（1）一方面是操作系统在设计时通过权限访问控制、信息加密性保护、完整性鉴定等机制实现的安全。

（2）另一方面则是操作系统在使用中，通过一系列的配置，保证操作系统避免由于实现时的缺陷或应用环境因素产生的不安全因素。

操作系统安全防护研究通常包括以下几方面的内容。

（1）操作系统本身提供的安全功能和安全服务，现代操作系统本身往往要提供一定的访问控制、认证与授权等方面的安全服务，如何对操作系统本身的安全性能进行研究和开发使之符合选定的环境和需求。

（2）对各种常见的操作系统，采取什么样的配置措施使之能够正确应付各种入侵。

（3）如何保证操作系统本身所提供的网络服务得到安全配置。

4．网络安全解决方案设计的原则有哪些？

【解答分析】 在进行网络系统安全方案设计、规划时，应遵循以下 7 项基本原则：

（1）综合性、整体性原则。

（2）需求、风险、代价平衡的原则。

（3）一致性原则。

（4）易操作性原则。

（5）分步实施原则。

（6）多重保护原则。

（7）可评价性原则。

四、应用题（共 12 分，每小题 3 分）

1．简述计算机网络安全管理的主要功能及各功能的相互关系。

2．阐明特洛伊木马攻击的步骤及原理。

3．入侵检测系统的主要功能有哪些？其特点是什么？

4．简述安全审计的目的和类型。

【解答分析】

1．简述计算机网络安全管理的主要功能及各功能的相互关系。

国际标准化组织（ISO）在 ISO/IEC 7498-4 文档中定义了开放系统的计算机网络管理的五大功能：故障管理功能、配置管理功能、性能管理功能、安全管理功能和计费管理功能。而没有包括网络规划、网络管理者的管理等功能。

上述五个不同的管理功能可以用图 1 所示的三维管理空间表示，在不同时间对不同的资源可以进行不同的管理。各种管理功能相互关联制约，其中某种功能的输出可以作为另外一种功能的输入。

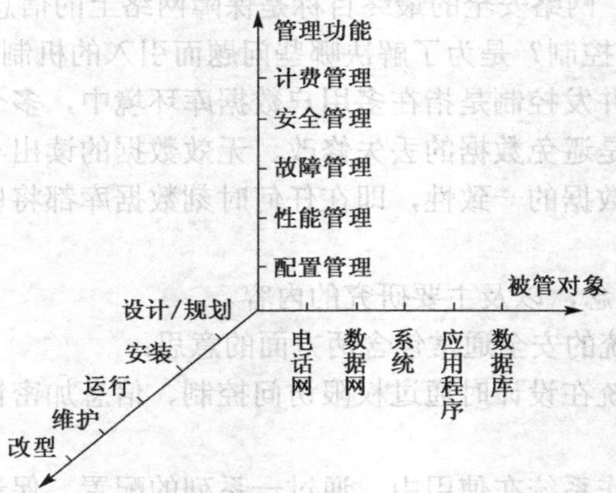

图 1　网络安全管理体系

2．阐明特洛伊木马攻击的步骤及原理。

1）使用木马工具进行网络入侵，基本过程可以分为 6 个步骤。

（1）配置木马。设法配置木马软件。

（2）传播木马。进行传播扩散。

（3）运行木马。运行木马程序。

（4）收集信息。主要为攻击前做好准备，收集一些服务端的软/硬件信息，并通过 E-mail 或 ICQ 等试探或诱惑控制端用户。

（5）建立连接。服务端安装木马程序，且控制端及服务端都需要在线。控制端可以通过木马端口与服务端建立连接。

（6）远程控制。通过木马程序对服务端进行远程控制。

控制端口可以享有的控制权限：窃取密码、文件操作、修改注册表和系统操作。

2）特洛伊木马攻击原理

特洛伊木马是指隐藏在正常程序中的一段具有特殊功能的恶意代码，是具备破坏和删除文件、发送密码、记录键盘和攻击 DOS 等特殊功能的后门程序。

一个完整的木马系统由硬件部分、软件部分和连接部分组成。

3．入侵检测系统的主要功能有哪些？其特点是什么？

入侵检测系统主要功能包括6个方面：

（1）监视、分析用户及系统活动。

（2）系统构造和弱点的审计。

（3）识别反映已知进攻的活动模式并向相关人员报警。

（4）异常行为模式的统计分析。

（5）评估重要系统和数据文件的完整性。

（6）操作系统的审计跟踪管理，并识别用户违反安全策略的行为。

入侵检测系统的特点：

入侵检测技术是动态安全技术的最核心技术之一，通过对入侵行为的过程与特征的研究，使安全系统对入侵事件和入侵过程能做出实时响应，是对防火墙技术的合理补充。

IDS 帮助系统防范网络攻击，扩展了系统管理员的安全管理功能，提高了信息安全基础结构的完整性。

入侵检测被认为是防火墙之后的第二道安全闸门，提供对内部攻击、外部攻击和误操作的实时保护。

入侵检测和安全防护有根本性的区别：安全防护和黑客的关系是“防护在明，黑客在暗”，入侵检测和黑客的关系则是“黑客在明，检测在暗”。安全防护主要修补系统和网络的缺陷，增加系统的安全性能，从而消除攻击和入侵的条件；入侵检测并不是根据网络和系统的缺陷，而是根据入侵事件的特征一般与系统缺陷有逻辑关系，对入侵事件的特征进行检测，所以入侵检测系统是黑客的克星。

4．简述安全审计的目的和类型。

目的和意义在于：

（1）对潜在的攻击者起到重大震慑和警告作用。

（2）测试系统的控制是否恰当，便于调整，保证与既定安全策略和操作能够协调一致。

（3）对已经发生的系统破坏行为，需要及时进行损害程度的评估并提供有效的恢复依据和追究责任的证据。

（4）对系统控制、安全策略与规程中特定的一些改变需要认真评价和反馈，便于修订安全管理决策和部署。

（5）为系统管理员提供有价值的系统使用日志，帮助系统管理员及时发现系统入侵行为或潜在的系统漏洞。

安全审计有三种类型：

（1）系统级审计。

（2）应用级审计。

（3）用户级审计。

五、实践题（共12分，每小题4分）

结合具体应用实际案例，进行详细说明。

1．举例说明三种身份认证的技术方法及特点。

2．计算机病毒发作时的现象，并举例说明。

3．概述电子商务安全的概念，举例说明电子商务对安全的基本要求。

【解答分析】

结合具体应用实际案例，进行详细说明。

1．举例说明三种身份认证的技术方法及特点。

目前，计算机及网络系统中常用的身份认证方式主要有以下几种：

（1）用户名及密码方式。用户名及密码方式是最简单也最常用的身份认证方法，由用户自己设定，只有用户本人知道。只要能够正确输入密码，计算机就认为操作者是合法用户。

（2）智能卡认证。智能卡是一种内置集成的电路芯片，芯片中存有与用户身份相关的数据，智能卡由专门的厂商通过专门的设备生产，是不可复制的硬件。智能卡由合法用户随身携带，登录时必须将智能卡插入专用的读卡器读取其中的信息，以验证用户的身份。

（3）动态令牌认证。动态口令技术是一种让用户密码按照时间或使用次数不断变化、每个密码只能使用一次的技术。它采用一种动态令牌的专用硬件，内置电源、密码生成芯片和显示屏，密码生成芯片运行专门的密码算法，根据当前时间或使用次数生成当前密码并显示。用户使用时只需将动态令牌上显示的当前密码输入客户端计算机，即可实现身份认证。

（4）USB Key 认证。基于 USB Key 的身份认证方式是近几年发展起来的一种方便、安全的身份认证技术。它采用软/硬件相结合、一次一密的强双因子认证模式，很好地解决了安全性与易用性之间的矛盾。USB Key 内置单片机或智能卡芯片，可以存储用户的密钥或数字证书，利用 USB Key 内置的密码算法实现对用户身份的认证。基于 USB Key 的身份认证系统主要有两种应用模式：一是基于冲击/响应的认证模式，二是基于 PKI 体系的认证模式。

（5）生物识别技术。生物识别技术主要是指通过可测量的身体或行为等生物特征进行身份认证的一种技术。生物特征是指唯一的可以测量或可自动识别和验证的生理特征或行为方式。生物特征分为身体特征和行为特征两类。身体特征包括指纹、掌型、视网膜、虹膜、人体气味、脸型、手的血管和 DNA 等；行为特征包括签名、语音、行走步态等。

（6）CA 认证。CA（Certification Authority）是认证机构的国际通称，它是对数字证书的申请者发放、管理、取消数字证书的机构。CA 的作用是检查证书持有者身份的合法性，并签发证书（用数学方法在证书上签字），以防证书被伪造或篡改。网络身份证的发放、管理和认证就是一个复杂的过程，也就是 CA 认证。

2．计算机病毒发作时的现象

（1）提示不相关对话。

（2）发出音乐。

（3）产生特定的图像。

（4）硬盘灯不断闪烁。

（5）进行游戏算法。

（6）Windows 桌面图标发生变化。

（7）突然死机或重启。

（8）自动发送电子邮件。

（9）鼠标自己在动。

3．概述电子商务安全的概念，举例说明电子商务对安全的基本要求。

电子商务安全性是一个系统的概念，不仅与计算机系统结构有关，还与电子商务应用的环境、人员素质和社会因素有关。

电子商务对安全的基本要求：

（1）授权的合法性，如 1 号店网购。

（2）不可抵赖性。

（3）信息的保密性。

（4）交易者身份的真实性。

（5）信息的完整性。

（6）存储信息的安全性。

六、综合应用题（共 14 分）

结合应用举例说明三种黑客常用的攻击技术，并概述防范对策。

【解答分析】

1）端口扫描攻防

（1）端口扫描作用

网络端口为一组 16 位号码，服务器在预设的端口等待客户端的连接。如 WWW 服务使用 TCP 的 80 号端口、FTP 端口 21、Telnet 端口 23。一般各种网络服务和管理都是通过端口进行的，同时也为黑客提供了一个隐蔽的入侵通道。对目标计算机进行端口扫描能得到许多有用的信息。通过端口扫描，可以得到许多需要的信息，从而发现系统的安全漏洞，防患于未然。端口扫描往往成为黑客发现并获得主机信息的一种最佳途径。

（2）端口扫描的防范对策

端口扫描的防范也称为系统“加固”，主要有两种方法。

① 关闭闲置及危险端口。

② 屏蔽出现扫描症状的端口。

2）网络监听攻防

网络嗅探实际是使网络接口接收不属于本主机的数据。通常账户和密码等信息都以明文的形式在以太网上传输，一旦被黑客在杂错节点上嗅探到，用户就可能会遭到损害。

对于网络嗅探攻击，可以采取以下一些措施进行防范：（1）网络分段；（2）加密；（3）一次性密码技术。

3）密码破解攻防

（1）密码攻防的方法

一般密码攻击有三种方法：

① 通过网络监听非法得到用户密码。

② 实施各种密码破解手段。

③ 放置木马程序，通过远程攻击窃取密码。

（2）密码攻防对策要点

通常保持密码安全的要点：

① 要将密码写下来，以免遗失。

② 不要将密码保存在电脑文件中。

③ 不要选取显而易见的信息作为密码。

④ 不要让他人知道。

⑤ 不要在不同系统中使用同一密码。

⑥ 在输入密码时应确认身边无人或其他人在 1 米线外看不到输入密码的地方。

⑦ 定期改变密码，至少 2～5 个月改变一次。

4）特洛伊木马攻防的方法

防范特洛伊木马，有以下几种办法。

（1）必须提高防范意识，在打开或下载文件之前，一定要确认文件的来源是否可靠。

（2）阅读 readme.txt 并注意 readme.exe。

（3）使用杀毒软件。

（4）立即挂断。

（5）监测系统文件和注册表的变化。

（6）备份文件和注册表。

还要需要注意以下几点：

（1）不要轻易运行来历不明软件或从网上下载的软件。即使通过了一般反病毒软件的检查，也不要轻易运行。

（2）保持警惕性，不要轻易相信熟人发来的 E-mail 不会有黑客程序。

（3）不要在聊天室内公开自己的 E-mail 地址，对来历不明的 E-mail 应立即清除。

（4）不要随便下载软件，特别是不可靠的 FTP 站点。

（5）不要将重要密码和资料存放在上网的计算机中，以免被破坏或窃取。

5）缓冲区溢出攻防

（1）编写正确的代码。

（2）非执行的缓冲区。

（3）数组边界检查。

（4）程序指针完整性检查。

6）拒绝服务攻防

到目前为止，进行 DDoS 攻击的防御还是比较困难的。首先，这种攻击的特点是它利用了 TCP/IP 协议的漏洞。检测 DDoS 攻击的主要方法有以下几种：

（1）主要根据异常情况进行分析。

（2）使用 DDoS 检测工具。

对 DDoS 攻击的主要防范策略包括：

（1）尽早发现系统存在的攻击漏洞，及时安装系统补丁程序。

（2）在网络管理方面，要经常检查系统的物理环境，禁止那些不必要的网络服务。

（3）利用网络安全设备如防火墙等来加固网络的安全性。

（4）比较好的防御措施就是和你的网络服务提供商协调工作，让他们帮助你实现路由的访问控制和对带宽总量的限制。

（5）当发现自己正在遭受 DDoS 攻击时，应启动应付策略，尽快追踪攻击包，并及时联系 ISP 和有关应急组织，分析受影响的系统，确定涉及的其他节点，从而阻挡已知攻击节点的流量。

（6）对于潜在的 DDoS 攻击，应当及时清除，以免留下后患。

16.2 网络安全操作案例解析

通过介绍一名学生实际完成的典型“实验报告”案例，有助于更好地进行实验教学交流和实际操作中“实验报告”的完成。更多案例请见“上海市精品课程”实践教学“实验报告与交流”：http://jiatj.sdju.edu.cn/webanq/title.aspx?info_lb=437&flag=101。

实验 X 支持 SSL 协议的安全网站配置

1. 实验目的及任务

（1）加深对数字证书原理和 CA 的理解，熟悉数字证书的作用。

（2）熟悉数字证书的申请、下载及安装过程。

（3）掌握服务器数字证书的使用。

2. 实验环境

（1）itrusCA 数字证书颁发环境。

（2）需要 IIS 服务环境支持运行。

（3）主机操作系统为 Windows 8 或 Windows Server 2012。

3. 预备知识

深入理解 SSL 的定义，掌握建立 SSL 加密连接的技术。

4. 实验内容及步骤

实验内容：申请、下载证书；利用已下载的证书配置支持 SSL 协议的安全网站。

实验具体操作步骤如下。

1）生成证书请求

（1）在“开始”菜单中打开“Internet 管理工具”，在准备设置的服务节点上（如默认的 Web 站点）单击鼠标右键，并选择“属性”选项，如图 1 所示。

在打开的 Web 站点属性设置窗口中，选择“目录安全性”的页面，如图 2 所示。

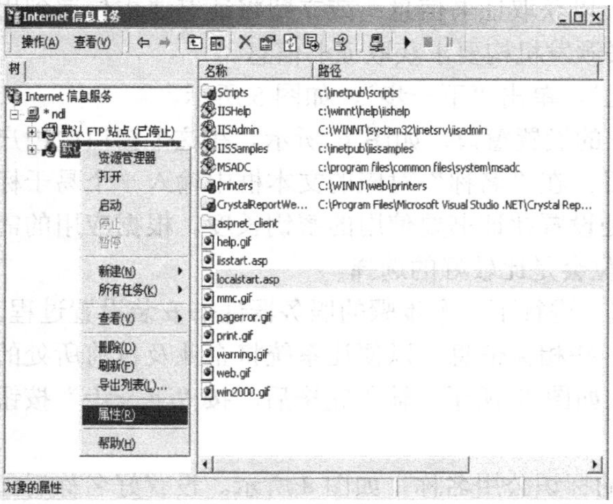

图 1

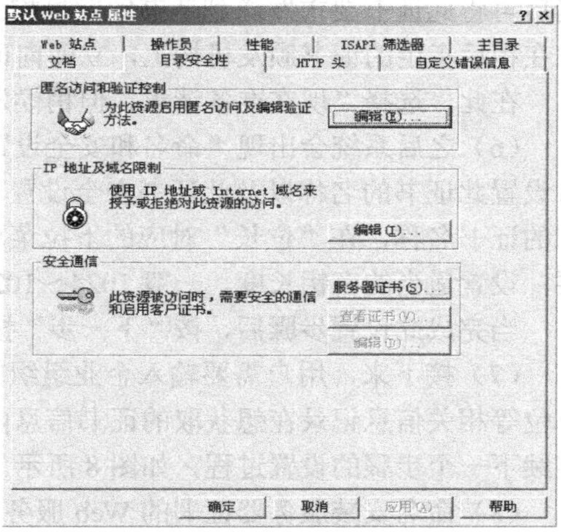

图 2

【注意】图 2 中“安全通信”的部分，因用户还未获取并安装 Web 服务器证书，此时“编辑”按钮为不可用状态。用户必须先安装服务器证书，才能继续编辑安全通信的属性。要安装服务器使用的证书，可按“服务器证书”按钮。

（2）当按下“服务器证书”按钮后，接着会出现 Web 服务器证书向导，指导用户进行服务器证书的安装过程，如图 3 所示。

（3）继续按“下一步”按钮进行下一个步骤的服务器证书安装设置过程。接下来，系统会要求用户选择指定服务器证书的来源方式，如果尚未安装过服务器证书，这时用户必须选择“创建一个新证书”选项。若之前已获取过 Web 服务器证书，而且想要重新利用这些已有的证书，请选择“分配一个已存在的证书”或者“从密钥管理器备份文件导入一个证书”选项，将原有的 Web 服务器证书安装到 IIS 系统上。如图 4 所示，以下的步骤假设用户选择“创建一个新证书”选项。

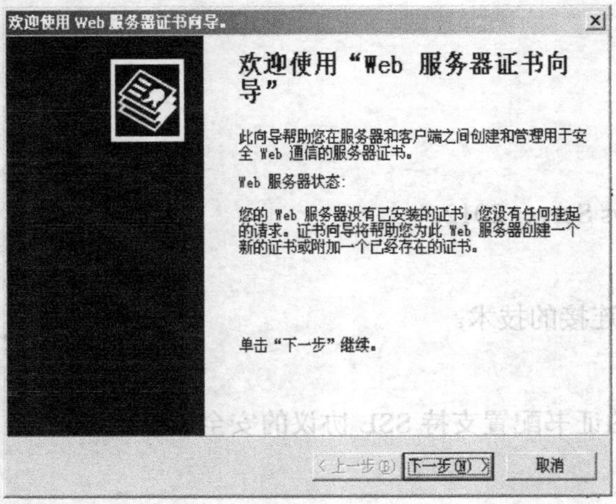

图 3

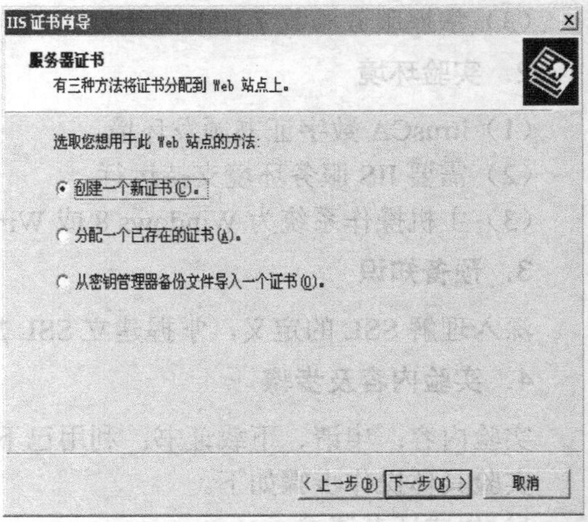

图 4

（4）设置好上一个设置步骤后，按“下一步”按钮进行下一个步骤的服务器证书安装设置过程。此时系统要求选择证书要求的时机，可以按照需要选择是否要先准备好证书要求，稍后再将此证书要求发送到证书颁发机构上，以获取证书信息；或立即将证书要求传递到用户在稍后指定的证书颁发机构上，立即向证书颁发机构要求获取证书信息。

在此，选择“现在准备请求，但稍候发送”。单击“下一步”，如图 5 所示。

（6）之后系统会出现“命名和安全设置”的设置窗口，如图 6 所示。在这个窗口中用户可设置此证书的名称以及此证书安全设置项目。在“名称”对应的文本框中输入一个易于标识的证书名称，在“位长”对应的下拉菜单处设置此证书要使用的密钥长度。根据应用的需要，设置适当的密钥长度。一般 1024～1024 位会是比较好的选择。

当完成此设置步骤后，按“下一步”按钮，进行下一个步骤的服务器证书安装设置过程。

（7）接下来，用户需要输入企业组织的一些相关信息，以便让系统将企业及目前所处的单位等相关信息记录在想获取的证书信息内，如图 7 所示。输入完毕后，按“下一步”按钮继续下一个步骤的设置过程，如图 8 所示。

（8）命名安装服务器证书的 Web 服务器的标识公用名称，如图 8 所示。设置好名称后，继续按“下一步”按钮。

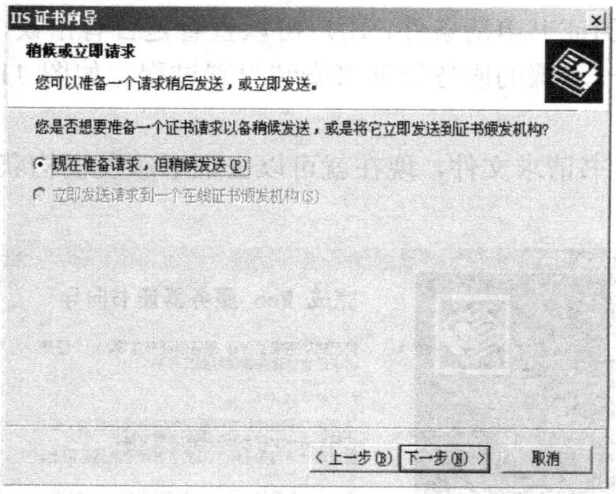

图 5

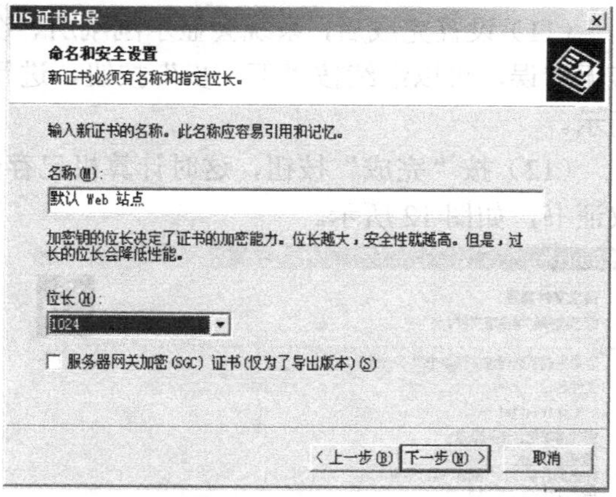

图 6

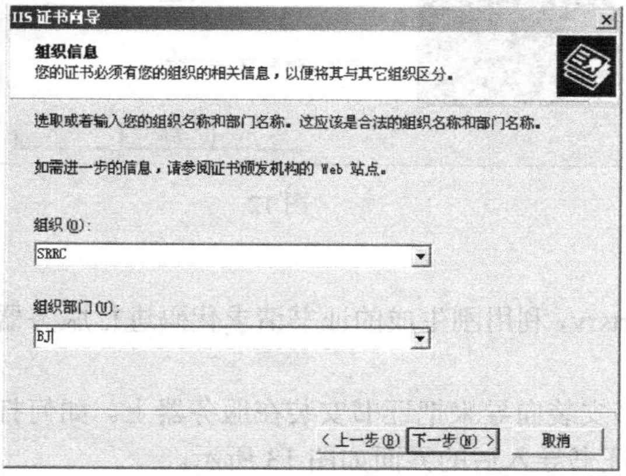

图 7

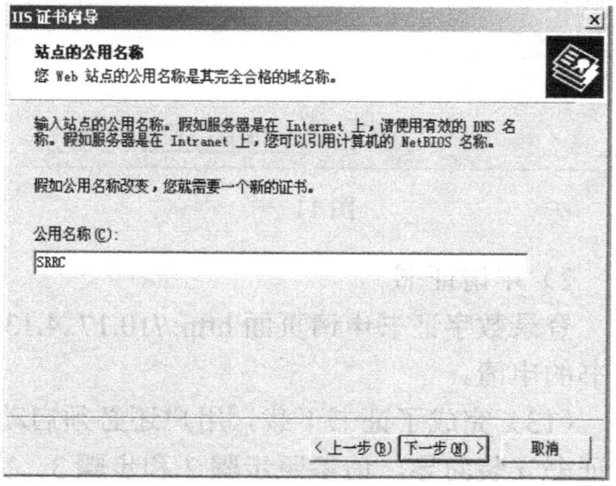

图 8

（9）填入当前服务器所在的地理位置信息，以便提供更详细的证书信息，如图 9 所示。

当完成这一个设置步骤后，继续按“下一步”按钮，进行下一步骤的服务器证书安装设置过程。

（10）当屏幕上出现“证书请求文件名”的设置窗口，用户可以在这里设置证书请求文件的文件名，并为其选择安装路径，如图 10 所示。

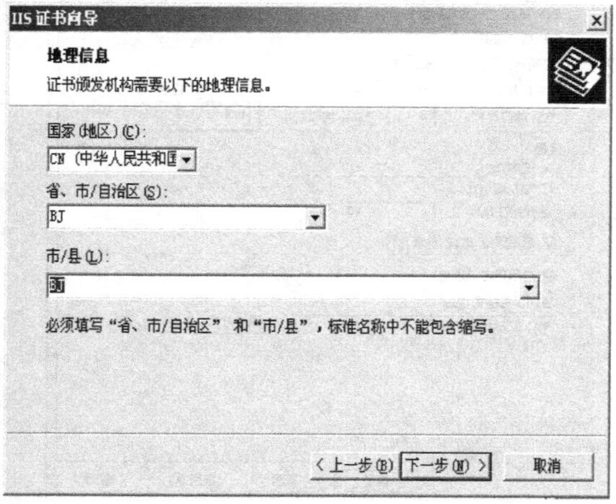

图 9

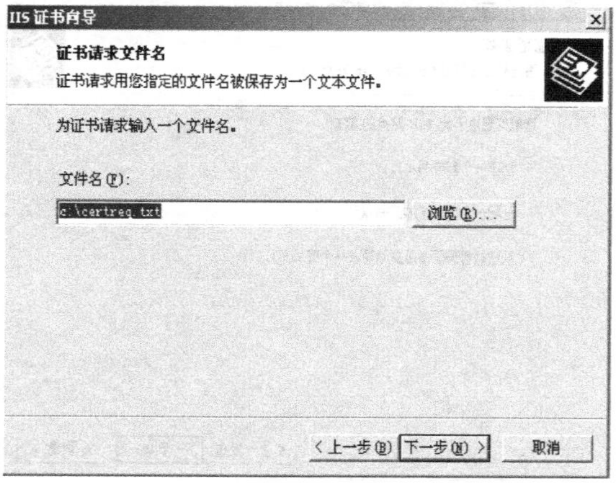

图 10

（11）设置完成后，系统会显示刚刚所、设置的证书申请条件，用户可以查看是否有错误，若无错误，可以继续按“下一步”按钮，进行下一步骤的服务器证书安装设置过程，如图 11 所示。

（12）按“完成”按钮，这时计算机已存储证书请求文件，现在就可以去证书颁发机构获取证书，如图 12 所示。

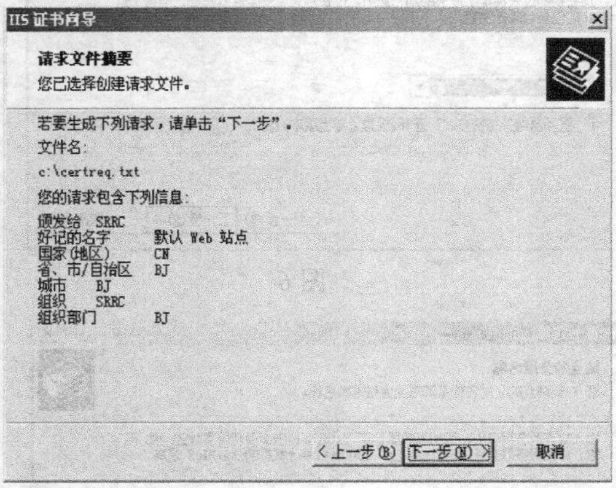

图 11

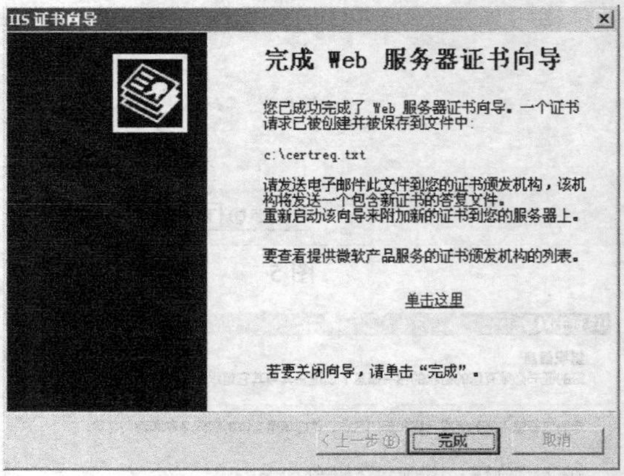

图 12

2）申请证书

登录数字证书申请页面 http://10.17..4.136/certsrv，利用刚生成的证书请求代码进行服务器证书的申请。

（13）完成了证书下载，用户还必须启动证书安装向导来把证书安装在服务器上。如何打开证书安装向导，请参照步骤 2 和步骤 3。完成证书导入后的界面如图 13 所示。

选择分配一个已存在的证书，单击“下一步”按照步骤选择证书路径，并完成证书导入。

安装服务器的证书后，接下来用户就可回到原来打开的国际互联网络服务器站点（Web 站点）的属性设置窗口上，这时 SSL Port 变为可填写状态。这里用户要为该 Web 站点填写一个安全通道端口（SSL Port），推荐填写默认值 443，如图 14 所示。

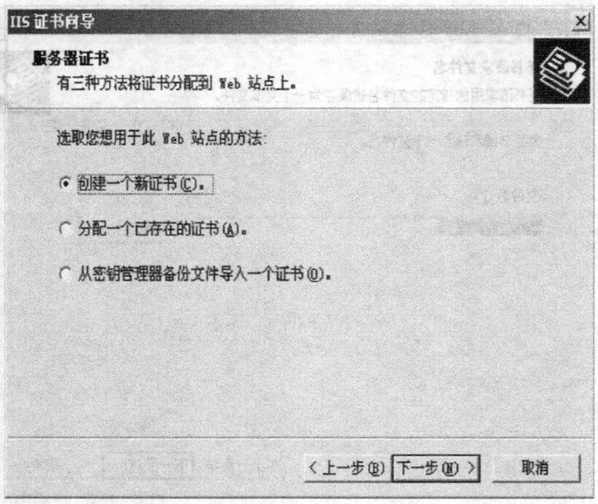

图 13

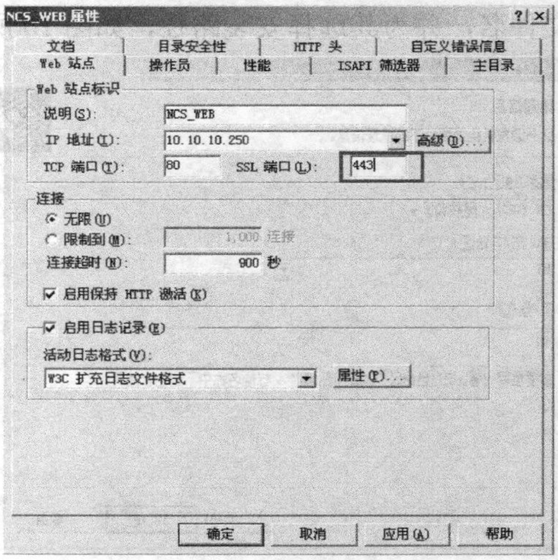

图 14

现在展开“目录安全性”页面，用户可看到在“安全通信”部分的“查看证书”及“编辑”按钮已呈现启用状态，表示这时就可以开始设置该国际互联网服务器的安全性协议。

之后，用户就可开始进行此国际互联网服务器使用 SSL 安全性协议的设置处理。设置此国际互联网服务器使用的安全性协议功能的操作时，可按照下列过程进行设置：

（1）回到该国际互联网服务器的属性设置窗口，选择“目录安全性”页面，如图 15 所示。

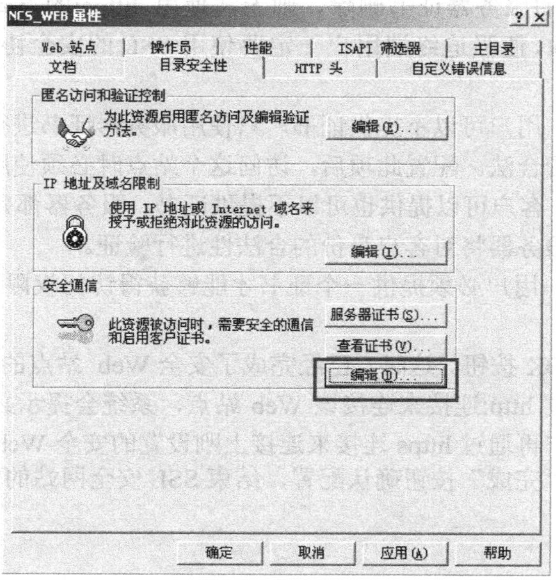

图 15

（2）此时，按下“安全通信”部分的“编辑”按钮，进行该国际互联网服务器的安全设置。按下“编辑”按钮后，会出现“安全通信”窗口，如图 16 所示。

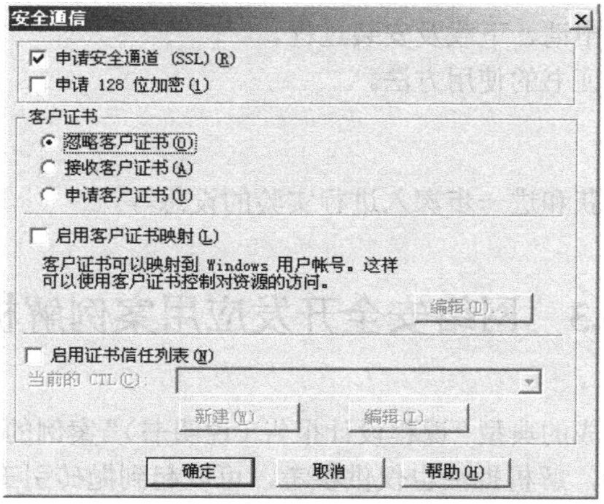

图 16

（3）因为实验目的是完成安全 Web 站点的设置，因此勾选位于窗口上方的“申请安全通道（SSL）”复选框。在客户证书中选择“申请客户证书”选项。以下是关于这些选项的说明。

申请安全通道 SSL：一般情况下，若没有启动此选项的话，Web 服务器默认都会以 HTTP 的通信协议提供 WWW 服务。但是，若启动了此选项，IIS 系统就会强制 WWW 客户端浏览器使用 SSL 通信协议（采用 SSL 安全协议）用 WWW 服务。也就是启用此选项后，系统会关闭使用 http:的连接，仅能使用 https:连接接上 Web 服务器（当服务器证书已安装在你的国际互联网服务器上时，用户服务器就允许接受 https:协议方式的联机，若将该国际互联网服务器上的服务器证书删除，则无法使用 https:的方式来进行联机）。换句话说，若勾选了这个选项，便强迫终端用户一定要使用 SSL 的安全协议与服务器建立连接，以确保安全。

（1）忽略客户证书：用户可以不提供证书，只使用服务器证书进行 SSL 通信，就是说服务器不验证客户身份是否合法。配置此项后，访问这个站点时必须使用 https:协议。

（2）接收客户证书：客户可以提供也可以不提供证书，服务器都允许客户对服务器访问，并且客户提供证书时，服务器将对客户身份的合法性进行验证。

（3）申请客户证书：用户必须提供一个证书才能够获得访问权限，这种方式具有较高的安全性。

设置完成后，单击 OK 按钮。这时，已经完成了安全 Web 站点的设置工作，并已经启用了安全通道，如果再通过 http:连接来连接该 Web 站点，系统会提示必须要通过 https:连接来连接要访问的站点。用户再通过 https 连接来连接上刚设置的安全 Web 站点。

完成配置后，单击“完成”按钮确认配置，结束 SSL 安全网站的配置。

5. 注意事项

注意事项包括：

（1）可以把客户机设成证书颁发中心，给自己颁发服务器证书和客户浏览器证书。

（2）如果没有下载和安装证书路径，所申请的证书会出现证书异常提示。

6. 思考题

（1）简述数字证书的申请、下载及安装过程。

（2）掌握服务器数字证书的使用方法。

7. 实验小结

主要的实验体会、收获和进一步深入进行实验的设想等。

16.3 网络安全开发应用案例解析

主要介绍学生实际完成的典型“课程设计报告（说明书）”案例的网络安全开发程序部分，一些地方不一定规范完善，解析批注也仅供参考，可以起到抛砖引玉的作用，有助于更好地进行实践教学交流和实际课程设计中“课程设计报告”的完成。更多案例与交流详见“上海市精品课程”网站中的实践教学“应用案例分析”及“实验报告与交流”：

http://jiatj.sdju.edu.cn/webanq/Show.aspx?info_lb=435&info_id=1235&flag=101
http://jiatj.sdju.edu.cn/webanq/title.aspx?info_lb=437&flag=101

××大学×××学院

课程设计报告

课程名称：网络信息安全

设计题目：RC4 加密算法的实现

专　　业：________　班级：________

学生姓名：________　学号：________

指导教师：________

××大学×××学院教务部 制

年　月　日

RC4加密算法的实现

一、系统设计的目标

随着信息化的发展，人们在信息传递，数据共享等方面的要求越来越高。但与此同时，数据的保密、个人的隐私保护也越来越困难，迫使人们不得不采取相应的措施来提高信息的安全性。在此条件下，加密技术应运而生。加密作为一把系统安全的钥匙，是实现信息安全的重要手段之一，正确地使用加密技术可以确保信息的安全。

人们所熟悉的加密技术很多，比如数字签名、版权注册、软盘加密、软件锁等。本人的设计思想是利用文件夹的加密来实现对软件或文件的安全加密。在此设计基础上编写了一个程序，该软件操作简单方便，适用于在PC上对文件加密。用户可自选密钥对重要文件或可执行程序进行加密，防止未授权用户窃密。

本文描述了利用文件夹的加密来实现对文件或程序的保护方案。采用了“对称式”加密技术即采用文件逐字节与密码异或方式对文件或可执行程序加密。选用 C++编程语言，设计了一个加密程序，该程序不拘泥于花哨的界面，仅使用了一个简单的对话框，具有简单实用的特点。在该方案的实现中，由于使用了可靠的密码学算法，使软件加密的强度大大提高。

🕮【解析】 系统设计目标应当参考“课程设计指导书”具体逐条写清。

二、系统原理及应用

1. RC4加密算法原理

RC4加密算法是大名鼎鼎的RSA三人组中的头号人物Ron Rivest在1987年设计的密钥长度可变的流加密算法族。之所以称其为族，是由于其核心部分的S盒长度可为任意，但一般为256字节。该算法的速度可以达到DES加密的10倍左右。

🕮【解析】 具体算法原理不够具体详实。

2. RC4加密算法应用

RC4算法的原理很简单，包括初始化算法和伪随机子密码生成算法两大部分。假设S盒长度和密钥长度均为n。先来看看算法的初始化部分（用类C伪代码表示）：

```
For (i=0; i<n; i++)
s=i;
j=0;
for (i=0; i<n; i++)
{
    j=(j+s+k) %256;
    swap(s, s[j]);
}
```

在初始化过程中，密钥的主要功能是将S盒搅乱，i确保S盒的每个元素都得到处理，j保证S盒的搅乱是随机的。而不同的S盒在经过伪随机子密码生成算法的处理后可以得到不同的子密钥序列，并且该序列是随机的：

```
i=j=0;
while（明文未结束）
{
    ++i%=n;
    j=(j+s)%n;
    swap(s, s[j]);
    sub_k=s((s+s[j])%n);
}
```

将得到的子密码 sub_k 用于和明文进行 xor 运算，得到密文，解密过程也完全相同。

由于 RC4 算法加密采用的是 xor，所以一旦子密钥序列出现了重复，密文就有可能被破解。关于如何破解 xor 加密，请参看 Bruce Schneier 所著 *Applied Cryptography* 一书的 1.4 节 Simple XOR，在此不再赘述。那么，RC4 算法生成的子密钥序列是否会出现重复呢？经过我的测试，存在部分弱密钥，使得子密钥序列在不到 100 万字节内就发生了完全的重复，如果是部分重复，则可能在不到 10 万字节内就能发生重复，因此推荐在使用 RC4 算法时，必须对加密密钥进行测试，判断其是否为弱密钥。

但在 2001 年就有以色列科学家指出 RC4 加密算法存在漏洞，这可能对无线通信网络的安全构成威胁。

以色列魏茨曼研究所和美国思科公司的研究者发现，在使用“有线等效保密规则”（WEP）的无线网络中，在特定情况下，人们可以逆转 RC4 算法的加密过程，获取密钥，从而将已加密的信息解密。实现这一过程并不复杂，只需使用一台个人计算机对加密的数据进行分析，经过几个小时的时间就可以破译出信息的全部内容。

专家说，这并不表示所有使用 RC4 算法的软件都容易泄密，但它意味着 RC4 算法并不像人们原先认为的那样安全。这一发现可能促使人们重新设计无线通信网络，并且使用新的加密算法。

🕮【解析】 一些术语和介绍说明应当准确具体。

三、系统需求分析

RSA加密系统功能图，如图 1 所示。

🕮注：缺少具体详实分析说明，如系统功能、性能、安全可靠性等方面的需求分析。

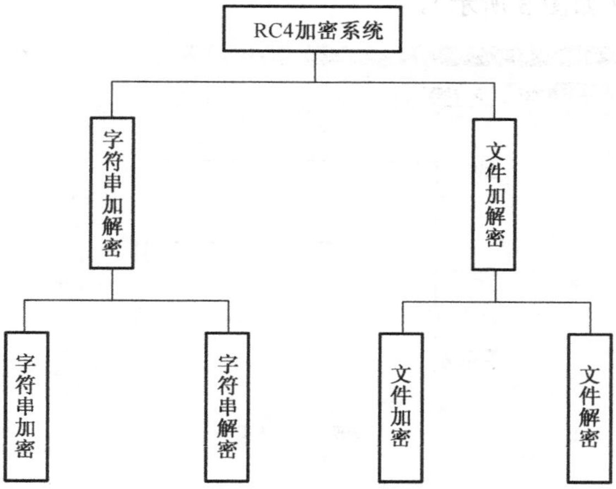

图 1 系统功能图

RSA加密系统流程图，如图 2 所示。

🕮注：缺少分析说明。

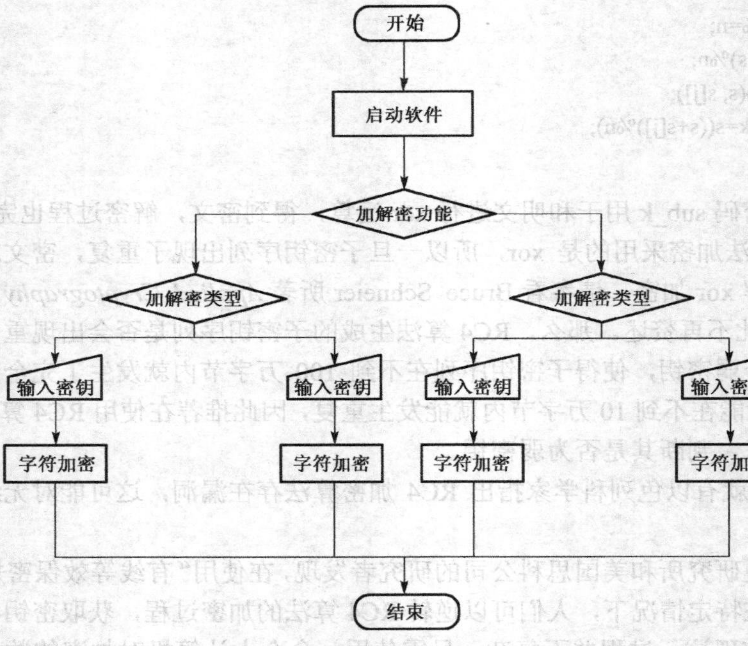

图 2 系统流程图

四、系统设计及实现

设计的核心部分是算法的核心部分，根据 DES 算法的原理，建立相关的变量和函数，完成对 8 位字符的加密和解密。而对于文件的加密与解密只需在文件的读取时，按加密的位数读取，然后调用算法，加密后保存到一个文件，一直到文件的末尾，从而实现文件的加密。而解密是加密的逆过程，只要将密钥按反顺序使用即可，算法一致，调用的函数也都一样。

1. 功能设计及要求

（1）设计操作界面（如图 3 所示）。

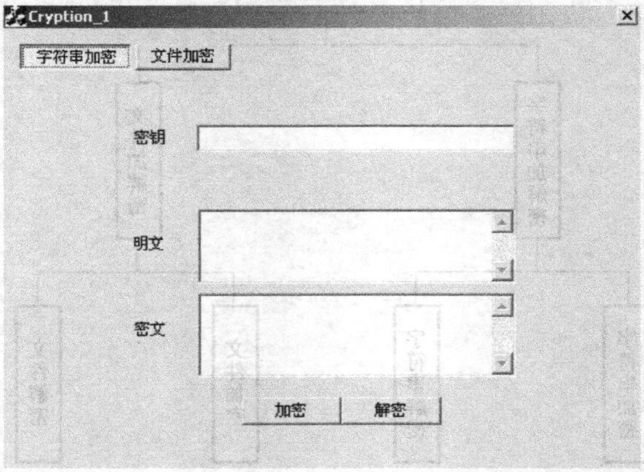

图 3

（2）对输入的明文可以进行加解密（如图 4 所示）。

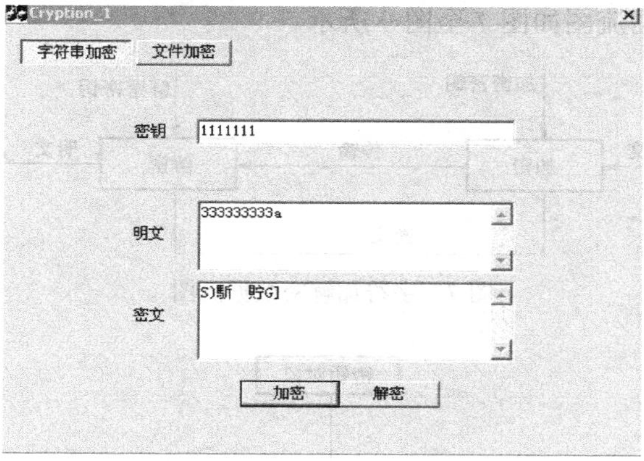

图 4

（3）对指定的文件可以加解密（如图 5 所示）。

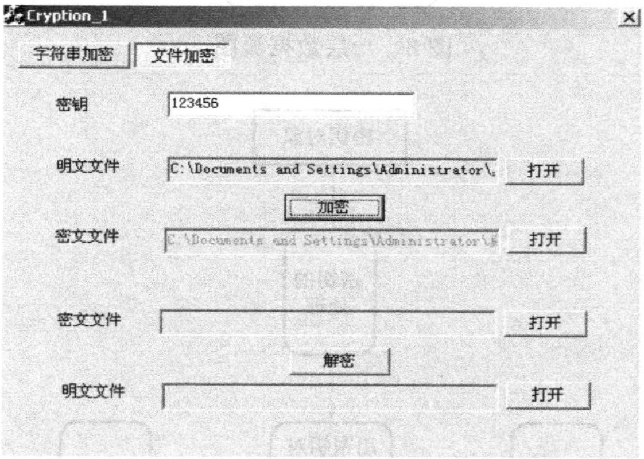

图 5

对文件夹进行解密（如图 6 所示）。

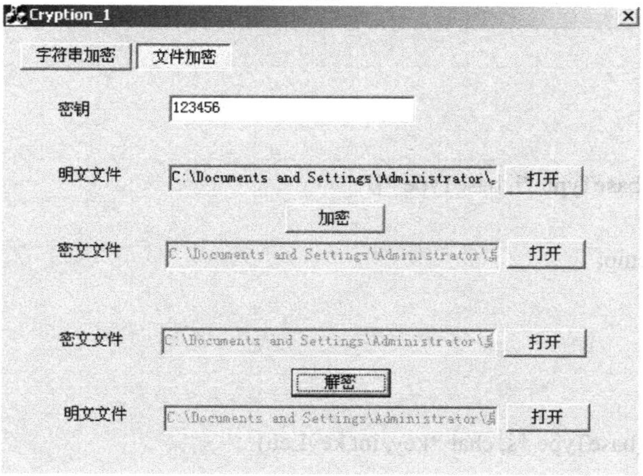

图 6

2．详细设计

系统字符加解密数据流图如图 7 至图 9 所示。

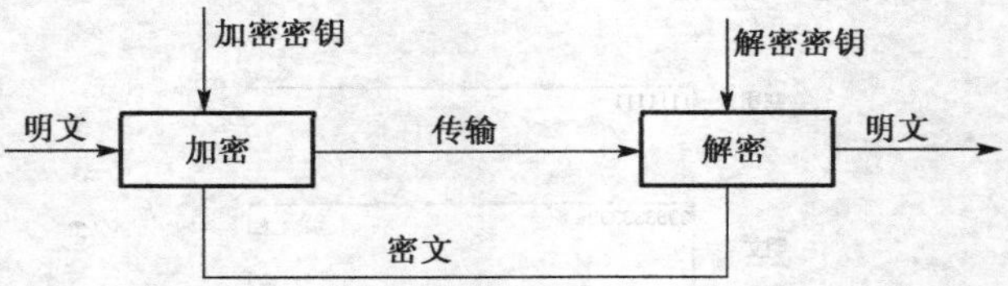

图 7　字符加解密数据流图

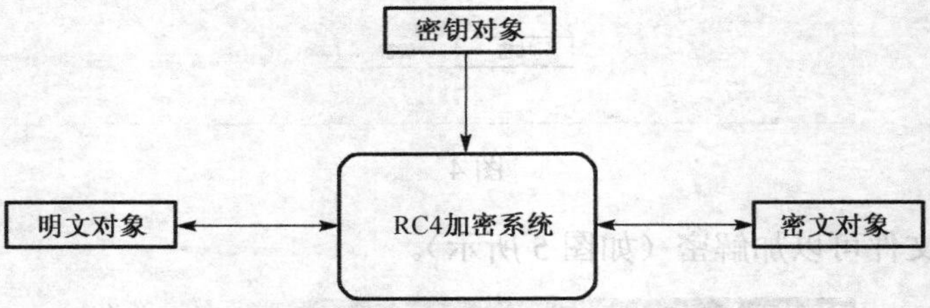

图 8　一层数据流图

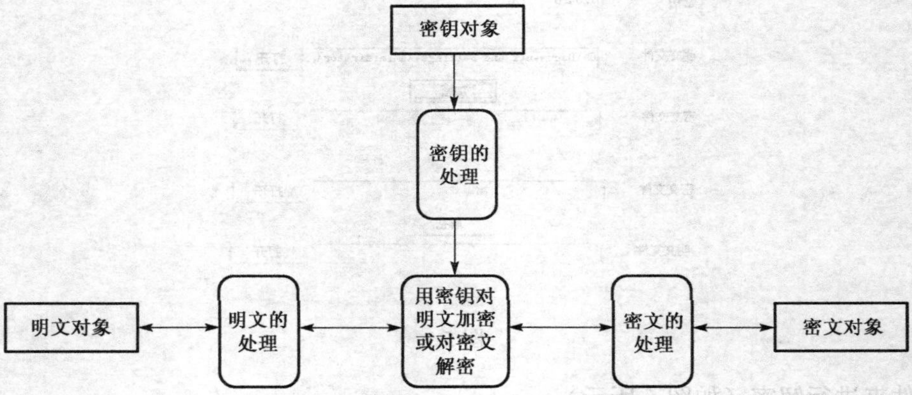

图 9　二层数据流图

3．系统实现

RC4 算法的实现：

```
void RC4::swap(baseType *i, baseType *j)
{
        baseType temp;
        temp=*i;
        *i=*j;
        *j=temp;
}
void RC4::s_box(baseType *s, char *key, int keyLen)
{
        int i=0, j=0;
```

```
        for(i=0; i<256; i++)
            s[i]=i;
        for(i=0; i<256; i++)
        {
            j=(j+s[i]+key[i%keyLen])%256;
            swap(&s[i], &s[j]);
        }
    }
    void RC4::encryption(char *src, char *key, int keyLen, int srcLen)
    {
        int i=0, j=0, k=0, index=0;
        baseType s[256];
        ::memset((void *)s, 0, 256);
        s_box(s, key, keyLen);
        for(i=0; i<srcLen; i++)
        {
            ++j%=256;
            k=(k+s[j])%256;
            swap(&s[j], &s[k]);
            index=(s[j]+s[k])%256;
            src[i]^=s[index];
        }
    }
```

编写的具体代码：

[字符串解密]：

```
        char *key=new char;
        m_key.GetWindowText(key, 255);
        CString strKey(" ", 256);
        strKey.Format("%s", key);
        if(strKey.IsEmpty())
        {
            MessageBox("你还没有输入密钥！ ", NULL, MB_OK);
            return;
        }
        char *src=new char;
        m_detStr.GetWindowText(src, 100);
        CString strSrc(" ", 101);
        strSrc.Format("%s", strSrc);
        if(strSrc.IsEmpty())
        {
            MessageBox("请输入你要加密的字符串！ ", NULL, MB_OK);
            return;
        }
        rc4.encryption(src, key, (int)strlen(key), (int)strlen(src));
        m_srcStr.SetWindowText(src);
```

[字符串加密]：

```
    char *key=new char;
        m_key.GetWindowText(key, 255);
        CString strKey(" ", 256);
```

```
strKey.Format("%s", key);
if(strKey.IsEmpty())
{
    MessageBox("你还没有输入密钥！", NULL, MB_OK);
    return;
}
char *src=new char;
m_srcStr.GetWindowText(src, 100);
CString strSrc(" ", 101);
strSrc.Format("%s", strSrc);
if(strSrc.IsEmpty())
{
    MessageBox("请输入你要加密的字符串！", NULL, MB_OK);
    return;
}
rc4.encryption(src, key, (int)strlen(key), (int)strlen(src));
m_detStr.SetWindowText(src);
```

[打开文件]：

```
CString lpszFilter="text file(*.txt)|*.txt|Microsoft doc(*.doc)|*.doc|Data Files(*.xlc;*.xls)|*.xlc;
        *.xls|All Files(*.*)|*.*||";
CString readBuf(" ", 1000);
CString lpszDefExt=".txt";
CString lpszFileName="*.txt";
char *ch1=new char;
char ch[9];
::memset((void *)ch, 0, 9);
char str[200];
::memset((void *)str, 0, 200);
CFileDialog *fileOpen=new CFileDialog(true, lpszDefExt, lpszFileName,
        OFN_HIDEREADONLY | OFN_OVERWRITEPROMPT, lpszFilter, NULL );
if(!fileOpen->DoModal())
{
    MessageBox("Open failly!", NULL, MB_OK);
    return;
}
CString filePath=fileOpen->GetPathName();
m_srcFile.SetWindowText(LPCTSTR(filePath));
```

[保存文件]：

```
CString lpszFilter="text file(*.txt)|*.txt|Microsoft doc(*.doc)|*.doc|Data Files(*.xlc;*.xls)|*.xlc;
        *.xls|All Files(*.*)|*.*||";
CString lpszDefExt=".txt";
CString lpszFileName="*.txt";
CFileDialog *fileSave=new CFileDialog(false, lpszDefExt, lpszFileName, OFN_
        HIDEREADONLY | OFN_OVERWRITEPROMPT, lpszFilter, NULL );
CFile cFile;
```

```
    if(!fileSave->DoModal())
    {
        MessageBox("failed!", NULL, MB_OK);
        return;
    }
    CArchive ar(&cFile, CArchive::load);
    CString filePath=fileSave->GetPathName();
    m_detFile.SetWindowText(filePath);
    if(cFile.Open(LPCTSTR(filePath), CFile::modeCreate|CFile::modeWrite)==0)
    {
        MessageBox("Open failly!", NULL, MB_OK);
        return;
    }
```

[文件加密]：

```
char key[256];
    ::memset((void *)key, ' ', 256);
    char ch[101];
    ::memset((void *)ch,' ',101);
    m_key.GetWindowText(key, strlen(key));
    CString key1;
    key1.Format("%s", key);
    if(key1.IsEmpty())
    {
        MessageBox("你还没有输入密钥！", NULL, MB_OK);
        return;
    }
    CString srcFilePath(" ", 200);
    m_srcFile.GetWindowText(srcFilePath);
    if(srcFilePath.IsEmpty())
    {
        MessageBox("你还没有选择源文件", NULL, MB_OK);
        return;
    }
    CFile srcFile;
    if(srcFile.Open(LPCTSTR(srcFilePath), CFile::modeRead)==0)
    {
        MessageBox("源文件打开失败!", NULL, MB_OK);
        return;
    }
    CArchive srcAr(&srcFile, CArchive::load);
    int fileLen=srcFile.GetLength();
    CString detFilePath(" ", 200);
    m_detFile.GetWindowText(detFilePath);
    if(detFilePath.IsEmpty())
    {
        MessageBox("你还没有选择目标文件", NULL, MB_OK);
```

```
        return;
    }
    CFile detFile;
    if(detFile.Open(LPCTSTR(detFilePath), CFile::modeCreate|CFile::modeWrite)==0)
    {
        MessageBox("目标文件打开失败!", NULL, MB_OK);
        return;
    }
    CString len;
    len.Format("%d", fileLen);
    if(fileLen<=100)
    {
        srcFile.Read((void *)ch, fileLen);
        rc4.encryption(ch,key, strlen(key), strlen(ch));
        detFile.Write((void *)ch, strlen(ch));
    }
    if(fileLen>100)
    {
        int k=0, i=0;
        k=fileLen/100;
        for(i=0; i<k; i++)
        {
            srcFile.Read((void *)ch,100);
            rc4.encryption(ch, key, strlen(key), 100);
            detFile.Write((void *)ch, 100);
        }
        k=fileLen%100;
        if(k!=0)
        {
            srcAr.Read((void *)ch, k);
            rc4.encryption(ch, key, strlen(key), k);
            detFile.Write((void *)ch, k);
        }
    }
    MessageBox("恭喜您，加密成功！", NULL, MB_OK);
    srcFile.Close();
    detFile.Close();
```

[文件解密]:

```
char key[256];
    ::memset((void *)key, ' ', 256);
    char ch[101];
    ::memset((void *)ch, ' ', 101);
    m_key.GetWindowText(key, strlen(key));
    CString key1;
    key1.Format("%s", key);
    if(key1.IsEmpty())
```

```
{
    MessageBox("你还没有输入密钥！", NULL, MB_OK);
    return;
}
CString srcFilePath(" ", 200);
m_srcFile1.GetWindowText(srcFilePath);
if(srcFilePath.IsEmpty())
{
    MessageBox("你还没有选择源文件", NULL,MB_OK);
    return;
}
CFile srcFile;
if(srcFile.Open(LPCTSTR(srcFilePath), CFile::modeRead)==0)
{
    MessageBox("源文件打开失败!", NULL, MB_OK);
    return;
}
CArchive srcAr(&srcFile, CArchive::load);
int fileLen=srcFile.GetLength();
CString detFilePath(" ", 200);
m_detFile1.GetWindowText(detFilePath);
if(detFilePath.IsEmpty())
{
    MessageBox("你还没有选择目标文件", NULL, MB_OK);
    return;
}
CFile detFile;
if(detFile.Open(LPCTSTR(detFilePath), CFile::modeCreate|CFile::modeWrite)==0)
{
    MessageBox("目标文件打开失败!", NULL, MB_OK);
    return;
}
CString len;
len.Format("%d", fileLen);
if(fileLen<=100)
{
    srcFile.Read((void *)ch, fileLen);
    rc4.encryption(ch,key, strlen(key), strlen(ch));
    detFile.Write((void *)ch, strlen(ch));
}
if(fileLen>100)
{
    int k=0, i=0;
    k=fileLen/100;
    for(i=0; i<k; i++)
    {
        srcFile.Read((void *)ch, 100);
```

```
                rc4.encryption(ch, key, strlen(key), 100);
                detFile.Write((void *)ch,100);
            }
            k=fileLen%100;
            if(k!=0)
            {
                srcAr.Read((void *)ch, k);
                rc4.encryption(ch, key, strlen(key), k);
                detFile.Write((void *)ch, k);
            }
        }
        MessageBox("恭喜您，解密成功！", NULL, MB_OK);
        srcFile.Close();
        detFile.Close();
```

[界面设计]:

```
m_tab.InsertItem(0, "字符串加密");
    m_tab.InsertItem(1, "文件加密");
    cPage0.Create(IDD_PAGE0_DIALOG, GetDlgItem(IDC_TAB1));
    cPage1.Create(IDD_PAGE1_DIALOG, GetDlgItem(IDC_TAB1));
    CRect rect;
    m_tab.GetClientRect(&rect);
    rect.top+=20;
    rect.bottom-=4;
    rect.left+=4;
    rect.right-=4;
    cPage0.MoveWindow(&rect);
    cPage1.MoveWindow(&rect);
    cPage0.ShowWindow(TRUE);
m_tab.SetCurSel(0);
int CurSel;
    CurSel=m_tab.GetCurSel();
    switch(CurSel)
        { case 0:
                cPage0.ShowWindow(TRUE);
                cPage1.ShowWindow(FALSE);
                break;
          case 1:
                cPage0.ShowWindow(FALSE);
                cPage1.ShowWindow(TRUE);
                break;
          case 2:
                cPage0.ShowWindow(FALSE);
                cPage1.ShowWindow(FALSE);
                break;
          default: ;
        }
        *pResult = 0;
```

📖【解析】 系统设计及实现应当分两部分完成，其中系统设计分为总体设计和详细设计。虽然编辑过程中进行了一定修改和完善，有些介绍说明仍然不够准确具体。

五、测试与分析

（1）提出问题

RC4 加密后的的长度是多少（如 MD5 加密后的长度是固定的）？

用 RC4 加密后的字符串长度和原来的一样吗？

用 RC4 加密后的字符串中间会不会出现\0？

用 strlen 得到的长度一定对吗？

（2）解决问题

在一些场合，常需要用到一些简单的加密算法，这里的 RC4 可以说是最简单的一种。只要设置一个足够强的密码，就可适用于一些非常简单的场合。在此是用来加密 HTTP 传送的数据的。

RC4 函数（加密/解密）。实际上，RC4 只有加密，将密文再加密一次，就是解密了。

GetKey 函数随机字符串产生器。为了方便，大多数加密算法都有一个随机密码产生器，我也附带了一个。

ByteToHex 函数。把字节码转为十六进制码，一个字节两个十六进制。研究发现，十六进制字符串非常适合在 HTTP 中传输，Base64 中的某些字符会造成转义，挺麻烦。

HexToByte 函数。把十六进制字符串转为字节码。服务器也按照十六进制字符串的形式把数据传回来，这里就可以解码啦。同时，使用十六进制字符串传输，避开了传输过程中多国语言的问题。

Encrypt 函数。把字符串经 RC4 加密后，再把密文转为十六进制字符串返回，可直接用于传输。Decrypt 函数直接加密十六进制字符串密文，再解密，返回字符串明文。

📖【解析】 缺少系统测试采用的具体技术、方法、效果等方面的介绍和说明。

六、实验小结

课程设计不仅是对已学知识的检验，更是对学生动手能力以及综合能力的锻炼。

在小组组长的带领下，以及全小组同学的共同努力下，我们完成了课程设计的任务。在此期间，我们温故了课堂上学过的知识，还查找了各种资料，对 RC 加密算法有了进一步的了解和掌握。

平常学习的知识点，感觉已掌握，但通过这次课程设计对自己学过知识的检阅，发现很多东西并不是想象的那么简单，做起来的时候还是会因为粗心大意导致课程设计中出现很多小的错误。课程设计培养了自己的动手能力，对以前学习的知识起到了好的巩固作用，并且对以后课程学习打下了坚实的基础。

通过整个小组成员的努力也学会了团结与合作，全小组的同学个个干劲十足，很好地完成了各项任务，成功地设计出了 RC 加密算法系统。感谢老师为我们提供了这次课程设计的机会。通过此次课程设计巩固了以前所学过的知识，而且学到了很多在书本上所没有学到过的知识。通过这次课程设计我也明白了很多事理。它使我懂得了理论与实际相结合是很重要的，只有理论知识是远远不够的，只有把所学的理论知识与实践结合起来，从理论中得出结论，才能真正为社会服务，从而提高自己的实际动手能力和独立思考能力。

在这次课程设计的完成过程中，我得到了许多人的帮助。

首先我要感谢我的老师在课程设计上给予的指导、提供的支持和帮助，这是我能顺利完成这次报告的主要原因，更重要的是老师帮我解决了许多技术上的难题，让我能把系统做得更加完善。在此期间，我不仅学到了许多新知识，而且开阔了视野，提高了自己的设计能力。

其次，我要感谢帮助过我的同学，他也为我解决了不少我不太明白的设计上的难题。同时也感谢学院为我提供良好的做毕业设计的环境。最后再次感谢所有在设计中曾经帮助过我的良师益友和同学。

七、参考文献

[1] 贾铁军等. 网络安全技术与实践. 北京：高等教育出版社，2014.

[2] 贾铁军等. 数据库原理应用与实践（第2版）. 北京：科学出版社，2014.

[3] 贾铁军等. 网络安全技术及应用（第2版）. 北京：机械工业出版社，2014.

[4] Willian Stallings 著. 孟庆树，王丽娜等译. 密码编码学与网络安全. 北京：电子工业出版社，2009.

[5] 刘文涛. 网络安全编程技术与实例. 北京：机械工业出版社，2008.

[6] Michael Welschenbach 编著. 赵振江，连国卿等译. 编码密码学——加密方法的C与C++实现. 北京：电子工业出版社，2003.

[7] 施仁，刘文江，郑辑光. 自动化仪表与过程控制（第4版）. 北京：电子工业出版社，2009.

[8] 廖效果，朱启述. 数字控制机床. 武汉：华中科技大学出版社，2003.

第17章　复习及模拟测试

为帮助更好地进行网络安全技术方面的综合应用和复习，进一步提高分析问题和解决问题的能力，进一步检验和了解个人自主学习的情况，下面准备了十套“复习及模拟测试考题”，并在书后附有部分答案供参考。更多的“复习及模拟测试题”及网络测试，可浏览“上海市精品课程网站”复习模拟测试及考试系统：http://jiatj.sdju.edu.cn/webanq/exam/。

17.1　复习及模拟测试1

××大学 201__—201__学年第__学期

《网络安全技术》课程期末考试试卷一

开课学院：××学院，专业：网络工程，考试形式：闭卷，所需时间 120 分钟

考生姓名：________ 学号：________ 班级：________ 任课教师：________

题序	一	二	三	四	五	六	总 分
得分							
评卷人							

一、填空题（共28分，每空格1分）

1．计算机网络安全是一门涉及________、________、________、通信技术、应用数学、密码技术、信息论等多学科的综合性学科。

2．应用层安全分解成________、________、________的安全，利用________各种协议运行和管理。

3．OSI/RM 安全管理包括________、________和________，其处理的管理信息存储在________或________中。

4．黑客的“攻击五部曲”是________、________、________、________、________。

5．身份认证是计算机网络系统的用户在进入系统或访问不同________的系统资源时，系统确认该用户的身份是否________、________和________的过程。

6．在加密系统中，原有的信息称为________，由________变为________的过程称为加密，由________还原成________的过程称为解密。

7．数据库系统是指________的计算机系统，它是一个实际可运行的、________提供数据支持的系统。

二、选择题（共12分，每小题1分）

1．计算机网络安全是指利用计算机网络管理控制和技术措施，保证在网络环境中数据的（　）、完整性、网络服务可用性和可审查性受到保护。

A．机密性　　B．抗攻击性　　C．网络服务管理性　　D．控制安全性

2．SSL 协议是在（　　）之间实现加密传输的协议。

A．物理层和网络层　　B．网络层和系统层

C．传输层和应用层　　D．物理层和数据层

3．计算机网络安全管理的主要功能不包括（　　）。

A．性能和配置管理功能　　B．安全和计费管理功能

C．故障管理功能　　D．网络规划和网络管理者的管理功能

4．在黑客攻击技术中，（　　）是黑客发现并获得主机信息的一种最佳途径。

A．网络监听　　B．缓冲区溢出　　C．端口扫描　　D．口令破解

5．在常用的身份认证方式中，（　　）采用软/硬件相结合、一次一密的强双因子认证模式，具有安全性、移动性和使用的方便性。

A．智能卡认证　　B．动态令牌认证

C．USB Key　　D．用户名及密码方式认证

6．（　　）密码体制，不但具有保密功能，并且具有鉴别的功能。

A．对称　　B．私钥　　C．非对称　　D．混合加密体制

7．一个网络信息系统最重要的资源是________。

A．计算机硬件　　B．网络设备　　C．数据库　　D．数据库管理系统

8．在计算机病毒发展过程中，（　　）给计算机病毒带来了第一次流行高峰，同时病毒具有了自我保护的功能。

A．多态性病毒阶段　　B．网络病毒阶段

C．混合型病毒阶段　　D．主动攻击型病毒

9．拒绝服务攻击的一个基本思想是（　　）。

A．不断发送垃圾邮件工作站　　B．迫使服务器的缓冲区满

C．工作站和服务器停止工作　　D．服务器停止工作

10．应对操作系统安全漏洞的基本方法不包括下面的（　　）。

A．对默认安装进行必要的调整　　B．给所有用户设置严格的口令

C．及时安装最新的安全补丁　　D．更换到另一种操作系统

11．电子商务对安全的基本要求不包括（　　）。

A．存储信息的安全性和不可抵赖性　　B．信息的保密性和信息的完整性

C．交易者身份的真实性和授权的合法性　D．信息的安全性和授权的完整性

12．在设计网络安全方案中，系统是基础、（　　）是核心、管理是保证。

A．系统管理员　　B．安全策略　　C．人　　D．领导

三、简答题（共 25 分，每小题 5 分）

1．简述网络安全关键技术的内容。

2．简述计算机网络安全管理有哪些主要功能。

3．分析出现 DDoS 时可能发生的现象。

4．简答“端口扫描攻防”的作用及对其的防范对策。

5．简述 Windows NT 的安全模型由哪些部分组成。

四、论述题（共 20 分）

1．通过下面两图，说明数字签名技术的实现过程？（10 分）

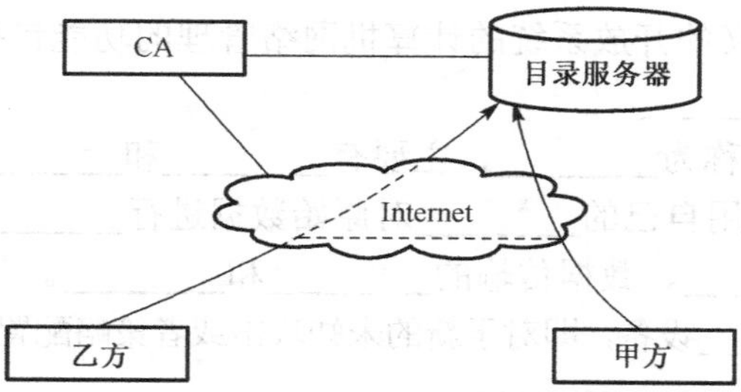

图 1 双向认证

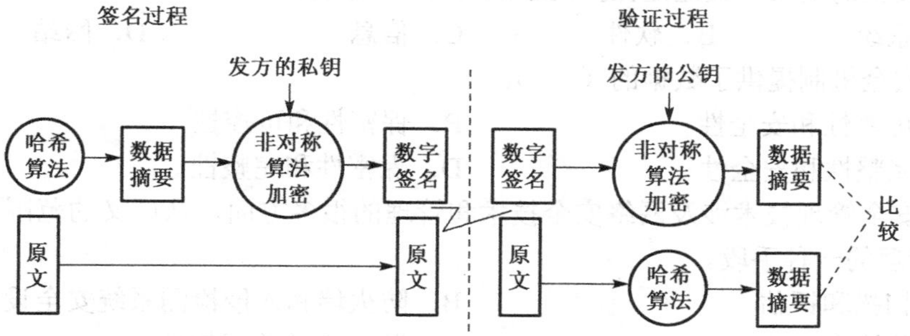

图 2 数字签名原理

2．什么是一次性加密？已知明文是 1101001101110001，密码是 0101111110100110，试写出使用异或加密和解密的过程。（10 分）

五、实践应用题（共 15 分）

写出安装、配置虚拟机及构建虚拟局域网的操作要点和具体步骤。

17.2 复习及模拟测试 2

××大学 201__—201__学年第__学期

《网络安全技术》课程期末考试试卷二

开课学院：××学院，专业：网络工程，考试形式：闭卷，所需时间 120 分钟

考生姓名：________ 学号：________ 班级：________ 任课教师：________

题序	一	二	三	四	五	六	总 分
得分							
评卷人							

一、填空题（共 28 分，每空格 1 分）

1．网络安全的五大要素和技术特征，分别是 ______、______、______、______、______。

2．安全套接层 SSL 协议是在网络传输过程中，提供通信双方网络信息的________性和________性，由________和________两层组成。

3．网络安全管理功能包括计算机网络的________、________、________、________等所

需要的各种活动。ISO 定义的开放系统的计算机网络管理的功能包括________、________、________、________、________。

4．端口扫描的防范也称为________，主要有________和________两种方法。

5．数字签名是指用户用自己的________对原始数据进行________所得到________，专门用于保证信息来源的________、数据传输的________和________。

6．防火墙是一种________设备，即对于新的未知攻击或者策略配置有误，防火墙就无能为力。

二、选择题（共 12 分，每小题 1 分）

1．网络安全的实质和关键是保护网络的（　）安全。

A．系统　B．软件　C．信息　D．网站

2．加密安全机制提供了数据的（　）。

A．可靠性和安全性　B．保密性和可控性

C．完整性和安全性　D．保密性和完整性

3．网络安全管理技术涉及网络安全技术和管理的很多方面，从广义的范围来看（　）是安全网络管理的一种手段。

A．扫描和评估　B．防火墙和入侵检测系统安全设备

C．监控和审计　D．防火墙及杀毒软件

4．一般情况下，大多数监听工具不能够分析的协议是（　）。

A．标准以太网　B．TCP/IP　C．SNMP 和 CMIS　D．IPX 和 DECNet

5．以下（　）属于生物识别中的次级生物识别技术。

A．网膜识别　B．DNA　C．语音识别　D．指纹识别

6．网络加密方式的（　）是把网络上传输的数据报文的每一位进行加密，而且把路由信息、校验和等控制信息全部加密。

A．链路加密　B．节点对节点加密　C．端对端加密　D．混合加密

7．不应拒绝授权用户对数据库的正常操作，同时保证系统的运行效率并提供用户友好的人机交互，指的是数据库系统的（　）。

A．保密性　B．可用性　C．完整性　D．并发性

8．以病毒攻击的不同操作系统分类中，（　）已经取代 DOS 系统，成为病毒攻击的主要对象。

A．UNIX 系统　B．OS/2 系统　C．Windows 系统　D．NetWAre 系统

9．TCP 采用三次握手形式建立连接，在（　）时开始发送数据。

A．第一步　B．第二步　C．第三步之后　D．第三步

10．网络操作系统应当提供的安全保障不包括下面的（　）。

A．验证（Authentication）　B．授权（Authorization）

C．数据保密性（Data Confidentiality）　D．数据一致性（Data Integrity）

E．数据的不可否认性（Data Nonrepudiation）

11．在 Internet 上的电子商务交易过程中，最核心和最关键的问题是（　）。

A．信息的准确性　B．交易的不可抵赖性

C．交易的安全性　D．系统的可靠性

12．得到授权的实体在需要时可访问数据，即攻击者不能占用所有的资源而阻碍授权者

的工作，以上是实现安全方案的（ ）目标。

A. 可审查性　　B. 可控性　　C. 机密性　　D. 可用性

三、简答题（共 30 分，每小题 6 分）

1. 简答检测“拒绝服务攻防”的方法和防范策略。
2. 网络安全研究的目标是什么？
3. 阐明特洛伊木马攻击的步骤及原理。
4. 简述电子邮件炸弹的原理及防范技术。
5. 试述访问控制的安全策略。

四、分析题（共 15 分）

1. 分析图 1 和图 2，说明 IPv6 协议的基本特征及与 IPv4 的 IP 报头格式的区别。（7 分）

版本（4位）	头长度(4位)	服务类型（8位）	封包总长度（16位）
封包标识（16位）		标志（3位）	片断偏移地址（13位）
存活时间（8位）	协议（8位）	校验和（16位）	
来源IP地址（32位）			
目的IP地址（32位）			
选项（可选）		填充（可选）	
数据			

图 1　IPv4 的 IP 报头

版本号	业务流类别	流标签
净荷长度	下一头	跳数限制
源地址		
目的地址		

图 2　IPv6 的基本报头

2. 已知明文是 One World One Dream，按行排在矩阵中，置换 $f=\begin{bmatrix}1234\\2413\end{bmatrix}$，用矩阵变位加密方法后，密文是什么？（8 分）

五、实践应用题（共 15 分）

简述无线网络存在的安全问题，以及采取的常用安全技术和方法及步骤。

17.3　复习及模拟测试 3

××大学 201__—201__学年第__学期

《网络安全技术》课程期末考试试卷三

开课学院：××学院，专业：网络工程，考试形式：闭卷，所需时间 120 分钟

考生姓名：_______ 学号：_______ 班级：_______ 任课教师：_______

题序	一	二	三	四	五	六	总 分
得分							
评卷人							

一、填空题（共 28 分，每空格 1 分）

1. 计算机网络安全所涉及的内容包括________、________、________、________、

________等五个方面。

2．OSI/RM 开放式系统互连参考模型的七层协议是________、________、________、________、________、________、________。

3．________是信息安全保障体系的一个重要组成部分，按照________的思想，为实现信息安全战略而搭建。一般来说防护体系包括________、________和________三层防护结构。

4．密码攻击一般有________、________和________三种方法。其中________有蛮力攻击和字典攻击两种方式。

5．一个完整的电子商务安全体系由________、________、________、________四部分组成。

6．对称密码体制加密解密使用________的密钥；非对称密码体制的加密及解密使用________的密钥，而且加密密钥和解密密钥要求________互相推算。

二、选择题（共 12 分，每小题 1 分）

1．下面不属于 TCSEC 标准定义的系统安全等级的四个方面是（　　）。

A．安全政策　　B．可说明性　　C．安全保障　　D．安全特征

2．抗抵赖性服务对证明信息的管理与具体服务项目和公证机制密切相关，通常都建立在（　　）层之上。

A．物理层　　B．网络层　　C．传输层　　D．应用层

3．名字服务、事务服务、时间服务和安全性服务是（　　）提供的服务。

A．远程 IT 管理的整合式应用管理技术　　B．APM 网络安全管理技术

C．CORBA 网络安全管理技术　　D．基于 Web 的网络管理模式

4．改变路由信息、修改 Windows NT 注册表等行为属于拒绝服务攻击的（　　）方式。

A．资源消耗型　　B．配置修改型　　C．服务利用型　　D．物理破坏型

5．数据签名的（　　）功能是指签名可以证明是签字者而不是其他人在文件上签字。

A．签名不可伪造　　B．签名不可变更

C．签名不可抵赖　　D．签名是可信的

6．恺撒密码是（　　）方法，被称为循环移位密码，优点是密钥简单易记，缺点是安全性较差。

A．代码加密　　B．替换加密　　C．变位加密　　D．一次性加密

7．数据库安全可分为两类：系统安全性和（　　）。

A．数据安全性　　B．应用安全性

C．网络安全性　　D．数据库安全性

8．（　　）是一种更具破坏力的恶意代码，能够感染多种计算机系统，其传播之快、影响范围之广、破坏力之强都是空前的。

A．特洛伊木马　　B．CIH 病毒

C．CodeRed II 双型病毒　　D．蠕虫病毒

9．驻留在多个网络设备上的程序在短时间内产生大量的请求信息冲击某 Web 服务器，导致该服务器不堪重负，无法正常响应其他合法用户的请求，这属于（　　）。

A．上网冲浪　　B．中间人攻击

C．DDoS 攻击　　D．MAC 攻击

10．严格的口令策略不应当包含的要素是（　　）。

A．满足一定的长度，比如 8 位以上　　B．同时包含数字、字母和特殊字符

C．系统强制要求定期更改口令　　D．用户可以设置空口令

11．电子商务以电子形式取代了纸张，在其安全要素中（　　）是进行电子商务的前提条件。

A．交易数据的完整性　　B．交易数据的有效性

C．交易的不可否认性　　D．商务系统的可靠性

12．在设计编写网络方案时，（　　）是网络安全方案与其他项目的最大区别。

A．网络方案的相对性　　B．网络方案的动态性

C．网络方案的完整性　　D．网络方案的真实性

三、简答题（共 25 分，每小题 5 分）

1．简答检测“拒绝服务攻防”的方法和防范策略。

2．网络安全框架由哪几部分组成？

3．概述网络安全管理技术。

4．简述入侵检测系统的模型种类及组成。

5．简述安全审计的目的和类型。

四、分析题（共 20 分）

1．分析图 1，说明原文加密的数据签名的实现方法。（10 分）

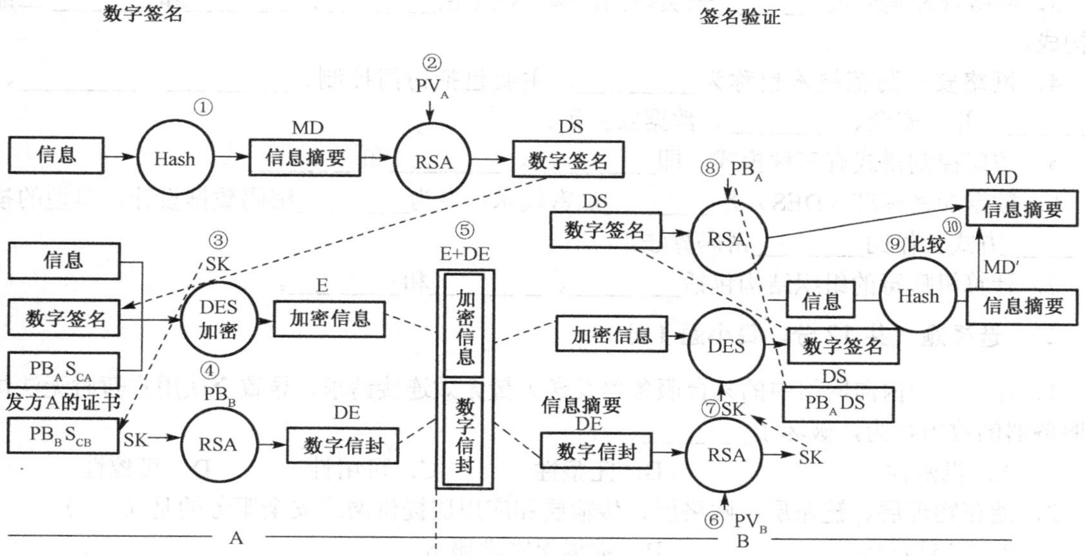

图 1　原文加密的数字签名实现方法

2．如何进行简单的变位加密？已知明文是“来宾已出现住在人民路”， 密钥是 4168257390，则加密后密文是什么？（10 分）

五、实践应用题（共 15 分）

写出利用一种具体的网络安全管理工具，对网络安全性进行实际检测并分析的要点及过程。

17.4　复习及模拟测试 4

××大学　201__—201__学年第__学期

《网络安全技术》课程期末考试试卷四

开课学院：××学院，专业：网络工程，考试形式：闭卷，所需时间 120 分钟

考生姓名：________ 学号：________ 班级：________ 任课教师：________

题序	一	二	三	四	五	六	总 分
得分							
评卷人							

一、填空题（共 28 分，每空格 1 分）

1．网络信息安全保障包括________、________、________和________四个方面。

2．ISO 对 OSI 规定了________、________、________、________、________五种级别的安全服务。

3．网络管理是通过________来实现的，基本模型由________、________和________三部分构成。

4．网络安全防范技术也称为________，主要包括访问控制、________、________、________、补丁安全、________、数据安全等。

5．访问控制模式有三种模式，即________、________和________。

6．数据加密标准（DES）是________加密技术，专为________编码数据设计，典型的按________方式工作的________密码算法。

7．计算机病毒的组织结构包括________、________和________。

二、选择题（共 12 分，每小题 1 分）

1．在短时间内向网络中的某台服务器发送大量无效连接请求，导致合法用户暂时无法访问服务器的攻击行为，破坏了________。

A．机密性　　B．完整性　　C．可用性　　D．可控性

2．能在物理层、链路层、网络层、传输层和应用层提供网络安全服务的是（　　）。

A．认证服务　　B．数据保密性服务

C．数据完整性服务　　D．访问控制服务

3．与安全有关的事件，如企业猜测密码、使用未经授权的权限访问、修改应用软件以及系统软件等属于安全实施的（　　）。

A．信息和软件的安全存储　　B．安装入侵检测系统并监视

C．对网络系统及时安装最新补丁软件　　D．启动系统事件日志

4．（　）可建立完善的访问控制策略，及时发现网络遭受攻击情况并加以追踪和防范，避免对网络造成更大损失。

A．动态站点监控　　B．实施存取控制
C．安全管理检测　　D．完善服务器系统安全性能

5．在综合访问控制策略中，系统管理员权限、读/写权限、修改权限属于（　）。
A．网络的权限控制　　B．属性安全控制
C．网络服务安全控制　　D．目录级安全控制

6．在加密服务中，（　）用于保障数据的真实性和完整性，目前主要有两种生成 MAC 的方式。
A．加密和解密　B．数字签名　C．密钥安置　D．消息认证码

7．下面哪一项不属于 Oracle 数据库的存取控制？（　）
A．用户鉴别　　B．用户的表空间设置和定额
C．用户资源限制和环境文件　　D．特权

8．按照计算机病毒的链接方式不同分类，（　）将其自身包围在合法主程序的四周，对原来的程序不做修改。
A．源码型病毒　B．外壳型病毒　C．嵌入型病毒　D．操作系统型病毒

9．关于防火墙，以下（　）说法是错误的。
A．防火墙能隐藏内部 IP 地址　B．防火墙能控制进出内网的信息流向和信息包
C．防火墙能提供 VPN 功能　D．防火墙能阻止来自内部的威胁

10．恶意软件保护包括两部分内容，即（　）。
A．病毒防护和 Windows Defender　　B．病毒防护和实时保护
C．Widows Defender 和实时保护　　D．Windows Defender 和扫描选项

11．应用在电子商务过程中的各类安全协议，（　）提供了加密、认证服务，并可以实现报文的完整性，以完成需要的安全交易操作。
A．安全超文本传输协议（S-HTTP）　　B．安全交易技术协议（STT）
C．安全套接层协议（SSL）　　D．安全电子交易协议（SET）

12．在某部分系统出现问题时，不影响企业信息系统的正常运行，是网络方案设计中（　）需求。
A．可控性和可管理性　　B．可持续发展
C．系统的可用性　　D．安全性和合法性

三、简答题（共 25 分，每小题 5 分）

1．简答“缓冲区溢出攻防”的防范方法。
2．说明威胁网络安全的因素有哪些。
3．简述 ping 命令的功能和用途。
4．简答网络管理系统的逻辑模型由哪几部分构成。
5．在实际工作中，人们应从哪些方面来防范黑客入侵？

四、分析题（共 20 分）

1．网络管理的解决方案有哪些，它们的工作原理是什么？（16 分）
2．结合图 1～3，以 SYN Flood 攻击为例，说明分布式拒绝服务攻击运行的原理。（4 分）

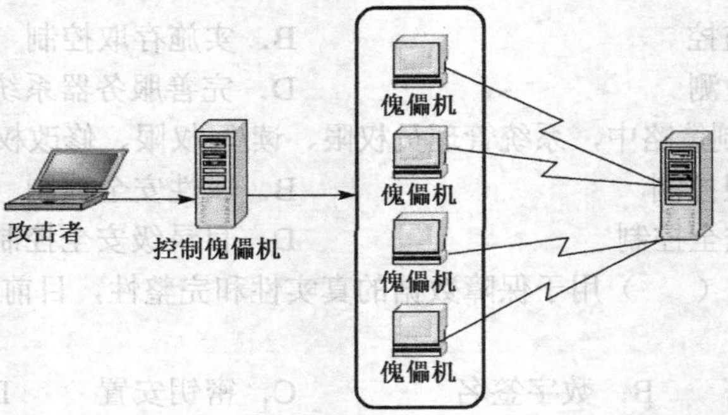

图 1

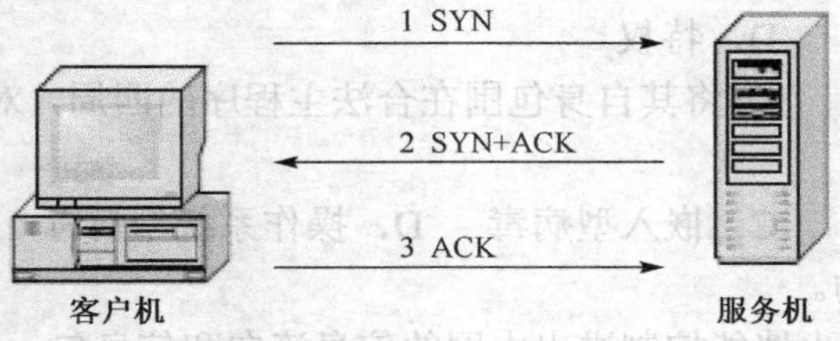

图 2

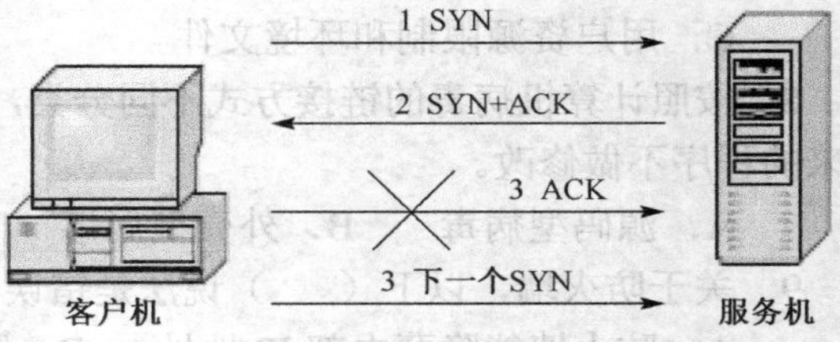

图 3

五、实践应用题（共 15 分）

写出在实际工作中，对中型企业加强网络安全管理的重要举措要点和过程。

17.5 复习及模拟测试 5

××大学 201__—201__学年第__学期

《网络安全技术》课程期末考试试卷五

开课学院：××学院，专业：网络工程，考试形式：闭卷，所需时间 120 分钟

考生姓名：________ 学号：________ 班级：________ 任课教师：________

题序	一	二	三	四	五	六	总 分
得分							
评卷人							

一、填空题（共 28 分，每空格 1 分）

1．一个 VPN 连接由________、________和________三部分组成。一个高效、成功的 VPN 具有________、________、________、________四个特点。

2．常用的安全产品主要有五种：________、________、________、________和________。

3．入侵检测系统模型由________、________、________、________以________五个主要部分组成。

4．计算机网络安全审计是通过一定的________，利用________系统活动和用户活动的历史操作事件，按照顺序________、________和________每个事件的环境及活动，是对网络安全技术的补充和完善。

5．常用的加密方法有________、________、________、________四种。

二、选择题（共 12 分，每小题 1 分）

1．如果访问者有意避开系统的访问控制机制，则该访问者对网络设备及资源进行非正常使用属于________。

A．破环数据完整性　B．非授权访问　C．信息泄露　D．拒绝服务攻击

2．传输层由于可以提供真正的端到端连接，最适宜提供（　）安全服务。

A．数据保密性　B．数据完整性　C．访问控制服务　D．认证服务

3．（　）功能使用户能够通过轮询、设置关键字和监视网络事件来达到网络管理目的，它已经发展成为各种网络及网络设备的网络管理协议标准。

A．TCP/IP 协议　B．公共管理信息协议 CMIS/CMIP

C．简单网络管理协议 SNMP　D．用户数据报文协议 UDP

4．（　）是一种新出现的远程监控工具，可以远程上传、修改注册表等，集聚危险性还在于，在服务端被执行后，如果发现防火墙就会终止该进程，使安装的防火墙完全失去控制。

A．冰河　B．网络公牛　C．网络神偷　D．广外女生

5．以下（　）不属于 AAA 系统提供的服务类型。

A．认证　B．鉴权　C．访问　D．审计

6．根据信息隐藏的技术要求和目的，下列（　）不属于数字水印需要达到的基本特征。

A．隐藏性　B．安全性　C．完整性　D．强壮性

7．（　）可防止合法用户使用数据库时向数据库中加入不符合语义的数据。

A．安全性　B．完整性　C．并发性　D．可用性

8．（　）属于蠕虫病毒，由 Delphi 编写，能够终止大量反病毒软件和防火墙软件进程。

A．熊猫烧香　B．机器狗病毒　C．AV 杀手　D．代理木马

9．以下说法中正确的是（　）。

A．防火墙能够抵御一切网络攻击　B．防火墙是一种主动安全策略执行设备

C．防火墙本身不需要提供防护　D．防火墙若配置不当，会导致更大的安全风险

10．范围广或异常的恶意程序，与病毒或蠕虫类似，会对用户的隐私和计算机安全造成负面影响，并损害计算机，这种警告登记属于（　）。

A．严重　B．高　C．中　D．低

11．（　）将 SET 和现有银行卡支付的网络系统作为接口，实现授权功能。

A．支付网关　B．网上商家　C．电子货币银行　D．认证中心 CA

12．在网络安全需求分析中，安全系统必须具有（　），以适应网络规模的变化。

A．可伸缩性　B．安全体系　C．易于管理　D．开放性

三、简答题（共 25 分，每小题 5 分）

1．简答对“特洛伊木马攻防”的防范方法和注意事项。

2．简述 Windows NT 的访问控制过程。

3．网络安全关键技术分为哪八大类？

4．简述国内信息安全的立法状况。

5．简述进行网络安全管理的原则。

四、分析题（共 20 分）

1．说明密码攻防与探测破解的常用工具有哪些，以及具体的方法是什么。（15 分）

2．如何进行替换加密？假设字母 a, b, c, …, x, y, z 的自然顺序保持不变，但使之与 F, G, H, …, A, B, C, D, E 分别对应，此时密钥为 5 且大写，按此方法若明文为 student，则对应的密文是什么？（5 分）

五、实践应用题（共 15 分）

已知 RSA 算法中，素数 $p = 5$，$q = 7$，模数 $n = 35$，公开密钥 $e = 5$，密文 $c = 10$，求明文。试用手工完成 RSA 公开密钥密码体制算法加密运算。

17.6 复习及模拟测试 6

××大学 201__—201__学年第__学期

《网络安全技术》课程期末考试试卷六

开课学院：××学院，专业：网络工程，考试形式：闭卷，所需时间 120 分钟

考生姓名：______ 学号：______ 班级：______ 任课教师：______

题序	一	二	三	四	五	六	总 分
得分							
评卷人							

一、填空题（共 28 分，每空格 1 分）

1．网络安全技术的发展具有______、______、______、______的特点。

2．Oracle 数据库的安全性按分级设置，分别为______、______、______。

3．单一主机防火墙独立于其他网络设备，它位于______。

4．综合分析 Linux 主机的使用和管理方法，可以把其安全性问题归纳为如下几个方面：

（1）______ （2）______ （3）______

（4）______ （5）______

5．在网络管理系统的组成部分中，______最重要，最有影响的是______和______，代表了两大网络管理解决方案。

6．______、______、______、______是计算机病毒的基本特征。______使病毒得以传播，______体现病毒的杀伤能力，______是病毒的攻击性的潜伏性之间的调整杠杆。

7．UNIX 系统中，安全性方法的核心是______和______。要成功注册进入 UNIX 系统，必须打入有效的用户标识，一般还必须输入正确的口令。口令以加密形式存放在______文件中。

8．数据库系统安全包含两方面的含义，即________和________。

二、选择题（共 12 分，每小题 1 分）

1．计算机网络安全是指利用计算机网络管理控制和技术措施，保证在网络环境中数据的________、完整性、网络服务可用性和可审查性受到保护。

A．机密性　　B．抗攻击性　　C．网络服务管理性　　D．控制安全性

2．SSL 协议是在（　）之间实现加密传输的协议。

A．物理层和网络层　　B．网络层和系统层

C．传输层和应用层　　D．物理层和数据层

3．计算机网络安全管理的主要功能不包括（　）。

A．性能和配置管理功能　　B．安全和计费管理功能

C．故障管理功能　　D．网络规划和网络管理者的管理功能

4．在黑客攻击技术中，（　）是黑客发现获得主机信息的一种最佳途径。

A．网络监听　　B．缓冲区溢出　　C．端口扫描　　D．口令破解

5．在常用的身份认证方式中，（　）采用软硬件相结合、一次一密的强双因子认证模式，具有安全性、移动性和使用的方便性。

A．智能卡认证　　B．动态令牌认证

C．USB Key　　D．用户名及密码方式认证

6．（　）密码体制，不但具有保密功能，并且具有鉴别功能。

A．对称　　B．私钥　　C．非对称　　D．混合加密体制

7．不应拒绝授权用户对数据库的正常操作，同时保证系统的运行效率并提供用户友好的人机交互，指的是数据库系统的（　）。

A．保密性　　B．可用性　　C．完整性　　D．并发性

8．以病毒攻击的不同操作系统分类中，（　）已经取代 DOS 系统，成为病毒攻击的主要对象。

A．UNIX 系统　　B．OS/2 系统　　C．Windows 系统　　D．NetWAre 系统

9．TCP 采用三次握手形式建立连接，在（　）时开始发送数据。

A．第一步　　B．第二步　　C．第三步之后　　D．第三步

10．网络操作系统应当提供的安全保障不包括下面的（　）。

A．验证（Authentication）　　B．授权（Authorization）

C．数据保密性（Data Confidentiality）　　D．数据一致性（Data Integrity）

E．数据的不可否认性（Data Nonrepudiation）

11．在 Internet 上的电子商务交易过程中，最核心和最关键的问题是（　）。

A．信息的准确性　　B．交易的不可抵赖性

C．交易的安全性　　D．系统的可靠性

12．得到授权的实体在需要时可访问数据，即攻击者不能占用所有的资源而阻碍授权者的工作，以上是实现安全方案的（　）目标。

A．可审查性　　B．可控性　　C．机密性　　D．可用性

三、简答题（共 25 分，每小题 5 分）

1. 简答“密码破解攻防”的方法及对其的防范对策。
2. 网络安全设计的原则有哪些？
3. 简述无线网络的安全问题及保证安全的基本技术。
4. 网络信息安全政策是什么？
5. 入侵检测系统的主要功能有哪些？

四、分析题（共 20 分）

1. 结合图 1 和图 2 说明 IPSec 的实现方式。（10 分）

图 1

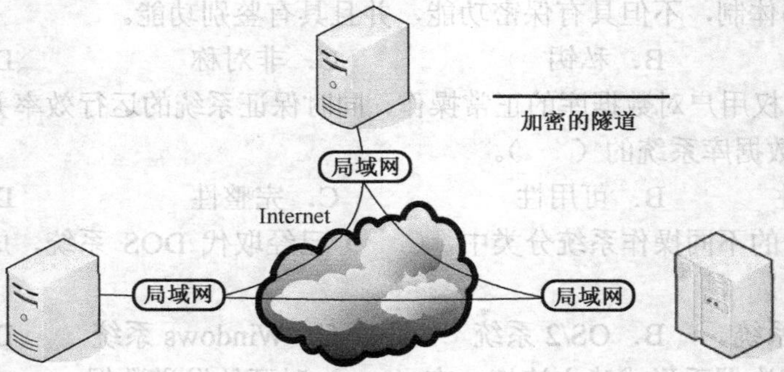

图 2

2. 结合图 3 和图 4 说明安全套接层协议 SSL 的结构及实现的协议功能。（10 分）

HTTP FTP	SMTP
SSL 协商层	
SSL 记录层	
TCP	
IP	

图 3

SSL 握手协议	SSL更改密码说明协议	SSL 警示协议
SSL		
TCP		
IP		

图 4

五、实践应用题（共 15 分）

写出一份大型企业遭受黑客攻击的原因分析与预防攻击对策的实施报告。

17.7　复习及模拟测试 7

××大学 201__—201__学年第__学期

《网络安全技术》课程期末考试试卷七

开课学院：××学院，专业：网络工程，考试形式：闭卷，所需时间_120_分钟

考生姓名：_______　学号：_______　班级：_______　任课教师：_______

题序	一	二	三	四	五	六	总 分
得分							
评卷人							

一、填空题（共 28 分，每空格 1 分）

1．TCSEC 是可信计算系统评价准则的缩写，又称网络安全橙皮书，它将安全分为________、________、________和文档四个方面。

2．________和________是数据库保护的两个不同方面。

3．组织的雇员，可以是要到外围区域或 Internet 的内部用户、外部用户（如分支办事处工作人员）、远程用户或在家中办公的用户等，被称为内部防火墙的________。

4．Linux 操作系统内核已知漏洞________、________和________。

5．数据库系统的完整性主要包括________和________。

6．计算机病毒按传播方式分为________、________、________。

7．按防火墙的软/硬件形式，防火墙可分为________防火墙和硬件防火墙及________防火墙。

8．“用户账户保护”可提高用户的工作效率，并允许用户________。

9．恢复也可以分为两个方面：________和________。系统恢复指的是________。

10．访问控制包括三个要素，即________、________和________。访问控制的主要内容包括________、________和________三个方面。

11．________是迄今为止开发的最为安全的 Windows 版本。在________安全提升的基础上新增并改进了许多安全功能。

二、选择题（共 12 分，每小题 1 分）

1．下载数据库数据文件，然后攻击者就可以打开这个数据文件得到内部的用户和账号以及其他有用的信息，这种攻击称为（　）。

A．对 SQL 的突破　　B．突破脚本的限制

C．数据库的利用　　D．对本地数据库的攻击

2．可以选择想要 Windows Defender 监视的软件和设置，但建议选中所有名为“代理”的实时保护选项，后面叙述属于什么类别的实时代理保护：监视在启动计算机时允许其自动运行的程序的列表。间谍软件和其他可能不需要的软件可设置为在 Windows 启动时自动运行。这样，它便能够在用户未指示的情况下运行并收集信息，还会使计算机启动或运行缓慢。（　）

A．自动启动　　B．系统配置（设置）

C．Internet Explorer 加载项　　D．Internet Explorer 配置（设置）

3．下面不由并发操作带来的数据现象是（　　）。

A．丢失更新　　B．读“脏”数据（脏读）

C．违反数据约束　　D．不可重复读

4. 如果软件试图更改重要的 Windows 设置，也会发出警报。由于软件已在计算机上运行，因此可以选择下列操作之一。（　　）

A．隔离　　B．删除　　C．始终允许　　D．许可

5．（　　）密码体制，不但具有保密功能，并且具有鉴别功能。

A．对称　　B．私钥　　C．非对称　　D．混合加密体制

6．一个网络信息系统最重要的资源是（　　）。

A．计算机硬件　　B．网络设备　　C．数据库　　D．数据库管理系统

7．在计算机病毒发展过程中，（　　）给计算机病毒带来了第一次流行高峰，同时病毒具有了自我保护的功能。

A．多态性病毒阶段　　B．网络病毒阶段

C．混合型病毒阶段　　D．主动攻击型病毒

8．拒绝服务攻击的一个基本思想是（　　）。

A．不断发送垃圾邮件工作站　　B．迫使服务器的缓冲区满

C．工作站和服务器停止工作　　D．服务器停止工作

9．应对操作系统安全漏洞的基本方法不包括下面的（　　）。

A．对默认安装进行必要的调整　　B．给所有用户设置严格的口令

C．及时安装最新的安全补丁　　D．更换到另一种操作系统

10．电子商务对安全的基本要求不包括（　　）。

A．存储信息的安全性和不可抵赖性　　B．信息的保密性和信息的完整性

C．交易者身份的真实性和授权的合法性　D．信息的安全性和授权的完整性

11．在设计网络安全方案中，系统是基础、（　　）是核心、管理是保证。

A．系统管理员　　B．安全策略　　C．人　　D．领导

12．加密安全机制提供了数据的（　　）。

A．可靠性和安全性　　B．保密性和可控性

C．完整性和安全性　　D．保密性和完整性

三、简答题（共 25 分，每小题 5 分）

1．简答“网络监听攻防”的作用及对其的防范对策。

2．简述常用的网络服务。

3．网络安全的设计步骤是什么？

4．简述网络安全防范攻击的基本措施。

5．入侵检测的过程是什么？

四、分析题（共 20 分）

1．结合图 1 说明网络安全策略有哪些，以及如何实现主机网络安全防护功能。（10 分）

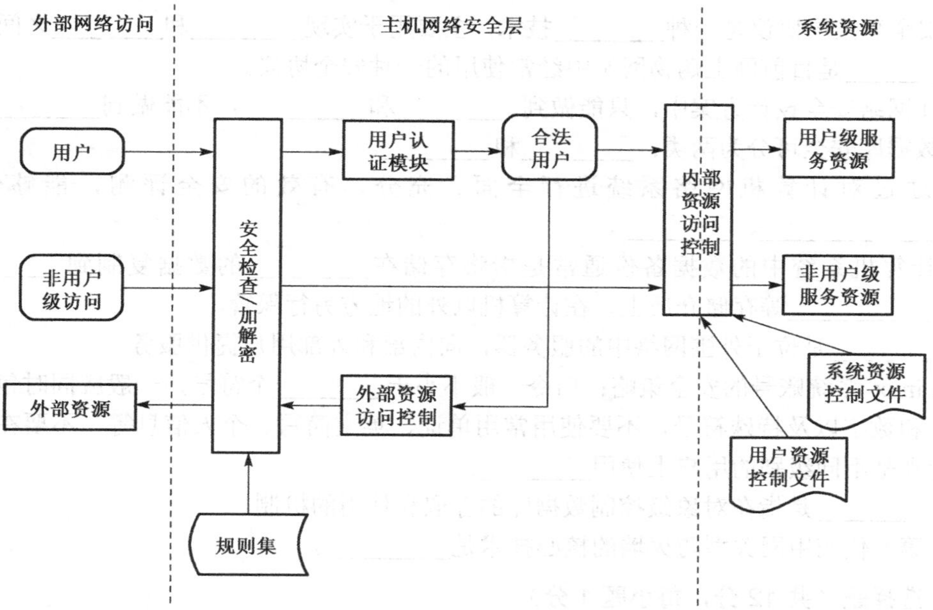

图 1

2．什么是一次性加密？已知明文是 1101001101110001，密码是 0101111110100110，试写出使用异或加密和解密的过程。（10 分）

五、实践应用题（共 15 分）

结合网银实际应用，写出个人用户数字证书的申请、颁发和使用过程。

17.8　复习及模拟测试 8

××大学 201__—201__学年第__学期

《网络安全技术》课程期末考试试卷八

开课学院：××学院，专业：网络工程，考试形式：闭卷，所需时间 120 分钟

考生姓名：______ 学号：______ 班级：______ 任课教师：______

题序	一	二	三	四	五	六	总 分
得分							
评卷人							

一、填空题（共 28 分，每空格 1 分）

1．包过滤型防火墙工作在 OSI 网络参考模型的________和________。

2．一般系统恢复包括________、________和________等。系统恢复的另一个重要工作是________。信息恢复指的是________。

3．安全套接层协议是一种________技术，主要用于实现________和________之间的安全通信。________是目前网上购物网站中经常使用的一种安全协议。

4．在网络安全设计方案中，只能做到________和________，不能做到________。

5．数据库安全可分为两类：________和________。

6．通过对计算机网络系统进行全面、充分、有效的安全评测，能够快速查出________、________、________。

7．计算机系统中的数据备份通常是指将存储在________的数据复制到________、________、________等存储介质上，在计算机以外的地方另行保管。

8．________是位于外围网络中的服务器，向内部和外部用户提供服务。

9．Linux 系统账号的安全策略：口令一般不小于________个符号，一般应同时包含大小写、字母和数字以及特殊符号，不要使用常用单词、英文简写、个人信息等，不要在不同系统上，特别是不同级别的用户上使用________。

10．________是指在对象级控制数据库的存取和使用的机制。

11．第一代应用网关型防火墙的核心技术是________。

二、选择题（共 12 分，每小题 1 分）

1．下面不属于 TCSEC 标准定义的系统安全等级的四个方面的是（　）。

A．安全政策　B．可说明性　C．安全保障　D．安全特征

2．抗抵赖性服务对证明信息的管理与具体服务项目和公证机制密切相关，通常都建立在（　）层之上。

A．物理层　B．网络层　C．传输层　D．应用层

3．名字服务、事务服务、时间服务和安全性服务是（　）提供的服务。

A．远程 IT 管理的整合式应用管理技术　B．APM 网络安全管理技术

C．CORBA 网络安全管理技术　D．基于 Web 的网络管理模式

4．改变路由信息、修改 Windows NT 注册表等行为属于拒绝服务攻击的（　）方式。

A．资源消耗型　B．配置修改型　C．服务利用型　D．物理破坏型

5．数据签名的（　）功能是指签名可以证明是签字者而不是其他人在文件上签字。

A．签名不可伪造　B．签名不可变更　C．签名不可抵赖　D．签名是可信的

6．恺撒密码是（　）方法，被称为循环移位密码，优点是密钥简单易记，缺点是安全性较差。

A．代码加密　B．替换加密　C．变位加密　D．一次性加密

7．下面哪一项不属于 Oracle 数据库的存取控制？（　）。

A．用户鉴别　B．用户的表空间设置和定额

C．用户资源限制和环境文件　D．特权

8．按照计算机病毒的链接方式不同分类，（　）是将其自身包围在合法主程序的四周，对原来的程序不做修改。

A．源码型病毒　B．外壳型病毒　C．嵌入型病毒　D．操作系统型病毒

9．关于防火墙，以下（　）说法是错误的。

A．防火墙能隐藏内部 IP 地址　B．防火墙能控制进出内网的信息流向和信息包

C．防火墙能提供 VPN 功能　D．防火墙能阻止来自内部的威胁

10．恶意软件保护包括两部分内容，即（　　）。

A．病毒防护和 Windows Defender　　B．病毒防护和实时保护

C．Windows Defender 和实时保护　　D．Windows Defender 和扫描选项

11．只备份上次备份以后有变化的数据，这样的数据备份类型是（　　）。

A．增量备份　　B．差分备份　　C．完全备份　　D．按需备份

12．允许用户使用计算机的大多数功能，但是如果要进行的更改会影响计算机的其他用户或安全，则需要管理员的许可，这属于什么账户？（　　）

A．标准　　B．管理员　　C．来宾　　D．贵宾

三、简答题（共 25 分，每小题 5 分）

1．安全网络建设的基本内容是什么？

2．安全服务有哪些基本类型？

3．简述端口扫描的原理。

4．用户认证与认证授权的目标是什么？

5．入侵检测系统的特点是什么？

四、分析题（共 20 分）

1．说明身份认证的技术方法有哪些，特点是什么？（12 分）

2．入侵检测系统的用途及其特点是什么？（8 分）

五、实践应用题（共 15 分）

结合应用，写出在 SQL Server 2012 中进行用户密码设置，体现出密码安全策略的过程。

17.9　复习及模拟测试 9

××大学 201__–201__学年第__学期

《网络安全技术》课程期末考试试卷九

开课学院：××学院，专业：网络工程，考试形式：闭卷，所需时间 120 分钟

考生姓名：________ 学号：________ 班级：________ 任课教师：________

题序	一	二	三	四	五	六	总 分
得分							
评卷人							

一、填空题（共 28 分，每空格 1 分）

1．_________是保护大型传输网络系统上各种信息的唯一实现手段，是保障信息安全的________。

2．异构环境的数据库安全策略有________、________、________和________。

3．病毒基本采用________法来进行命名。病毒前缀表示________，病毒名表示________，病毒后缀表示________。

4．安全策略描述的是________。

5．配置 Web 服务器一般包括以下几个方面的内容：________；________；________。

6．电子商务的安全性主要包括五个方面，它们是________、________、________、________、________。

7．网络系统的安全原则体现在________、________、________、________和________五个方面。

8．________是指数据库管理员定期地将整个数据库复制到磁带或另一个磁盘上保存起来的过程。这些备用的数据文本称为________。

9．________是利用 TCP 协议设计上的缺陷，通过特定方式发送大量的 TCP 请求，从而导致受攻击方 CPU 超负荷或内存不足的一种攻击方式。

10．________是识别与防止网络攻击行为、追查网络泄密行为的重要措施之一。

二、选择题（共 12 分，每小题 1 分）

1．在短时间内向网络中的某台服务器发送大量无效连接请求，导致合法用户暂时无法访问服务器的攻击行为，破坏了（　）。

A．机密性　B．完整性　C．可用性　D．可控性

2．能在物理层、链路层、网络层、传输层和应用层提供网络安全服务的是（　）。

A．认证服务　B．数据保密性服务　C．数据完整性服务　D．访问控制服务

3．与安全有关的事件，如企业猜测密码、使用未经授权的权限访问、修改应用软件以及系统软件等，属于安全实施的（　）。

A．信息和软件的安全存储　B．安装入侵检测系统并监视

C．对网络系统及时安装最新补丁软件　D．启动系统事件日志

4．（　）可建立完善的访问控制策略，及时发现网络遭受攻击情况并加以追踪和防范，避免对网络造成更大损失。

A．动态站点监控　B．实施存取控制

C．安全管理检测　D．完善服务器系统安全性能

5．在综合访问控制策略中，系统管理员权限、读/写权限、修改权限属于（　）。

A．网络的权限控制　B．属性安全控制

C．网络服务安全控制　D．目录级安全控制

6．在加密服务中，（　）用于保障数据的真实性和完整性，目前主要有两种生成 MAC 的方式。

A．加密和解密　B．数字签名　C．密钥安置　D．消息认证码

7．数据库安全可分为两类：系统安全性和（　）。

A．数据安全性　B．应用安全性　C．网络安全性　D．数据库安全性

8．（　）是一种更具破坏力的恶意代码，能够感染多种计算机系统，其传播之快、影响范围之广、破坏力之强都是空前的。

A．特洛伊木马　B．CIH 病毒　C．CodeRed II 双型病毒　D．蠕虫病毒

9．驻留在多个网络设备上的程序在短时间内产生大量的请求信息冲击某 Web 服务器，导致该服务器不堪重负，无法正常响应其他合法用户的请求，这属于（　）。

A．上网冲浪　B．中间人攻击　C．DDoS 攻击　D．MAC 攻击

10．严格的口令策略不应当包含的要素是（　　）。
　A．满足一定的长度，比如 8 位以上　　B．同时包含数字、字母和特殊字符
　C．系统强制要求定期更改口令　　D．用户可以设置空口令
11．电子商务以电子形式取代了纸张，在其安全要素中（　）是进行电子商务的前提条件。
　A．交易数据的完整性　　B．交易数据的有效性
　C．交易的不可否认性　　D．商务系统的可靠性
12．由非预期的、不正常的程序结束所造成的故障是（　）。
　A．系统故障　B．网络故障　C．事务故障　D．介质故障

三、简答题（共 25 分，每小题 5 分）

1．从网络安全角度分析为什么在实际应用中要开放尽量少的端口。
2．网络安全管理具体有哪些新技术？其特点是什么？
3．简述安全管理制度包含的内容及如何健全安全管理机构和制度。
4．信息安全功能性政策包括的具体内容有哪些？
5．网络的加密方式有哪些？各自的优缺点及适合范围是什么？

四、分析题（共 20 分）

1．如何进行简单的变位加密？已知明文是“来宾已出现住在人民路”，密钥是 4168257390，则加密后密文是什么？（10 分）

2．如何进行替换加密？假设字母 a, b, c, …, x, y, z 的自然顺序保持不变，但使之与 F, G, H, …, A, B, C, D, E 分别对应，此时密钥为 5 且大写，按此方法若明文为 student，则对应的密文是什么？（10 分）

五、实践应用题（共 15 分）

结合实际应用，分析一种计算机病毒的组成，说明其发作时的症状和清除办法。

17.10　复习及模拟测试 10

××大学 201__—201__学年第__学期

《网络安全技术》课程期末考试试卷十

开课学院：××学院，专业：网络工程，考试形式：闭卷，所需时间 120 分钟
考生姓名：________　学号：________　班级：________　任课教师：________

题序	一	二	三	四	五	六	总 分
得分							
评卷人							

一、填空题（共 28 分，每空格 1 分）

1．数据备份的类型按备份的数据量来分，有________、________、________、________。
2．针对 SYN Flood 攻击，防火墙通常有三种防护方式：________、被动式 SYN 网关

和________。

3. Web 欺骗是一种________，攻击者在其中创造了整个 Web 世界的一个令人信服但完全错误的拷贝。

4. 数据恢复操作通常有三种类型：________、________、________。

5. 计算机病毒是在________中插入破坏计算机功能的数据，影响计算机使用并且能够________的一组计算机指令或者________。

6. 防火墙隔离了内部、外部网络，是内、外部网络通信的________途径，能够根据制定的访问规则对流经它的信息进行监控和审查，从而保护内部网络不受外界的非法访问和攻击。

7. 操作系统安全防护研究通常包括以下几方面的内容：________、________、________。

8. Web 服务是基于________的服务。

9. 电子商务按应用服务的领域范围分类，分为________和________两种模式。

10. 高质量的网络安全解决方案主要体现在________、________和________三方面，其中________是基础、________是核心、________是保证。

11. 数据库系统安全包含两方面的含义，即________和________。

二、选择题（共 12 分，每小题 1 分）

1. 如果访问者有意避开系统的访问控制机制，则该访问者对网络设备及资源进行非正常使用属于________。

A. 破坏数据完整性　B. 非授权访问　C. 信息泄露　D. 拒绝服务攻击

2. 传输层由于可以提供真正的端到端连接，最适宜提供（　）安全服务。

A. 数据保密性　B. 数据完整性　C. 访问控制服务　D. 认证服务

3.（　）功能使用户能够通过轮询、设置关键字和监视网络事件来达到网络管理目的，并且已经发展成为各种网络及网络设备的网络管理协议标准。

A. TCP/IP 协议　B. 公共管理信息协议 CMIS/CMIP

C. 简单网络管理协议 SNMP　D. 用户数据报文协议 UDP

4.（　）是一种新出现的远程监控工具，可以远程上传、修改注册表等，集聚危险性还在于，在服务端被执行后，如果发现防火墙就会终止该进程，使安装的防火墙完全失去控制。

A. 冰河　B. 网络公生　C. 网络神偷　D. 广外女生

5. 以下（　）不属于 AAA 系统提供的服务类型。

A. 认证　B. 鉴权　C. 访问　D. 审计

6. 根据信息隐藏的技术要求和目的，下列（　）不属于数字水印需要达到的基本特征。

A. 隐藏性　B. 安全性　C. 完整性　D. 强壮性

7.（　）密码体制，不但具有保密功能，并且具有鉴别功能。

A. 对称　B. 私钥　C. 非对称　D. 混合加密体制

8. 一个网络信息系统最重要的资源是（　）。

A. 计算机硬件　B. 网络设备　C. 数据库　D. 数据库管理系统

9. 在计算机病毒发展过程中，（　）给计算机病毒带来了第一次流行高峰，同时病毒具有了自我保护的功能。

A. 多态性病毒阶段　B. 网络病毒阶段

C. 混合型病毒阶段　D. 主动攻击型病毒

10．应对操作系统安全漏洞的基本方法不包括下面的（　　）。

A．对默认安装进行必要的调整　　B．给所有用户设置严格的口令

C．及时安装最新的安全补丁　　D．更换到另一种操作系统

11．电子商务对安全的基本要求不包括（　　）。

A．存储信息的安全性和不可抵赖性　　B．信息的保密性和信息的完整性

C．交易者身份的真实性和授权的合法性　D．信息的安全性和授权的完整性

12．权限管理属于下面哪种安全性策略？（　　）

A．系统安全性策略　　B．用户安全性策略

C．数据库管理者安全性策略　　D．应用程序开发者的安全性策略

三、简答题（共 25 分，每小题 5 分）

1．在实际应用中应怎样防范口令破译？

2．简述缓冲区溢出攻击的原理及其危害。

3．试述访问控制安全策略的实施原则

4．试述 DES 算法的加密过程。

5．防止密码破译的措施包括哪些？

四、分析题（共 20 分）

1．举例说明特洛伊木马攻击的清除办法。（15 分）

2．已知明文是 1101001101110001，密码是 0101111110100110，试写出使用异或加密和解密的过程。（5 分）

五、实践应用题（共 15 分）

结合一种电子商务网站业务应用，写出其网站的具体安全解决方案。

附录 A　练习与实践习题部分参考答案

第三篇　习题复习与测试部分参考答案

第 15 章　练习与实践部分习题答案

15.1　网络安全基础知识练习

15.1.1　练习与实践一部分答案

1．选择题

（1）A　　（2）C　　（3）D　　（4）C
（5）B　　（6）A　　（7）B　　（8）D

2．填空题

（1）计算机科学、网络技术、信息安全技术
（2）保密性、完整性、可用性、可控性、不可否认性
（3）实体安全、运行安全、系统安全、应用安全、管理安全
（4）物理上、逻辑上、对抗
（5）身份认证、访问管理、加密、防恶意代码、加固、监控、审核跟踪和备份恢复
（6）多维主动、综合性、智能化、全方位防御
（7）技术和管理、偶然和恶意
（8）网络安全体系和结构、描述和研究

15.1.2　练习与实践二部分答案

1．选择题

（1）D　　（2）A　　（3）B　　（4）B　　（5）D　　（6）D

2．填空题

（1）保密性、可靠性、SSL 协商层、记录层
（2）物理层、数据链路层、传输层、网络层、会话层、表示层、应用层
（3）有效性、保密性、完整性、可靠性、不可否认性、不可否认性
（4）网络层、操作系统、数据库
（5）网络接口层、网络层、传输层、应用层
（6）客户机、隧道、服务器
（7）安全保障、服务质量保证、可扩充性和灵活性、可管理性

15.1.3 练习与实践三部分答案

1. 选择题

（1）D （2）D （3）C （4）A （5）B （6）C

2. 填空题

（1）信息安全战略、信息安全政策和标准、信息安全运作、信息安全管理、信息安全技术
（2）分层安全管理、安全服务与机制（认证、访问控制、数据完整性、抗抵赖性、可用可控性、审计）、系统安全管理（终端系统安全、网络系统、应用系统）
（3）信息安全管理体系、多层防护、认知宣传教育、组织管理控制、审计监督
（4）一致性、可靠性、可控性、先进性和符合性
（5）安全立法、安全管理、安全技术
（6）信息安全策略、信息安全管理、信息安全运作和信息安全技术
（7）安全政策、可说明性、安全保障
（8）网络安全隐患、安全漏洞、网络系统的抗攻击能力
（9）环境安全、设备安全和媒体安全
（10）应用服务器模式、软件老化

15.2 网络安全操作练习

15.2.1 练习与实践四部分答案

1. 选择题

（1）A （2）D （3）C （4）C （5）B

2. 填空题

（1）隐藏IP、踩点扫描、获得特权、种植后门、隐身退出
（2）系统“加固”，屏蔽出现扫描症状的端口，关闭闲置及有潜在危险的端口
（3）盗窃资料、攻击网站、进行恶作剧
（4）分布式拒绝服务攻击
（5）基于主机、基于网络和分布式（混合型）

3. 简答题

（1）答：对网络流量的跟踪与分析功能；对已知攻击特征的识别功能；对异常行为的分析、统计与响应功能；特征库的在线升级功能；数据文件的完整性检验功能；自定义特征的响应功能；系统漏洞的预报警功能。

（2）答：按端口号分布可分为三段：公认端口（0～1023），又称常用端口，是为已经公认定义或为将要公认定义的软件保留的。这些端口紧密绑定一些服务且明确表示了某种服务协议。如80端口表示HTTP协议。注册端口（1024～49151），又称保留端口，这些端口松散绑定一些服务。动态/私有端口（49152～65535），理论上不应为服务器分配这些端口。

（3）答：统一威胁管理（Unified Threat Management，UTM）。2004年9月，全球著名

市场咨询顾问机构——IDC（国际数据公司），首度提出“统一威胁管理”的概念，即将防病毒、入侵检测和防火墙安全设备划归统一威胁管理。IDC 将防病毒、防火墙和入侵检测等概念融合到被称为统一威胁管理的新类别中，该概念引起了业界的广泛重视，并推动了以整合式安全设备为代表的市场细分的诞生。目前，UTM 常定义为由硬件、软件和网络技术组成的具有专门用途的设备，它主要提供一项或多项安全功能，同时将多种安全特性集成于一个硬件设备里，形成标准的统一威胁管理平台。UTM 设备应该具备的基本功能包括网络防火墙、网络入侵检测/防御和网关防病毒功能。目前 UTM 已经替代了传统的防火墙，成为主要的网络边界安全防护设备，大大提高了网络抵御外来威胁的能力。UTM 的重要特点：建一个更高、更强、更可靠的墙，除了传统的访问控制之外，防火墙还应该对防垃圾邮件、拒绝服务、黑客攻击等这样的一些外部威胁起到检测网络全协议层防御的作用，要有高检测技术来降低误报，要有高可靠、高性能的硬件平台支撑。

（4）答：异常检测（Anomaly detection）的假设是入侵者活动异常于正常主体的活动。根据这一理念建立主体正常活动的“活动简档”，将当前主体的活动状况与“活动简档”相比较，当违反其统计模型时，认为该活动可能是“入侵”行为。异常检测的难题在于如何建立“活动简档”以及如何设计统计模型，从而不把正常操作作为“入侵”或忽略真正“入侵”行为。

特征检测是对已知的攻击或入侵的方式做出确定性的描述，形成相应的事件模式。当被审计的事件与已知的入侵事件模式相匹配时，即报警。检测方法上与计算机病毒的检测方式类似。目前基于对包特征描述的模式匹配应用较为广泛。该方法的优点是误报少，局限是它只能发现已知的攻击，对未知的攻击无能为力，同时由于新的攻击方法不断产生、新漏洞不断发现，攻击特征库如果不能及时更新也将造成 IDS 漏报。

15.2.2 练习与实践五部分答案

1．选择题

（1）A　（2）D　（3）B　（4）C　（5）A　（6）B

2．填空题

（1）消息、用户身份

（2）真实性、不可抵赖

（3）系统级审计、应用级审计、用户级审计

（4）重构、评估、审查

（5）认证、鉴权、审计、安全体系框架

15.2.3 练习与实践六部分答案

1．选择题

（1）A　（2）B　（3）D　（4）D　（5）B

2．填空题

（1）数学、物理学

（2）密码算法设计、密码分析、身份认证、数字签名、密钥管理

（3）明文、明文、密文、密文、明文

（4）对称、二进制、分组、单密码

（5）代码加密、替换加密、边位加密、一次性加密

15.2.4 练习与实践七部分答案

1．选择题

（1）B　（2）C　（3）B　（4）C　（5）A　（6）D

2．填空题

（1）Windows验证模式、混合模式

（2）认证与鉴别、存取控制、数据库加密

（3）原子性、一致性、隔离性

（4）主机-终端结构、分层结构

（5）数据库登录权限类、资源管理权限类、数据库管理员权限类

（6）表级、列级

15.2.5 练习与实践八部分答案

1．选择题

（1）D　（2）C　（3）B、C　（4）B　（5）D

2．填空题

（1）引导单元、传染单元、触发单元

（2）传染控制模块、传染判断模块、传染操作模块

（3）引导区病毒、文件型病毒、复合型病毒、宏病毒、蠕虫病毒

（4）移动式存储介质、网络传播

（5）无法开机、开机速度变慢、系统运行速度慢、频繁重启、无故死机、自动关机

15.3 网络安全综合应用练习

15.3.1 练习与实践九部分答案

1．选择题

（1）C　（2）C　（3）C　（4）D　（5）D

2．填空题

（1）唯一　（2）被动　（3）软件，芯片级

（4）网络层，传输层　（5）代理技术　（6）网络边界

（7）完全信任用户　（8）堡垒主机　（9）拒绝服务攻击　（10）SYN网关

3．简答题

（1）答：一种用来加强网络之间访问控制、防止外部网络用户以非法手段通过外部网络进入内部网络、访问内部网络资源，保护内部网络操作环境的特殊网络互联设备。

（2）答：根据物理特性，防火墙分为两大类，即硬件防火墙和软件防火墙；按过滤机制的演化历史划分为过滤防火墙、应用代理网关防火墙和状态检测防火墙三种类型；按处理能力可划分为百兆防火墙、千兆防火墙及万兆防火墙；按部署方式可划分为终端（单机）防火墙和网络防火墙。防火墙的主要技术有：包过滤技术、应用代理技术及状态检测技术。

（3）答：不行。由于传统防火墙严格依赖于网络拓扑结构且基于这样一个假设基础：防火墙把在受控实体点内部，即防火墙保护的内部连接认为是可靠和安全的；而把在受控实体点的另外一边，即来自防火墙外部的每一个访问都视为带有攻击性的，或者说至少是有潜在攻击危险的，因而产生了其自身无法克服的缺陷，例如无法消灭攻击源、无法防御病毒攻击、无法阻止内部攻击、自身设计漏洞和牺牲有用服务等。

（4）答：目前主要有四种常见的防火墙体系结构：屏蔽路由器、双宿主机网关、被屏蔽主机网关和被屏蔽子网。屏蔽路由器上安装有 IP 层的包过滤软件，可以进行简单的数据包过滤；双宿主机的防火墙可以分别与网络内外用户通信，但这些系统不能直接互相通信；被屏蔽主机网关结构主要实现安全为数据包过滤；被屏蔽子网体系结构添加额外的安全层到被屏蔽主机体系结构，即通过添加周边网络更进一步地把内部网络与 Internet 隔离开。

（5）答：SYN Flood 攻击是一种很简单但又很有效的进攻方式，能够利用合理的服务请求来占用过多的服务资源，从而使合法用户无法得到服务。

（6）答：针对 SYN Flood 攻击，防火墙通常有三种防护方式：SYN 网关、被动式 SYN 网关和 SYN 中继。SYN 网关中，防火墙收到客户端的 SYN 包时，直接转发给服务器；服务器返还 SYN/ACK 包后，一方面将 SYN/ACK 包转发给客户端，另一方面以客户端的名义给服务器回送一个 ACK 包，完成一个完整的 TCP 三次握手，让服务器端由半连接状态进入连接状态。当客户端真正的 ACK 包到达时，有数据则转发给服务器，否则丢弃该包。被动式 SYN 网关中，设置防火墙的 SYN 请求超时参数，让它远小于服务器的超时期限。防火墙负责转发客户端发往服务器的 SYN 包，包括服务器发往客户端的 SYN/ACK 包和客户端发往服务器的 ACK 包。如果客户端在防火墙计时器到期时还未发送 ACK 包，防火墙将往服务器发送 RST 包，以使服务器从队列中删去该半连接。由于防火墙超时参数远小于服务器的超时期限，因此也能有效防止 SYN Flood 攻击。SYN 中继中，防火墙收到客户端的 SYN 包后，并不向服务器转发而是记录该状态信息，然后主动给客户端回送 SYN/ACK 包。如果收到客户端的 ACK 包，表明是正常访问，由防火墙向服务器发送 SYN 包并完成三次握手。这样由防火墙作为代理来实现客户端和服务器端连接，可以完全过滤发往服务器的不可用连接。

15.3.2 练习与实践十部分答案

1．选择题

（1）D （2）A （3）C （4）A （5）B （6）B

2．填空题

（1）Administrators、System
（2）智能卡、单点
（3）读、执行
（4）动态地、身份验证
（5）应用层面的、网络层面的、业务层面的

（6）未知、不被信任

15.3.3 练习与实践十一部分答案

1．选择题

（1）D　　（2）A　　（3）ABC　　（4）ABCD

2．填空题

（1）使用参数绑定式SQL、特殊字符转义处理
（2）IP地址、变更内容
（3）数据歧义、欺诈行为、数据误传、前后颠倒
（4）响应速度快、修改或屏蔽
（5）认证供应商、认证应用商
（6）异步通信

15.3.4 练习与实践十二部分答案

1．选择题

（1）B　　（2）D　　（3）A　　（4）C　　（5）D

2．填空题

（1）网络安全技术、网络安全策略和网络安全管理三方面，网络安全技术是基础、网络安全策略是核心、网络安全管理是保证
（2）动态性原则、严谨性原则、唯一性原则、整体性原则、专业性原则
（3）安全审计
（4）只能做到尽力避免风险，努力消除风险的根源，降低由于风险所带来的隐患和损失，而不能做到完全彻底消灭风险
（5）类型、功能、特点、原理、使用和维护方法等
（6）全方位的、立体的整体解决方案，同时还需要兼顾网络安全管理

附录B　常用网络安全资源网站

1．上海市精品课程“网络安全技术”资源网站
http://jiatj.sdju.edu.cn/webanq/
2．IT 无忧-51CTO 学院-网络安全技术（网络安全工程师进阶-上海精品课程）视频
http://edu.51cto.com/course/course_id-536.html
3．上海市精品课程“网络安全技术”动画模拟演练视频
http://jiatj.sdju.edu.cn/webanq/VideoList.aspx?info_lb=461&flag=401
4．中国科学研究院“网络安全”拓展视频讲座
http://www.youku.com/playlist_show/id_4455042.html
5．华南理工大学精品视频课程“计算机网络安全”
http://xidong.net/File001/File_78244.html
6．Cisco 网络工程师和网络安全课程
http://edu.51cto.com/course/course_id-164.html
7．国家互联网应急中心
http://www.cert.org.cn/
8．国家计算机病毒应急处理中心
http://www.antivirus-china.org.cn/index.htm
9．国家计算机网络应急处理协调中心
http://www.cert.org.cn/index.shtml
10．公安部网络违法犯罪举报网站
http://www.cyberpolice.cn/wfjb/
11．中国信息安全产品检测中心
http://www.itsec.gov.cn/
12．中国信息安全认证中心
http://www.isccc.gov.cn/
13．中国互联网络信息中心
http://www.cnnic.net.cn
14．中国信息安全法律网
http://www.infseclaw.net/
15．中国信息安全网
http://chinais.net/
16．中国安全网（信息安全）
http://www.safety.com.cn/itsafe/

参考文献

[1] 贾铁军等．网络安全技术与实践[M]．北京：高等教育出版社，2014.
[2] ［美］Joseph Migga Kizza 著，陈向阳等译．计算机网络安全概论[M]．北京：电子工业出版社，2012.
[3] 贾铁军等．网络安全技术及应用（第2版）[M]．北京：机械工业出版社，2014.
[4] 国家互联网信息办公室，北京市互联网信息办公室．中国互联网20年：网络安全篇[M]．北京：电子工业出版社，2014.
[5] 孙建国，寒启龙等．网络安全实验教程[M]．北京：清华大学出版社，2014.
[6] 贾铁军等．网络安全技术及应用实践教程[M]．北京：机械工业出版社，2014.
[7] 贾铁军等．网络安全实用技术[M]．北京：清华大学出版社，2013.
[8] 贾铁军等．网络安全管理及实用技术[M]．北京：机械工业出版社，2012.
[9] 程庆梅，徐雪鹏等．网络安全工程师[M]．北京：机械工业出版社，2012.
[10] 程庆梅，徐雪鹏等．网络安全高级工程师[M]．北京：机械工业出版社，2012.
[11] 赵美惠，部绍海，冯伯虎．计算机网络安全技术[M]．北京：清华大学出版社，2014.
[12] 王煜林等．网络安全技术与实践[M]．北京：清华大学出版社，2013.
[13] 田立勤等．网络安全的特征、机制与评价[M]．北京：清华大学出版社，2013.
[14] 彭飞等．计算机网络安全技术[M]．北京：清华大学出版社，2013.
[15] 黄波等．信息网络安全管理[M]．北京：清华大学出版社，2013.
[16] 李红娇等．信息安全概论[M]．北京：中国电力出版社，2012.
[17] 吴克河等．电力信息系统安全防御体系及关键技术[M]．北京：科学出版社，2011.
[18] 鲁立．计算机网络安全[M]．北京：机械工业出版社，2011.
[19] 唐笑林．网络安全与病毒防护[M]．北京：高等教育出版社，2012.
[20] 彭飞，龙敏．计算机网络安全[M]．北京：清华大学出版社，2013.
[21] 杨云江，曾湘黔，任新，曾劼，刘毅．网络安全技术[M]．北京：清华大学出版社，2012.
[22] 胡道元，闵京华．网络安全（第2版）[M]．北京：清华大学出版社，2008.
[23] 刘建伟，王育民，网络安全——技术与试验[M]．北京：清华大学出版社，2005.
[24] 刘建伟，张卫东，刘培顺，李晖．网络安全试验教程[M]．北京：清华出版社，2007.
[25] 石志国，薛为民，尹浩．计算机网络安全教程（第2版）[M]．北京：清华大学出版社，2011.
[26] 蔡立军．网络安全技术[M]．北京：清华大学出版社，北京交通大学出版社，2006.
[27] 陈红松．网络安全与管理[M]．北京：清华大学出版社，2010.
[28] 马利，姚永雷．计算机网络安全[M]．北京：清华大学出版社，2010.
[29] 耿杰，王俊，白悍东，彭庆红，张卫．计算机网络安全技术[M]．北京：清华大学出版社，2013.
[30] 贾铁军主编．数据库原理应用与实践（第2版）[M]．北京：科学出版社，2015.
[31] 贾铁军主编．数据库原理及应用学习与实践指导[M]．北京：电子工业出版社，2013.
[32] 贾铁军主编．软件工程与实践[M]．北京：清华大学业出版社，2014.

参考资料主要网站

[1] IT 专家网 http://security.ctocio.com.cn/
[2] 中国 IT 实验室 http://download.chinaitlab.com/
[3] 安全中国 http://www.anqc.net/news/213/16883.html
[4] 中国计算机安全 http://www.infosec.org.cn/
[5] 51CTO 技术论坛 http://netsecurity.51cto.com/secu/PRISM/
[6] 毒霸信息安全网 http://www.ijinshan.com/news/20130080701.shtml
[7] 金山安全 http://www.ejinshan.net/solution/solution1-1.html
[8] 中国安全网 http://www.securitycn.net/
[9] 中国电信网 http://www.chinatelecom.com.cn/news/06/06/hyjj/t20110711_75084.html
[10] 誉天 IT 网站 http://51chongdian.net/
[11] 中国教育网络 http://www.media.edu.cn
[12] 中山大学酷 6 专辑 http://www.ku6.com/special/show_2086163/OdGOMP7maEYargV8.html
[13] CSDN.NET.IT 社区 http://news.csdn.net/
[14] 计算机充电网 http://www.72598.com/htmls/20060207/07106311.html
[15] 硅谷动力 http://www.enet.com.cn/article/2005/1206/A20051206480112.shtml
[16] 赛迪网 IT 技术 http://tech.ccidnet.com/security/
[17] 休闲居.安全防御 http://www.xxju.net/list/16/index.htm
[18] 中国制造业信息化门户 http://articles.e-works.net.cn/
[19] 太平洋电脑网 http://pcedu.pconline.com.cn/softnews/bingdu/0805/1312046.html
[19] 月光技术文摘 http://www.williamlong.info/info/archives/53.html
[20] IT 安全世界 http://www.itcso.com/
[21] 315 安全网 http://www.315safe.com/index.shtml
[22] 宽讯时代 http://www.abovecable.com/solution/solution_sup_11.html
[22] 20CN 网络安全小组 http://www.20cn.net/
[24] 天极网——安全频道 http://soft.yesky.com/security/
[25] 天天安全网 http://www.ttian.net/
[26] 网络安全 110 http://www.lib.szu.edu.cn/szulibhtm/
[27] 思科无线网络 http://www.systron.com.cn/zs2/cisco2-31.htm
[28] 信息网络安全报警网 http://www.cyberpolice.cn/infoCategoryListAction.do?act=init
[29] Microsoft TechNet http:// www.microsoft.com/china/technet/security/guidance/secmod155.mspx
[30] Microsoft TechNet http:// www.microsoft.com/china/technet/security/guidance/secmod156.mspx
[31] 交大捷普网站 http://www.jump.net.cn/index.asp
[32] 四招提高 Linux 系统的安全性 http://safe.csdn.net/n/20090410/1064.html